U0264219

工厂选址与布局指南

（第二版）

Guidelines for Siting and Layout of Facilities, Second Edition

〔美〕Center for Chemical Process Safety　编著
孟亦飞　刘　义　酒江波　等译
尹法波　孙　慧　等校
赵东风　审

中国石化出版社

内 容 提 要

本书是一部关于工厂选址及布局具体技术的优秀指南书籍，系统介绍了工厂选址、工厂内布局新的或修改的工艺单元以及工艺单元内布局新的或修改的设备过程中，如何管理与危险物质和工艺相关的风险。全书共包括8章，第1章主要概述了本书的目标、使用方法、相关理论及术语等方面的内容；第2章阐明了工厂选址和布局与风险管理之间的关系，并对工厂选址及布局的框架流程进行了概述；第3章描述了工厂选址及布局过程中应进行识别及评估的主要场景；第4、5、6章分别描述了工厂选址、在工厂内布局新的或修改的工艺单元、在工艺单元内布局新的或修改的设备等三个层级选址及布局中应考虑的主要风险、分析思路及方法；第7章描述了现有工厂中新建、临时改建或扩建工艺过程中对选址和布局方面的潜在影响；第8章精选了一些历史案例来说明对选址和布局进行风险管理的必要性，同时也列举了企业未对选址和布局进行有效风险管理可能出现的后果。

本书能够帮助读者构建工厂选址及布局过程中的风险管控思想，帮助企业决定如何选择工厂的位置、如何识别和评估工厂的长期风险，以及如何在工厂内布置工艺单元和设备。本书的翻译及出版契合我国安全生产水平快速提升的迫切需求，弥补了当前工厂选址及布局相关专业技术书籍的不足。

著作权合同登记　图字：01-2019-5366号

Guidelines for Siting and Layout of Facilities, Second Edition
By Center for Chemical Process Safety(CCPS), ISBN: 978-1-119-47463-0

图书在版编目(CIP)数据

工厂选址与布局指南：第二版 / 美国化工过程安全中心编著；孟亦飞等译. —北京：中国石化出版社，2022.2
书名原文：Guidelines for Siting and Layout of Facilities, Second Edition
ISBN 978-7-5114-6548-1

Ⅰ. ①化… Ⅱ. ①美… ②孟… Ⅲ. ①工厂-选址-指南 ②工厂-总体布局-指南 Ⅳ. ①TB491-62

中国版本图书馆 CIP 数据核字(2022)第 022603 号

中国石化出版社出版发行

地址：北京市东城区安定门外大街58号
邮编：100011　电话：(010)57512500
发行部电话：(010)57512575
http://www.sinopec-press.com
E-mail: press@sinopec.com
北京富泰印刷有限责任公司印刷

*

787×1092毫米 16开本 13.25印张 296千字
2022年2月第1版　2022年2月第1次印刷
定价：89.00元

翻译人员

孟亦飞　刘　义　酒江波　郭　翔　李　晶　张懿晨
王所伟　张杨丽　胡　苏　李　宁　刘　宁　曾小明
卢朋慧　丁　璇　尹法波　陈　强　张　梦　孙　慧
谢　清　刘　丽　董俊松　刘　凯　李乔松　廖启霞

译者的话

美国化工过程安全中心(CCPS)是美国化学工程师协会(AIChE)1985年成立的一家非营利性企业联合组织，该中心致力于在化工、制药、石油等领域的过程安全研究与评估。CCPS主要工作成果之一是一系列协助企业实施RBPS中各个要素的指南性书籍，截至目前，CCPS已经出版各类指南性书籍100余本，促进了企业、政府、咨询业、学术界、保险业等行业对工业过程安全的认识与提高。2007年4月，中国石油大学(华东)联合美国化学工程师协会化工过程安全中心成立了CCPS中国分部，其使命是：在中国推广最新的过程安全技术和管理经验；担任中国过程安全资料库的首要信息来源；推进大学本科工程教育中的过程安全学习；推广过程安全使其产生重要的工业价值。

CCPS中国分部通过在国内举办化工过程安全会议、培训以及翻译CCPS化工安全教育课程(SAChE)、CCPS指南书籍等方式来实现其使命。2018年，为进一步促进CCPS出版物的翻译转化工作，CCPS中国分部启动了“CCPS出版物翻译计划”，并在全国范围内招募志愿者参与该计划，得到了众多企业及行业专家的支持。《Guideline for Siting and Layout of Facilities，Second Edition》是CCPS于2018年3月出版的一本关于工厂选址及布局的指南性书籍，该书籍可为涉及危险物料和工艺的业务人员和项目开发人员解决问题，为工厂布局专家提供指导，并为公众和涉及规划审批咨询过程的主管部门提供信息。由于具有内容系统、知识全面、工程适用等优势，该书受到行业专家的高度认可，因此被选择为“CCPS出版物翻译计划”实施的首本书籍。

本书的出版先后经历了任务组织分配、原文翻译、相互校对、整体校对、第三方审校等过程，中间屡经波折，导致整个过程持续时间较长，在此对参与本书翻译校对工作的相关人员表示歉意。本书的最初译本由“CCPS出版物翻译计划志愿者”的团队成员完成，后期审校过程中，中国石油大学(华东)安全环保与节能技术中心的专家老师、第三届化工安全复合型人才高级研修班的部分学员参与了大量的工作，提出了很多有益的建议；此外，中国石油大学(华东)首届化工安全工程专业的全体56名本科生参与了最后一稿的通读及修订工作，大大改善了本书的可读性。在此对以上贡献人员一并表示感谢！

基于忠于原版及保证全书内容连贯性和准确性的原则，本书沿用了原版所使用的英制单位体系，这与目前常规使用的国际单位制存在较大的差异，读者在学习过程中可能会遇到一些不熟悉的单位名称、单位表述方式。

由于译者水平有限，书中翻译难免有不当之处，敬请读者谅解，并提出宝贵的改进意见。

目录

插图清单

表格清单<<<

缩略语<<<

AIChE ——美国化学工程师协会
AIHA ——美国工业卫生协会
ALARA ——最低合理可实现原则
ALARP ——最低合理可行原则
AOTC ——海外联合国家和地区
API ——美国石油学会
ARS ——备选释放场景
ASME ——美国机械工程师学会
ATEX ——欧盟指令 1999/92/EC 和 2014/34/EU
BPCS ——基本过程控制系统
BPV ——压力容器破裂
BSI ——英国标准协会
BST ——Baker-Strehlow-Tang 爆炸模型
CCPS ——化工过程安全中心
CFD ——计算流体动力学
CFR ——美国联邦法规法典
COMAH ——英国重大事故危害 HSE 控制
CSB ——美国化学安全委员会
DHA ——粉尘危害分析
DHS ——美国国土安全部
DIN ——德国标准化学会
DOT ——美国交通运输部
EN ——欧盟标准
EPA ——美国环境保护署
ERPG ——应急响应计划指南(AIHA)
EU ——欧盟
GB ——中国国家标准注释
HAC ——危险区域分类(电气)
IChemE ——化学工程师学会
ISD ——本质安全设计
ISO ——国际标准化组织
ITPM ——检查、测试和预防性维护项目
LEL ——爆炸下限

LFG ——液化可燃气
LFL ——燃烧下限
LNG ——液化天然气
LPG ——液化石油气
MEC ——最小爆炸浓度(例如可燃粉尘)
MCE ——最大可信事件
NFPA ——国家消防局
OSHA ——美国职业安全与健康管理局
PED ——压力设备指令
POTW ——公共处理厂
PSM ——过程安全管理
PSS ——过程安全系统
RBI ——基于风险的检验
RBPS ——基于风险的过程安全
RCM ——以可靠性为中心的维护
RCRA ——资源保护和回收法案(美国环境保护署)
RMP ——风险管理计划(美国环境保护署)
RP ——推荐的做法(如 API 指导)
UK ——英国
UK HSE ——英国健康和安全管理局
US ——美国
VCE ——蒸气云爆炸
WCS ——最坏场景

术语<<<

此术语表包含针对本指南的特定术语和来自 CCPS 过程安全术语表中的关于过程安全的术语。本指南中的 CCPS 过程安全相关术语是本指南出版时的最新版本；若要获取最新的 CCPS 术语表，请访问 CCPS 网站。

(安全)关键设备：指一旦失效或者损坏就可能造成危险化学品灾难性释放，或者需要正确操作才能减轻此类释放后果的设备、仪表、控制回路或者系统。

(安全)关键设施：指至关重要，一旦缺失、功能错乱、失效或者损坏就将对一个国家、区域或者当地政府的安保、经济安全、大众健康或者一般安全状况造成负面或者削弱影响的，或者引起国家或地区发生灾难的实体或者虚拟的系统和资产。

保护层：一个概念，即通过设备、系统或人的行为降低特定损失时间的可能性/或严重性。

爆炸下限(LEL)：查阅着火下限(LEL)。(注释：该定义仅根据燃烧下限来的。)

备选释放场景(ARS)：美国环境保护署风险管理计划要求的进行厂外后果分析时考虑的一类事故场景。该释放场景比最坏事故场景后果影响小，但可能性更大。见最可信事件(MCE)和最坏场景(WCS)。

本质更安全：与生产过程中物料及操作相关的危害已经减少或消除的一种状态，这种减少或消除是永久性的且与过程紧密相连的。

庇护(避难)所：建筑物或围护结构，其设计目的是保护在其内部的人员不受外部危险的影响。

边界线：由社区、其他工业设施或非公司人员拥有的未开发土地所包围的设施边界。有时被称为物权边界。

布局：在指定场所范围内的建筑和设备的相关位置。

全新工厂：在绿地或者棕地上建设起来的全新装置。

场内：在设施边界内的区域。公司边界线内或产权范围内(如果相邻的土地不属于公司，这可能是“警戒线”)的工艺过程和辅助操作。

场外：设施边界线以外，即公司边界以外的相邻区域。而“厂外后果”则表示对工业邻居、周边社区或环境的影响。

池火：液池表层蒸发形成的蒸气在液池上方形成的持续燃烧现象。

大修：计划停车期间，在此期间内进行计划性检查、测试、预防性维护以及诸如修改、替换或修理的故障检修维护。

定量风险分析(QRA)：根据工程评估和数学技术，对设施或操作可能发生事故的预估频率和严重性的系统性数量级评估。

多米诺效应：指二次事故的激发，例如爆炸触发有毒物质释放之类的后继事件；从而造成不良后果或者受影响区域增大的状况。一般而言，只在可能引起初始事件后果显著扩大的情况下考虑。

防护措施(保护措施)：为降低某事故场景的可能性或严重度所确定的设计特征、设备、程序等。也被称为保护层。

沸溢：一种猛烈的物质喷出现象，是由储罐液体表面燃烧产生的热波向深层运动到达储罐底部含水层时产生的。

分区(区域)：根据美国国家电气法规 NFPA 70 中第 500 条，适用于火灾爆炸危害场所中各种电气、电力设备以及不同电压电线的一种分类体系[或“危险区域分类”(HAC)中定义的区域]。根据欧洲电气分类：这里“zone”和美国危险区域分类中的“area”是同一个意思。

风玫瑰图：一个平面图，显示特定方向风的时间百分比。常被作为符号指示“主导风向”(在图纸或地图上)。

封闭：把一个有危害的过程单元限制在一个建筑物内，这样一来，当控制失效时有毒物质能被限制住(有毒物料泄漏是不可接受风险)。

概率单位(概率)：一种均值为 5、方差为 1 的随机变量，用于各种效应模型。基于概率单位的模型来源于实验所得的剂量-反应数据，通常被用来估计目标对象可能产生的健康影响，主要依据是接触有害物质或环境的强度和暴露时间(例如：暴露于有毒的大气或热辐射中)。

工厂：请参阅“设施”。

工艺单元(或生产线)：一个“工艺单元”或“生产线”，是指一个工艺装置内的范围，包含集中处理单个工艺设备的组合。

公用工程：为设施提供以下服务，如电力、仪表风、蒸汽或加热介质、燃料(油、气等)、制冷、冷却水或冷却介质或惰性气体。

固定设施：无法移动的部分或者或整体的工厂、单元、现场、综合设施或者以上这些的任意组合。与之相对的是可移动设施，比如轮船类(包括运输船、浮式储油船、钻井平台)、卡车和火车。

管廊、管路、管夹：一种支撑管道、电源引线和仪表电缆线托盘的结构。

过程安全危害：请查阅“危害”。

缓冲地带：工厂周围额外的未被开发的土地。通常购买该土地是为了给周围社区和危险源之间增加额外的距离，进而降低危险源对厂外产生影响的可能性和严重性，或降低社区未来扩展到工厂周围的可能性。

缓和性保护措施：一种旨在降低损失事件严重性的保护措施。缓和性保护措施可分为检测类保护措施和纠正性保护措施。请参阅“保护措施”。

基础设施：为确保某场所实现其功能所需的基本设施、服务和装置，例如运输和通信系统、水管和能源管线，以及应急响应组织等公共机构。

基于风险的过程安全(RBPS)：美国化工过程安全中心提出的一种过程安全管理系统方法，其使用基于风险的策略和实施战术。相关策略要求与活动需求、资源可用性和现有的过程安全文化相适应，从而去设计、纠正和改进过程安全管理活动。

建筑物：一种刚性的封闭结构。

结构：建设用来支撑设备、管道或人员的物体(如建筑物、桥梁或管架)，通常是独立设计的。

进出通道：提供到达设备或工厂内拥挤区域的通道，主要是为了设备维护、安全和消防车辆。也被叫作第三条路。

可燃材料：可引起火灾的材料。

可燃性粉尘：一种细微的可燃固体颗粒，当悬浮于空气中或特定工艺氧化媒介氛围中超过一定浓度范围时，可产生闪火或爆炸危害［美国国家防火协会652、美国国家防火协会654］。

可移动建筑：可在设施内灵活移动位置的刚性结构。可移动建筑物包括用来容纳人或储存设备的临时性建筑或拖车。

利益相关者：能够（或相信能够）受到设施运营影响的个人或组织，或参与协助或监督设施运营的个人或组织。

连锁反应：参见“多米诺效应”。

绿地：以前从未用作商业或者工业用途，而现在正在被考虑作为一套新装置地点的未开发土地资产。

篷：用来描述一种类别的结构。例如有或没有“侧面”的传统帐篷（“顶篷”）、充气结构、空气支撑结构、张拉膜结构、支架结构，或使用织物和刚性面板组合的结构（API RP 756）。

屏障：见保护措施。

燃烧下限（LFL）：可燃物质在空气中低于该浓度时不会发生燃烧。对于粉尘燃烧下限（LEL）也被称为与爆炸下限（MEC）。

设备：机械、电气或仪表部件组合在同一个边界范围内而形成的一个硬件。

设施：有时也被称为工厂。指管理系统运行活动所在的物理位置。在生命周期的早期阶段，一个设施可能指公司的中央研究实验室、中试工厂，或者技术供应商的工程办公室。在后期阶段，一套设施可能是一座典型的化工厂、仓储终端、发货中心，或者公司办公室。在本书中，设施是指部分或整体的工厂、单元、现场、综合设施或者海上平台，或者是以上的任意组合。

生命周期：物理过程或管理系统经历的从出生到死亡的阶段。这些阶段包括概念、设计、研发、采购、运行、维护、报废和处置（本指南中将生命周期分为八个阶段：设计、制造、安装、调试、操作、维护、更换和退役）。

提供庇护（避难）：针对事故后果设置的物理保护（如封闭的建筑物）。

危害/危险源：对人、财产或环境造成损害的潜在的、固有的化学或物理特征（该定义是根据“过程安全”化学危害，例如毒性、易燃性、活泼性，以及物理危害，例如像高压、高温等极端过程条件）。

危险分区：对于产生诸如毒性释放后果的事件，危险分区是空气浓度等于或远超于所关注的等级的区域。对于着火，影响区域是基于热辐射的指定等级。对于导致爆炸的，由特定的超压等级确定分区。

危险工艺区域或单元：包含旨在生产和存储材料的设备（包括管道、泵、阀门、容器、反应器和支持结构）。危险过程场所/单元存在爆炸、着火、毒性材料的释放潜在风险。

危险区域划分（HAC）：根据易燃气体、易燃液体蒸气、可燃液体蒸气、可燃性粉尘或可能存在的纤维材料等的属性和易燃物、燃料出现的可能性而分类的区域。摘自［Article

500 of NFPA 70, National Electrical Code]。参见“分区”。

现场人员：员工、承包商、访客、服务供应商和其他在场人员。

选址：定位一个综合设施、工厂、车间或单元的过程。

易燃物：可引起火灾的材料。

应急响应计划指南(ERPG)：美国工业卫生协会(AIHA)所编制的关于有毒物质释放至空气中，形成不同浓度的后果的一系列指南。比如，ERPG-2 指的是(对各种有毒物质而言)空气浓度的一个上限；低于这个浓度，则认为暴露(在有毒物质下)1h 的情况下，基本上所有人都不会引起不可逆(损伤)或者其他的严重健康影响或者症状，不会削弱人员采取保护措施的能力。

永久性建筑：在固定地点可以永久使用的刚性结构。

预防性保护措施：在初始原因已经发生的情况下，防止特定损失事件发生的一类保护措施；即介于事件初始原因和损失事件之间的一类保护措施。请参阅“保护措施”。

容纳：防止反应物或者产品从化学系统泄漏到周边环境的系统特性。

蒸气云爆炸：可燃蒸气云、气体或雾被点燃，火焰加速到足够高的速度产生显著超压引起的爆炸。

综合体：一种诸多工厂的聚集，这些工厂可能属于同一个公司也可能不是，但都位于特定地理位置的相邻边界之内，比如工业或化工园区。在综合体内部的某个工厂可能为其他工厂提供原料，或其他工厂为其提供原料，也可能是完全独立于其他相邻工厂。

棕地：被弃用或未经充分利用的工业或商业土地资产，且正被考虑用于建设新的工厂或再开发。

阻隔物：用以限制可流动燃烧蒸气云扩散的阻挡物，比如建筑物的墙壁和屋顶、釜体、管道等。

阻火障碍(阻塞物)：在火焰的传播路径上造成湍流和压缩的阻挡物。

最大可信事件(MCE)：一类假设的火灾、爆炸或有毒物质释放的事件。该类事件是所有评估的主要场景中，对现场人员潜在影响最大的场景。主要场景指考虑了化学品、库存、装备和管道设计、操作条件、燃料反应性、工艺单元几何形状、历史工业事故等因素的影响后，确定的切实存在且具有合理发生率的场景。对于潜在的爆炸、火灾或有毒物料释放的影响(参考 API RP 751)，每座建筑物都可能有一个最大可信事件集。请参阅“最坏情况场景(WCS)”或“备选释放场景(ARS)”。

最低合理可行原则(ALARP)：俗称“二拉平”原则，一种理念，通过不懈的努力持续降低风险，直至所需的措施成本(包括经费、时间、努力或其他耗费的资源)与降低的风险极不相称为止。术语“最低合理可实现”(ALARA)经常被作为同义词使用。

最坏场景：美国环保署风险管理计划要求的，进行厂区外后果分析时应考虑的事故场景。这种国际保守事故场景是假设在最不利的条件下，大多数防护措施失效，容器内全部物料释放的情况。请参阅最大可信事件(MCE)和备选释放场景(ARS)。

致谢

美国化学工程师协会（AIChE）及其化工过程安全中心（CCPS）对 CCPS 246 项目小组委员会的所有成员及其 CCPS 会员单位为编写本书提供的巨大支持和技术贡献表示万分感激。美国化学工程师协会（AIChE）及其化工过程安全中心（CCPS）向来自 BakerRisk® 公司的作者团队致以诚挚的谢意。

CCPS 小组委员会成员

马丁·蒂姆	普莱克斯公司主席
唐·康诺利	英国石油公司副主席
苏珊·贝利	林德集团
克里斯·布赫瓦尔德	埃克森美孚国际公司
布鲁斯·布洛（退休）	科登制药
安德鲁·卡朋特	毅博科技咨询有限公司
安迪·克兰德	荷兰皇家壳牌公司
克里斯·德夫林	美国赛拉尼斯公司
兰迪·霍金斯	菲利普 66 跨国能源公司
戴夫·赫尔曼（退休）	美国杜邦公司
曼努埃尔·赫斯	美国杜邦公司
大卫·希尔（退休）	西方石油公司
凯西·约翰逊	科思创材料科技股份有限公司（原德国拜耳材料科技）
贾扬特·库尔卡尼	怡安集团
比尔·林德伯格	法国液化空气集团
里德·麦克费尔	加拿大自然资源公司
蒂姆·墨菲	法国澳柯玛集团
帕梅拉·纳尔逊	美国氰氨工业公司
埃瑞克·皮特森	新西兰共富国际集团工程师
齐雷	亨茨曼公司
马克桑德斯	科氏工业集团
弗洛琳·文斯克	德国巴斯夫公司
乔纳斯·杜阿尔特	美国科聚亚公司
查尔斯·考利	化工过程安全中心行政顾问

化工过程安全中心(CCPS)对参与此版本工作的 BakerRisk® 公司的工作人员所做出的重大贡献表示感谢，特别感谢手稿部分的主要作者 Bruce K. Vaughen 和他的同事们(按字母顺序排列)：雷·贝内特、大卫·布莱克、大卫·博戈西安、迈克·布罗德里布、亚当·康纳、菲利普·霍奇、大卫·科比、约翰·利拉、迈克尔·穆塞米勒、乔·纳塔尔(2003 年版合著)、道格·奥尔森、菲尔·帕森斯、艾德里安·皮奥拉齐奥、凯利·托马斯、凯伦·维拉斯、大卫·韦克斯勒和乔·扎诺尼。同时，对于 BakerRisk® 公司的莫伊拉·伍德豪斯所提供的编辑帮助，表示衷心的感谢！

此外，还要感谢 CNRL(加拿大自然资源公司)的 Reid McPhail(里德·麦克费尔)对手稿进行了重要而深入的审查，并更新了附录 B 中的表格，以及安妮特·凯尔在这项工作初期所做出的贡献。

所有 CCPS(化工过程安全中心)的书籍在出版前都要经过严格深入的同行评审，CCPS(化工过程安全中心)对于同行评审员经过深思熟虑所给出的意见和建议感激不尽。他们的工作提高了这些指南的准确性和明晰性。

同行评审员

若尔迪·科斯塔·萨拉	美国赛拉尼斯公司
柯蒂斯·克莱门茨	美国科慕公司
谢里·尔地	英国石油公司，2003 年版合著者
迈克尔·海姆	英国石油公司
皮特·洛达尔	美国伊斯曼公司
路易莎·奈良	美国化工过程安全中心
基思·诺尔	美国氰氨工业公司
约翰·雷米	荷兰利安德巴塞尔工业公司
雷纳托·桑帕约	美国陶氏化学公司
扬·温霍斯特	诺瓦化学公司(退休)，同行评议人员(2003 年版本)

序

感谢化工过程安全中心，感谢他们引领并通过与过程安全专业人员的合作推动了过程安全持续改善的常态化。学习工厂选址、工厂内工艺单元和设备布局相关的经验教训十分重要，这样人们才能识别出类似的问题，进而进行更好的评估和决策。作为奥巴马政府化学工厂安全与安保工作组的第三届主席，我在全美各地举行的听证会上见证了这些经验教训的提出。如果所有的工厂选址都以负责的和有效的方式进行，那么安全性会有所提高，事故影响和生命损失会有所降低，该领域的发展也将取得大幅提升。

助理行政官：玛茜·斯坦尼斯劳斯

环境保护局土地资源和应急管理办公室

2016 年 12 月

前言

四十多年来，美国化学工程师协会(AIChE)一直密切关注化工、石化和相关行业的过程安全、环境和损失控制问题。通过与工艺设计人员、建设者、操作者、安全专业人员和学术界成员的紧密联系，美国化学工程师协会(AIChE)加强了这些群体之间的联系沟通，促使他们持续进步。美国化学工程师协会(AIChE)的出版物和论文集已成为那些致力于过程安全、环境保护和损失预防人士的信息资源。

在墨西哥城和印度博帕尔发生重大工业灾难(1984年)后不久，美国化学工程师协会(AIChE)于1985年成立了美国化工过程安全中心(CCPS)，特许其通过创建和传播相关技术信息来预防事故。CCPS得到了190多家行业赞助商的支持，他们为其技术指导委员会提供了必要的资金和专业指导。美国化工过程安全中心(CCPS)的主要工作成果是一系列协助企业实施RBPS中各个要素的指南性书籍，本书即为该系列指南中的一本。

负责审查本指南的CCPS技术指导分委会被授权审查和更新了CCPS于2003年出版的《工厂选址和布局指南》。最新版本的编写结合了过去十年中的很多新进展，包括在公司调查和选择新厂址、评估收购或扩建现有工厂方面的改善提高。从更新的目录可知，新版本不仅关注于工厂内建筑物和单元操作的选址，而且还关注于工厂在社区范围内的选址。

本指南为涉及危险物料和工艺的业务人员和项目开发人员解决问题，为工厂布局专家提供指导，并为公众和涉及规划审批咨询过程的主管部门提供信息。除此之外，该版图书相对上一版还更新了一些技术进展，如毒物释放及扩散模拟、爆炸超压爆炸效应模拟、工厂全生命周期及长期风险的应对，以及在工厂内布局过程单元和设备时最佳距离的选择。

您可以在美国化工过程安全中心(CCPS)网站(www.aiche.org/ccps/publications/siting-tools)上查阅工厂选址和布局指南中最新版本的工具、模板和文件。

1 引　　言

1.1 目标

本指南依次描述了在工厂选址和在工厂内布局新的或修改的工艺单元，以及在工艺单元内布局新的或修改的设备过程中，如何管理与危险物质和工艺相关的风险。这为公司提供了一个切入点，帮助他们决定如何选择工厂的位置、如何识别和评估工厂的长期风险，以及如何在工厂内布置工艺单元和设备。本指南还描述了石油化工工厂的工艺单元及其相关设备的选址和布置，以展现如何在工厂选址时减少现场和场外风险，以及如何在工厂内布置工艺单元时和如何在工艺单元内布置设备时减少现场风险。本指南的附录包括扩展参考文献以及工艺单元和设备在火灾场景下的间距表格，这些间距数据汇编自工业实践、指南、检查表以及工厂选址相关标准以及工厂内工艺单元及设备(既定位置区域内的布局问题)距离选择相关标准。

本指南的目标包括：

1. 应用基于风险的过程安全方法[CCPS 2007a]，为危险物质和能量工厂的选址、为工厂内工艺单元的布置以及为工艺单元内设备的布置提供指导(工厂的“选址”和“布局”)；

2. 考虑工厂类型和当地条件(如地理、天气等)，为选址团队的选择提供指导；

3. 在工厂选址、在工厂(其“区块”)内布置工艺单元和在工艺单元内布置设备时，应用本质更安全的设计原则；

4. 就降低与场外和现场潜在后果有关的风险提供指导，帮助降低工厂的生命周期成本；

5. 在现有工厂变更时提供指导。

本指南适用于加工、处理或储存危险物质的陆上露天炼油、石化和化学工厂，包括：

- 各类大小不同的工厂；
- 新建和现有工厂。

虽然本指南解决了一些内部容纳工艺单元的结构设计问题，但并没有涉及结构内工艺设备间距的问题。此外，本指南提到但没有详细说明室外危险物料泄漏后对人员和结构造成影响的量化方法。这些方法在其他文献(如 API RP 752、API RP 753、API RP 756、CCPS 1999b、CCPS 2009a 和 CCPS 2012b)中有更详细的说明。

本指南提供的信息将有助于决定：(1)新工厂的选址(“工厂选址”团队)；(2)工厂内工艺单元及其相关设备的布局和分隔距离(“工艺单元布局”和“设备布局”团队)。重要的是，这些团队作出的决定必须符合公司的风险承受能力水平，因为工厂选址及工厂内工艺单元布局可能会影响到工厂内基础设施、工厂安保、周边社区和环境的潜在风险。

工艺操作和维护的成本、复杂性和安全性在很大程度上取决于工厂的位置和工厂内工艺单元及其设备的布局。由于将本质更安全设计融入工厂的布局设计中可以帮助降低操作成本和过程复杂性，因此在设计工艺过程之初就尽早使用本质更安全设计原则来进行工厂选址与设备布局是有意义的。请注意，一旦项目获得批准，更改工艺过程设计可能是不可行的，因为这些变更可能会延迟已批准项目进度以及为满足市场需求而设定的业务目标。虽然成本效益分析问题超出了本指南的范围，但如果早期选址和布局时没有考虑，一旦已经施工再做变更的代价可能很高。最优的选址和其中的工艺单元及设备的布局，可以帮助最小化材料和施工的花费，更重要的是，可以在工厂的整个生命周期内最小化潜在的物理结构的损坏和降低业务中断的时间。

1.2 选址和布局方法

本指南描述了一种较好的方法，用于确保新建或改建工厂在选址的早期就考虑到相关基本问题。这可以帮助避免一些问题，如可能导致短期高昂花费的项目相关设计变更问题，如可能导致建设过程中出现花费高昂的变更问题，如可能导致工厂建成后长期高昂运营和维护花费的问题。选址问题一般首先从审查物质和加工危害开始，如毒性、易燃性、易爆性、反应性或这些危害的组合。还应考虑到其他潜在的危险，因为它们可能是周围社区无法接受的，例如气味、高噪声或火炬发出的光。

一旦确定了危害的类型，就可以明确其对场外和现场的潜在影响。这一步骤包括确定当地地形如何影响释放场景(对周围社区的最终影响)、应急人员是否可接近以及安保可抵达性(工厂边界的风险)。同时，应合理安排工厂内工艺单元及相关区域的布局，如储罐区或火炬位置区，以减少风险。设备的布局，包括它们的方位和它们之间的间距，也可能影响到场外和现场的后果。由于设备的布局可能会影响日常操作，减少或增加的间距会对可抵达性产生的影响，因此在评估现场后果时，应处理好两者之间的平衡。图 1.1 提供了一个方法总览，从理解危害和潜在后果、理解地形影响开始，然后理解工艺单元布局、设备布局及可抵达性对场外和现场的潜在影响。

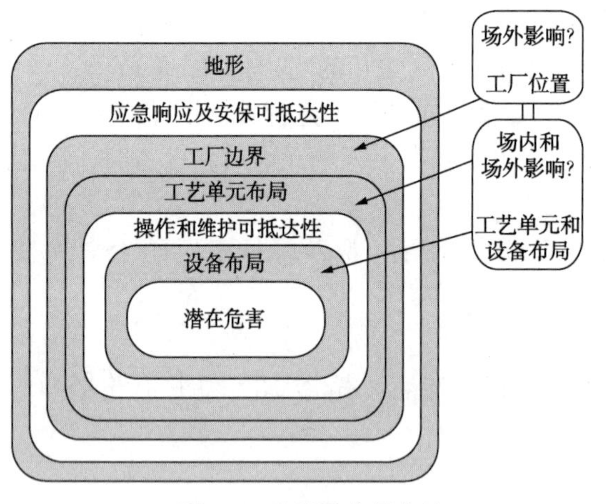

图 1.1 选址及布局方法

1.3 如何使用本指南

本指南为新工厂的选址提供了一个切入点。工厂选址确定后，为评价和确定工厂内工艺单元及其相关设备的布局和分隔距离提供指导，也为工厂内驻人建筑及容纳关键设备的建筑物的布局提供指导。这些决策步骤的优先顺序见表 1.1 中描述的章节，表 1.2 列出了相应附录(包括检查表)的目标。

表 1.1 指南章节的目标

指南章节		章节目标
1	引言	描述此指南的范围：提供关于如何选择工厂位置、如何识别和评估潜在的长期风险以及如何在新的工厂位置内布置工艺单元和设备的信息
2	获益概述	描述在解决工厂选址和布局问题时，结合和应用本质更安全原则和保护屏障概念的好处
3	识别过程危害和风险	描述在对新工艺过程进行初步危害分析时需要哪些过程安全信息。危害及其风险随后由工厂选址团队(第 4 章)、工艺单元布局团队(第 5 章)和设备布局团队(第 6 章)使用
4	工厂选址	描述选址团队中应该包括哪些人，一些潜在的项目相关问题，以及在评估和比较备选位置及其周围环境的利弊时如何选择工厂位置
5	工厂内工艺单元布局选择	描述过程危害、风险、地形、环境和周边环境对工厂内工艺单元布局的影响
6	工艺单元内设备布局选择	描述过程危害、风险以及潜在的操作和维护可抵达性如何影响工艺单元内设备的布局
7	变更管理	描述如何管理工艺过程和设备布局变更
8	案例分析	分享一些事件的案例，这些事件的严重后果部分是由于对选址和布局问题的考虑和处理不足

表 1.2 指南附录和检查表的目标

附　录		附录目标
A	其他选址与布局参考文件	提供关于工厂选址和布局的其他信息的潜在资源清单(第 1 章)
B	CCPS 工厂选址与布局推荐分隔距离表	基于汇编的工业数据，针对火灾后果提供设备之间的距离指导(第 2 章~第 8 章)
C	确定过程危害和风险检查清单	帮助选择和布局团队识别与新建或扩建工厂相关的过程危害和风险的类型(第 3、第 4、第 5 和第 6 章)
D	工厂选址检查清单	帮助选址团队评估和比较备选地点及其周围环境的利弊(第 4 章)
E	工厂内工艺单元布局选择清单	帮助工艺单元布局团队评估新址潜在的地理位置和环境问题(第 5 章)
F	工艺单元内设备布局选择检查表	帮助设备布局团队评估工艺单元内操作和维护可达性问题(第 6 章)

编写本指南是为了帮助回答以下问题：

- 使用哪些原则来决定工厂(新建或者扩建)的位置与布局？
- 选择适当的工厂地点需要哪些关键信息？
- 一个工厂的选址是如何根据其位置和周围环境选择的？
- 新工厂如何处理安全问题？
- 结合工艺过程危害和风险，工厂地形、环境及其周边会如何影响工厂内生产装置的布局？
- 工艺单元内设备的布局会如何影响操作和维护？
- 如何优化工艺单元内的设备布局？
- 在现有工厂空间有限的情况下，如何处理新设备布局问题？
- 采取哪些步骤确保未来生产和设备的变更不会增加整体操作风险？

1.4 保护层

在管理过程安全风险时，工厂内的工艺单元布局、工艺单元内设备的布局以及工厂的选址提供了不同的保护措施(屏障)。工艺单元和设备布局可视为工艺过程设计的一部分，即通过在工艺过程和设备建设之间设置足够距离，以实现危险物质和能量源之间的分隔。通过与危害的隔离，这些距离可能有助于减小火灾和爆炸的影响，并能防止火灾、爆炸扩散到邻近地区使事件的后果恶化。在评估潜在的场外后果时，工厂的位置也可被视为一个保护屏障。例如，可以通过优选位置帮助降低周边社区人员暴露于危害的潜在可能性，如人员、环境和财产受有毒物质泄漏的危害后果。

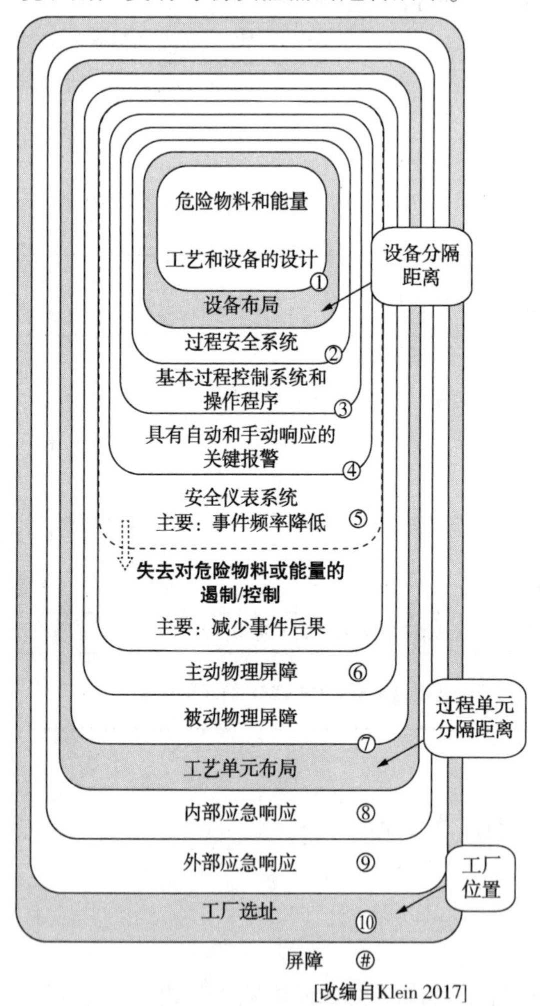

图 1.2　工厂保护层

用于“工厂选址”“工艺单元布局”和“设备布局”的位置和布局相关的保护层通过强化屏障图展示出来，如图 1.2 所示。从工厂内部到周围社区(屏障①~⑩)，这些保护层的顺序从应用本质更安全的设计原则、处理设备和工艺单元的布局、处理预防性和缓和性的工程和行政控制开始，然后以确定工厂的位置结束。

屏障①的核心是最终的化学过程，这是确定物质转变、能量处理以及工艺过程条件监测和响应所需设备类型的基础。本质更安全的设计原则，如使用较小的危险条件或确保设备之间的适当间隔距离，是图 1.2 所示屏障①的一部分。工艺过程设计影响了为管理危害而设计的设备，最终设计目标是危险物质可控并防止其从容器内泄漏出来。注意，防止事故升级(多米诺效应)的被动保障措施包括选择危险性较低的工艺以及危险过程单元的布局和间隔距离(屏障⑦的一部分)。

采取恰当的安全措施可以降低过程安全风险，企业通常通过运行过程安全和风险管理程序来阻止该类安全措施的失效。图中显示的“屏障②”称为“过程安全系统”，其是典型过程安全和风险管理程序中的管理系统行政管控。这些管理系统中，有一部分管理条款主要关注于维护设备设计的完整性，其对应了基于风险的过程安全(RBPS)程序[CCPS 2007a]中的相关基本要素。这些要素的目标包括识别和评估过程危害、设计和运行安全的过程、分析和管理过程危害和风险、维护可靠的设备和工厂、预测和应对事故、确保组织能力、监测过程安全系统绩效以及安全地规划和执行变更[Klein 2017]。屏障②包括检查、测试和维护计划和程序，以确保工程屏障已到位，且不会随着时间的推移而退化，并确保设备的完整性不会在工厂使用期间受到损害。屏障②还包括人员培训和发展，以确保他们在执行任务时具备所需的能力。

屏障③~屏障⑦所示的预防性和缓和性工程和行政控制措施包括控制系统、程序、报警、联锁以及主动和被动物理保护系统[CCPS 2001、CCPS 2014a、FM Global 7-43 和 UK HSE 2015]。虽然最有效的工艺过程设计和设备设计应能够防止危险事件的发生，但采用本质更安全的设计也可减少此类事件升级扩大的可能性。(如果上述设计充分,)在屏障③~屏障⑦所需的工程和行政控制则更少、更简单。工艺单元之间的分隔距离可以看作是屏障⑦的一部分，危险工艺单元之间的距离是一个被动的“物理”屏障。因此，应用本质更安全的设计原则能够限制事故发展，使其不能顺利穿过屏障从而限制串联事故对场外和场内人员、财产及环境的影响[CCPS 2008a]。

该工厂的内部和外部应急系统反映了应急计划的执行情况(图 1.2 中的屏障⑧和屏障⑨)。选择一个本质更安全的地点(屏障⑩)作为工厂的位置(它的选址)可以帮助减少场外的后果。因此，工厂的位置是一个重要的屏障，有助于保护周围社区免受工厂危害的潜在影响。第 4 章第 4.7 节对土地利用(屏障⑩)指南作了进一步的讨论。

有许多预防、减轻和损害限制策略用于减少火灾、爆炸、毒物释放和危险反应的过程安全风险。这些策略包括但不限于：

- 选择本质更安全的设计；
- 选择安全距离以减少拥挤和受限；
- 预防危险条件；
- 减轻危害后果；
- 消除点火源；
- 建立危险区/区域分类边界；
- 提供消防；
- 提供危险环境探测系统；
- 提供抑爆系统；
- 密闭处理高毒性物质的工艺过程和设备；
- 提供泄压和排气；
- 提供净化系统(即降低具有潜在易燃、可燃粉尘或爆炸性氛围的区域的氧气浓度)；
- 提供远程操作控制的紧急响应。

在这一点上值得注意的是，许多公司发展并应用了这样一个概念，即应持续努力减少风险，直到增加的投入(成本、时间、精力或其他资源支出)与响应减少的风险严重不相称为止。在描述这一概念时，使用了“最低合理可行”(ALARP)和“最低合理可实现”(ALARA)两个术语。由于公司对 ALARP 的开发、采用和应用超出了本指南的范围，读者应参考相关文献获得更多指导[例如，英国 HSE 2001、Ellis 2003、Baybutt 2014、UK HSE 2016a 和 UK HSE 2016b]。

1.5 术语

本指南中使用的术语定义如下：

“**综合体**”是一批工厂的集合，这些工厂可能由同一公司拥有，也可能不是同一公司所有，但位于特定地理位置的毗连边界内，如工业或化学园区。一个综合体内的设施可以从同综合体中的另一个工厂获取原料，也可以完全独立于其周围工厂。

“**工厂**”指单一地理位置内(在公司的边界或用地红线内)的一个或多个工艺单元以及其他生产区域。在本指南范围内，“工厂”也可称为“设施”。它是进行制造过程的物理位置，如化学或炼制工厂，或物料被处理、转移或储存的地方，如终端储运、码头或配送中心。工厂内的不同区域可以有自己的支持系统，也可以与其他区域共用支持系统。支持系统可包括行政或工程办公室、维修、仓储、运送、消防站、医疗和安保。雇员和承包商停车的区域也应在工厂内明确，更大的工厂具有使用专用公共汽车在工厂内提供运输(比如在停车期间和大修期间，工厂内有大量工艺单元作业)的情况也同样如此。工厂内的不同工艺过程区可能具有不同的危害和风险，例如直接与炼制区相连的化学品加工区。

“**工艺单元**”是指有特定功能的“工艺区域”的一部分。该工艺区域包括用于转移、加工或储存物料的设备(例如管道、泵、阀门、容器、反应器和支撑结构)。危险工艺单元具有潜在的发生反应失控、毒物释放、火灾和爆炸事故的可能性。例如：生产汽油调和剂的燃料加工单元；润滑油调和工艺单元；服务炼油厂、化工操作或两者的油罐区；接收原料和装载产品的水上平台、码头；加工和颗粒筒仓储存区；或管道泵站。图 1.3 显示了不同工艺区域中的工艺单元。

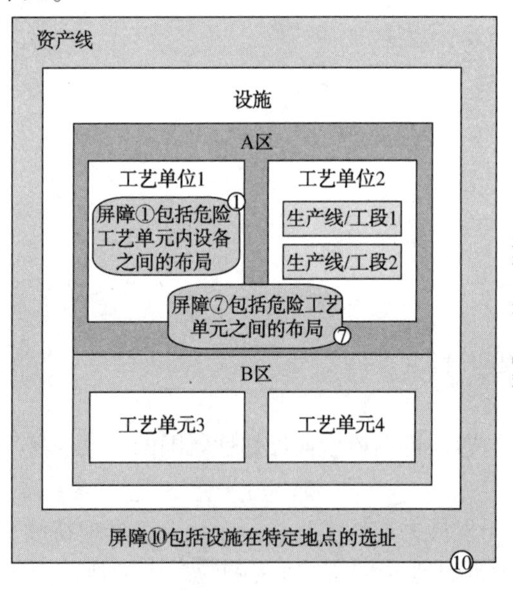

图1.3的屏障说明：
①为基于危险工艺过程中与设备有关的危害，对危险工艺过程中的设备进行距离分隔。
⑦为基于与危险过程有关的危害，在危险工艺单元之间进行距离分隔。
⑩为基于与工厂选址相关的风险(其地理位置)，对工厂内的危险工艺过程和邻近工厂进行距离分隔。

图 1.3　指南术语

一个“**生产线**”或“**工艺段**”是工艺单元中的一个区域，指为实现某个单独操作的加工设备组合(参见图 1.3)。例如，冷冻食品操作中的制冷系统、原油蒸馏塔、废物处理设施、废水氯化处理系统、聚乙烯单元或间歇反应器生产线。

“公用工程”是指提供能源或服务的设施，包括电力、仪表空气源、润滑系统、蒸汽或加热介质、燃料(燃油、燃气等)、制冷、冷却水或冷却介质以及惰性气体。有些工厂也可能包括专用的废物处理设施，因为它们可以提供能源，并与工厂的部分相连(比如焚化炉)。

“**绿地**”一词是指之前未经商业或工业开发，拟用于建设新工厂的土地资产。

“**棕地**”一词是指之前经过了商业或工业开发，现已废弃或等待新用途，拟用于建设新工厂或者重建原工厂的土地资产。如果棕地有旧建筑物或有污染问题，这些问题将需要在翻新或新建之前得到解决。如果棕地与正在运行的工艺单元相邻，则同时运行(SIMOPS)问题也需要解决。第5章第5.6.2部分，分阶段施工的规划提供了补充的简单讨论。

“**全新工厂**”指一个可以建在绿地上，也可以建在棕地上的工厂。

“**用地红线或边界线**”一词是指区分公司资产与相邻非本公司资产之间的分界线。相邻的资产可能是社区的，也可能是工业区的。

“**现场**”一词是指在公司边界或红线范围内的工艺过程和辅助性操作(如果相邻的土地不是公司拥有的，这可能是“围栏线”)。

“**场外**”一词是指公司边界界限以外的邻近地区，“场外后果”是指对邻近工业区、周围社区和环境可能存在的影响。

因此，对于图1.2和图1.3所示的保护层，术语的定义如下：设备之间的距离和设备在工艺单元内的方位是屏障①的部分；工艺单元之间的距离是屏障⑦的部分；工厂的位置(选址)与潜在的场外邻近工业区、周围社区或环境受体之间的距离是屏障⑩的部分。

1.6 指南参考资料

本指南参考了适当的条例、行业规范、准则和标准。附录A列有出版时参考的行业实践清单，包括适用的条例和CCPS指南。

1.7 主要基于火灾后果的分隔距离

早期的设备间距或布局表是根据工程判断和经验编制的，是20世纪60年代由不同的炼油和石化公司开发的(因此，不再容易评估)。这些表格描述了建议的设备分隔距离，以帮助降低室外工艺过程火灾的后果。20世纪七八十年代，这些表格根据事故学习、额外的工程经验(包括闪火和喷射火的可能性)、行业共识指南和标准、监管要求、保险损失评估和保险指南进行了更新。自那之后，工厂规模的扩大和自动化过程复杂性的增加改变了事件的潜在可能性和严重性。

附录B表格中提供的分隔距离是根据历史指南和行业数据汇编的，并包括本书2003年版所提供表格的更新。这些分隔距离主要适用于工艺区块、工艺单元、工艺单元设备以及工厂的工业邻居之间潜在的火灾后果场景。虽然这些表格可能不能提供准确、分析性的答案，但利用工业经验，它们可以用来帮助完成初步工艺单元的布局设计，然后进行初步的设备布局设计。在适用和可用的情况下，应利用工厂特有的热辐射、毒物扩散和爆炸超压分析来确定最佳的分隔距离。这些模拟计算距离可能与附录B中列出的不同。此外，诸如烷基和过氧化物等高活性化学品的工业指南可能需要考虑额外的保护层，并规定与附录B所提供的不同的分隔距离。请注意，适用的标准、法规或地方法规所要求的可能不同于附录B列出的距离将优先于附录B考虑。

2 获益概述

本章概述了恰当选址和工厂布局的益处，其可以帮助工厂在全生命周期中最大限度地减少操作、维护和安保问题。本章总结了工厂的选址和布局如何影响过程安全风险的管理，何时应用本质更安全的设计原则最好，并描述了使用屏障方法的一些优点。本章最后总结了本指南中所描述的分步方法，该方法可用于工厂选址和在工厂内布局工艺单元和设备。

2.1 选址和布局的意义

工厂的适当选址和布局为工厂的安全、安保可靠奠定了基础。布局良好的工厂风险水平将低于布局差的工厂，部分原因是驻人建筑物的人员接触到有毒物质的可能性较低，火灾升级扩大的影响较小，邻近设备和工艺过程遭受到爆炸破坏(即多米诺骨牌或连锁效应)的可能性较低。此外，提供足够的土地面积有助于减少设备拥堵，使工厂的安全运行和维护在工厂使用期间更容易管理。然而，减少对人员和周围社区的风险所带来的好处是有代价的。分隔距离意味着额外的土地面积成本，从而增加了初始投资总额。因此，在作出选址和地点决策时，应考虑到初始资本投资、工厂生命周期成本和风险管理投入。

新建一个工厂或增加设备到一个现有工厂的工艺单元中通常是令人鼓舞的，但又是令人望而生畏的决策。如果技术和位置选择都做好，资金扩张费用投入充足，则目标实现，前景看好。如果他们做得不好，金钱可能会被浪费，目标可能无法实现，未来可能会不知不觉地受到损害。对技术、场地、工厂的地理位置、工艺单元和设备的布局以及风险管理进行仔细考虑，将对这两种结果之间的差异产生很大影响。例如，如果早期没有确定本质更安全的设计策略，那么可能需要进行代价高昂的变更，高性价比的保护措施可能得不到识别，新的业务可能会导致运营和维护费用增加，从而增加公司的财务压力。

2.2 风险管理

正确进行工厂选址和工艺设备布局是风险管理的重要方面。公司确认其整体业务风险，包括与过程安全事件相关的风险。本指南中的方法是找到一个工厂位置和布局，以帮助减少对工厂内部和外部人员、环境和财产的过程安全风险，同时保持安全操作和维护的便利性。降低生命周期成本的最佳时机是在项目开发阶段的早期。正如业界所熟知的那样，降低工厂风险及其生命周期成本的最有效战略是在项目初期评估和实施本质更安全的设计(ISD)原则[CCPS 2008a(包括本质更安全检查表)、Kletz 2010 和英国 HSE 2015]。本指南的重点是应用这些 ISD 原则来实施新工厂选址，在新工厂中安排工艺单元布局，然后在每个工艺单元内安排设备布局。图 2.1 描述了及早、及时考虑风险管理的重要性，包括本质更安全的设计原则。

图 2.1 描述的项目开发阶段表示从概念开发到项目完成的各个阶段。然而，一旦该工厂开始运作，必须维持工艺单元及其相关设备的完整性，以便有效管理过程安全风险。另一种看待工厂生命周期的方法，包括其工艺单元和相关设备，是维护设备完整性的八个不同阶段：(1)设计；(2)制造；(3)安装；(4)试运行；(5)运行；(6)维护；(7)更改；(8)退役。有时，在项目从工程移交到运营之前，制造阶段、安装阶段以及固有的试运行阶段被合并称为“建设”阶段。

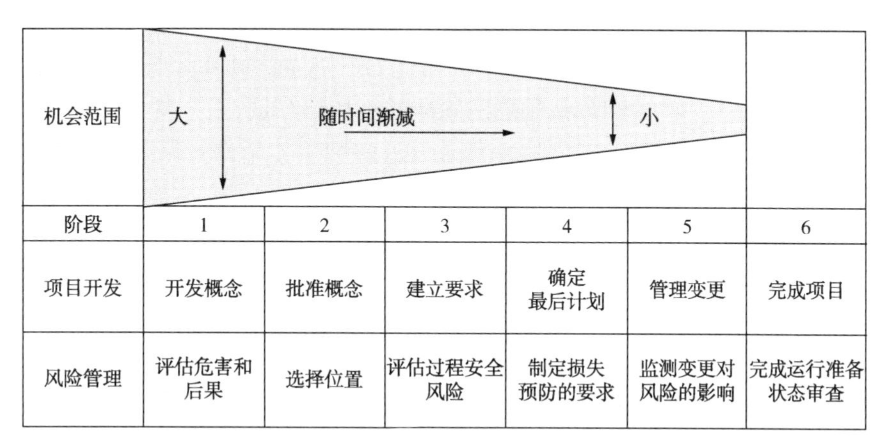

图 2.1 时间对降低过程安全风险机会的影响

图 2.2 描述了八个不同的设备完整性生命周期阶段，并在第 7 章第 7.4 节中进一步讨论了在设备生命周期内保持设备完整性的问题。

运行准备状态审查是图 2.1 中的最后风险管理阶段，是从工程向业务移交期间管理变更的一个关键阶段。然而，这不是发现可以使用更好、更符合成本效益的地点和设计的时间。减少与管理风险有关的潜在成本机会已经降低。值得注意的是，在工厂运行后，使用了 CCPS 基于风险的过程安全(RBPS)系统，以帮助管理设备的完整性风险：管理变更和运行准备状态(所有阶段)；遵守标准、工艺知识和管理；以及危害识别和风险分析(第 1 阶段)；承包商管理(第 2、第 3 和第 6 阶段)；作业程序和安全工作实践(第 5 阶段)；资产的完整性和可靠性(第 6 阶段)(CCPS 2007a，Sepeda 2010)。

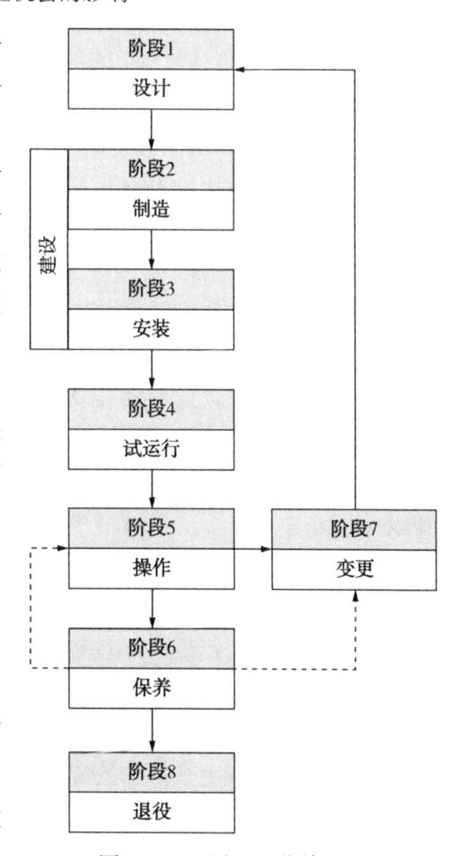

图 2.2 工厂、工艺单元或设备的生命周期阶段

2.2.1 应用本质更安全设计(ISD)原则

本质更安全设计原则应用于工艺技术上有助于防止事件的发生或消除后果(例如，通过改变工艺化学)，或有助于降低事件升级的可能性，或在对人员、环境或财产产生重大影响之前限制事故后果(例如，通过确认分隔距离)[Baker 1999，CCPS 2008a；Kletz 2010；

Vaughen 2012a 和 UK HSE 2015]。工厂的合理选址以及在工厂内的工艺单元和设备的布局可使潜在的火灾、爆炸或有毒排放源与邻近地区之间有足够的距离。因此，工厂选址和工艺单元的布局不仅提供了风险管理的一个基本方面，而且也是 ISD 的关键组成部分。

本质更安全的设计原则是最小化、减缓、替代和简化[Kletz 2010]。正如特雷弗·克莱茨(Trevor Kletz)所写："你没有的东西就不会泄漏"(1978 年)。当选择了最优的本质更安全设计时，剩余的过程风险将通过预防性屏障来管理，以减少事件发生的可能性，并通过缓和性屏障来减少潜在的后果。

这些本质更安全设计原则，按任意顺序，简述如下[Kletz 2010]：

- 最小化：目标——减少和最低化危险物质的现场储存量；
- 减缓：目标——使用较低的危险工艺条件或缓和工艺条件，以帮助最小化有害物质或能量释放的影响；
- 替代：目标——使用替代工艺或较少危险物质；
- 简化：通过消除不必要的复杂性，开发和操作不太容易发生人为错误的工艺。

本质更安全设计可以应用于整个工艺或其任何部分，如果本质更安全设计审查由一个能力胜任的促进者领导，本质更安全设计将十分有效。在应用时，这些原则有助于降低工厂的生命周期成本，包括减少事故损失和相关成本，降低风险管理成本，降低保险成本，简化操作，改进操作和维护可达性，以及减少维修密集型工程保护系统的数量。虽然解决方案的初期成本可能会更高(例如，更多的基础设施、更多的土地、更长的管道运行，或更大的工艺单元分隔距离等)，但预计的全生命周期成本会减去本质更安全设计所降低风险的控制成本。

第 5 章设施内工艺单元布局和第 6 章工艺单元内相关结构和设备布局中包含了预防性和缓和性 ISD 原则应用的补充讨论和选择。具体而言，预防性和缓和性 ISD 原则的选择办法分别列于第 5.4 节的表 5.2 和第 5.5 节的表 5.3 中[Baker 1999]的。

2.2.2 使用保护措施

(工程与管理)的安全保护措施对于管理过程安全风险都是必要的。如图 1.2 所示，使用这些保护措施(在本指南中也称为"保护层"或"屏障")来管理危害是一种传统的风险管理办法。根据工艺设计，设备是为了管控工艺条件而设计的，其属于图 1.2 中屏障①首层容纳系统的一部分(例如，该设备被设计用来容纳反应所需的压力)。消防系统和工艺单元分隔距离(屏障⑦)旨在减轻潜在的后果。虽然工程保护系统往往是必要的，但与对工艺和设备应用本质更安全的设计原则所提供的保护相比，它们的可靠性更低而维护成本更高[CCPS，2012a；CCPS 2014a]。然而，在所有情况下，设计都应以良好的工程实践为基础。

其他保护措施包括将工程控制和行政控制相结合，以使该工艺过程保持在安全的设计和操作限度内，如操作人员监督；基本过程控制系统；报警；操作程序；联锁；实物保护装置；维护程序；消防系统；以及相关培训。在所有情况下，应先核实这些不同保障措施的独立性，然后才能认定它们作为有效保护层的作用。此外，对于工程设计和控制，设施内的设备应定期检查、测试，并通过工厂的设备完整性程序证明其功能。总之，"容纳、控制和减轻"措施有助于防止容纳失效事件，并有助于降低事故影响，减少伤害、环境损害和财产损失。

2.3 对工厂的选址和布局采取划分步骤的方法

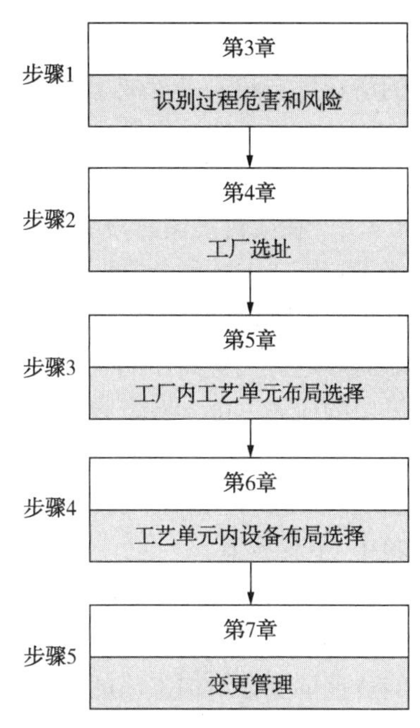

图 2.3 与工厂选址和布局步骤相对应的章节

下面提供了一种步骤式方法用于工厂选址、工厂内工艺单元布局以及工艺单元内设备布局。本指南中的方法着重为工厂选址团队(第 4 章)、工艺单元布局团队(第 5 章)和设备布局团队(第 6 章)提供指导。尽管这些团队有不同的成员、计划和目标，但有效的选址(例如，为规划的工厂选址)和工艺单元及相关设备的布局取决于对工艺设计的技术方面、存在的危害以及对现场内外潜在风险的理解和考虑。

本指南中的章节按顺序排列，依次是选址方法步骤、工厂内工艺单元布局方法步骤和工艺单元内设备布局方法步骤。图 2.3 说明了这一方法，表 1.1 列出了每个指南章节的目标。

步骤 1 中评估的危害及其风险由步骤 2 中的位置选择团队、步骤 3 中的工艺单元布局团队和步骤 4 中的设备布局团队使用。布局团队在工厂内安排设备时应考虑单元和设备的生命周期和完整性计划。步骤 5 为工艺单元和布局团队有效地管理将来的变更提供了更多的指导和见解。虽然这在第二步看来似乎是显而易见的，但经验表明，慎重挑选一个工厂选址团队，确保其成员了解具体项目的过程危害和风险，能够确保对被评价地点进行更有利和更彻底的评估。

2.4 预计世界的变化

对风险的态度随着时间的推移而改变。今天邻里社区可以接受的东西在明天可能是不能接受的。因此，需要对风险承受能力进行定期审查，以解决技术、工厂、法规和周围社区及其外部需求的变化。由于周围地区的发展，几十年前在偏远或孤立地点建造的许多工厂在如今都处于人口密集的地区。由于极端破坏性事件会降低人们对工厂的工程设计、施工、运营和维护的信任度，因此需要投入更多的时间和资金，预先在设计中纳入比现行法规、规范和标准可能确定的更大的风险降低措施。第 7 章提供了关于管理工厂和潜在社区变化的更多细节。例如，在最初工厂选址时，购买更多的土地，以增加工艺单元边界与周围社区之间的距离，为工厂(缓冲区)提供更好的长期生存能力。

2.5 总结工厂恰当选址的“商业价值”

值得重申的是，工厂的位置、工艺单元在工厂内的位置以及设备在工艺单元内的位置是确定管理过程安全风险所需的工程和行政控制的关键步骤。如图 1.2 所示，工厂的位置属于屏障⑩的内容，而工艺单元内设备布局和工厂内工艺单元布局则分别为屏障①和屏障⑦的一部分。如果进行一个充分的“商业行为”——提前花时间预测三个屏障对工厂生命周期成本的潜在影响和未来可能出现的潜在需求，则这三个屏障将十分有助于全面减小风险水平，降低管理工作难度。在某些地区，管理当局可能要求提交安全情况报告作为许可证申请程序的一部分，用以说明当前选址和布局是如何将后果降到最低的。

2.5.1 在项目提案阶段尽早开始的重要性

如图 2.1 所示，重要的是在项目提案阶段的早期考虑本质更安全的设计原则，因为此时有更多的机会处理设计变更。如果未早些在屏障①、屏障⑦和屏障⑩中实施 ISD 方法，则可能需要进行代价高昂的变更，也无法找到成本效益保护的机会，新的运营实际上可能会增加公司的债务，由于有毒物质释放、火灾和爆炸可能造成更大的后果事件，也会导致更高的保险费。请注意，一些公司在其资本项目评审中也可能也需要针对工厂选址进行概率/严重性的风险评估。项目开发阶段早期工厂成本估算的最新进展在文献[Anderson 2016，Dave 2016]中有报道。

2.5.2 在工厂选址时权衡生命周期成本

在新建或扩建工厂时，应平衡初始资本投资、工厂生命周期成本和风险管理投入。糟糕的选址可能会增加工厂的总生命周期成本，因为一旦工厂开始运营，则需要投入并管理与工厂位置有关的风险降低措施(工程和行政控制)。如果需要，这些保护系统可能会使操作程序复杂化，可能需要更多的维护，并可能由于更多的资产和潜在负债而增加保险费用。此外，随着项目的进度越接近于从工程到运营的交接点，设计变更的成本效益和运营成本降低机会就越少(图 2.1)。

2.5.3 超越眼前所需

要建造一个安全的工厂，其主要压力在于如何考虑邻近社区期望的潜在变化、工艺和设备技术的潜在变化、工厂内其他区域的潜在变化以及当地和政府的法规潜在变化(即环保许可)。如果有可能增加与存在过程安全风险的特定区域(工厂边界范围内以及周围社区范围内)之间的距离，则可能会使该工厂具有更好的长期生存能力。

3 识别过程危害和风险

本章描述用于识别和理解过程危害和评估与新建或扩建工厂相关风险的过程安全信息。新工厂中物质的危害、数量以及如何处理和储存等信息将由选址团队(第 4 章)、工艺单元布局团队(第 5 章)和工艺单元设备布局团队(第 6 章)分别使用。初步的危害分析可指导识别可能导致现场和场外后果的危害类型，如火灾、爆炸和毒物释放。借助这些信息，人们可以理解与工厂地址、工艺单元布局和设备布局相关的风险，进而为新工厂的选址和布局奠定基础。

3.1 概述

确定过程危害和潜在危害后果的第一步，是了解物质的内在危害，如毒性、易燃性、易爆性或反应性危险物质包括易燃液体、爆炸性蒸气、可燃粉尘、氧化剂和高能/爆炸或冲击敏感物质。当有毒物质释放、火灾、爆炸或失控反应发生时，可能导致死亡和伤害、环境损害、设备损坏和业务中断。这些危险的结果被用来回答一个问题："它能有多严重?"在为新建或扩建的工厂选择新位置之前，以及在所选位置内布局工艺单元和设备时，应使用此信息。特别是，分隔距离提供的"屏障"作用，可以使工厂的选址和布局得到改进。图 1.2 所示的屏障①、屏障⑦和屏障⑩的一部分属于此类屏障。当考虑降低与新建或扩建工厂相关的现场风险和场外风险时，后续章节描述的初步危害分析为优化危害与潜在受体(人、环境、财产)之间的分隔距离提供了基础。

3.2 工厂范围描述

新建或扩建工厂的范围、危害和相关风险是工厂选址团队、工艺单元布局团队和设备布局团队开展工作的基础。项目描述应定义新工厂的用途或对现有工厂的变更，并提供足够的过程危害和潜在的现场和场外风险信息，以帮助指导每个团队，无论他们是要进行工厂选址，还是在进行工艺单元布局或设备布局。

虽然项目初期可能没有明确的项目描述，但以下信息可用于评估与项目相关的潜在风险：

- 所使用的原料、中间体、产品、副产品、废液以及任何替代的原料、催化剂或添加剂的清单。
- 相应的物质危害清单(例如易燃性、易爆性、毒性和反应性)。
- 在预计的工作条件(例如压力、温度、流量等)下，初步的物质和能量(热)平衡。
- 初步计算的预期产能以及预期正常和最高库存水平，特别是危险物料的库存水平。
- 工艺模式，如连续(稳态)或批次处理，包括开车或停车的最大数量。
- 所使用的已知工艺技术清单，包括计划或正在考虑的专有技术(如果适用)。

- 可能影响工艺单元和设备的布局和距离的工艺设计概念清单(例如室内装卸作业和室外装卸作业)。
- 预期的自动化水平的描述(例如自动化或人工操作)。
- 关于原料和产品如何通过公司自有方式或合同运输进出工厂和在工厂内运输的描述(例如卡车、铁路、船舶、管道)，包括预期货物的大小和进出工厂的频率。
- 预期的公用工程清单(例如如何生产和分配、生产率/需求、最大库存等)。
- 对预期废物处置要求(例如危险废物)的说明。
- 对停车大修理念的描述(例如每两年停车一次，或继续运作按要求各个工艺要求分别停车)。
- 对工艺单元的预期寿命(例如 10 年、20 年等)的描述，包括所期望的运行利用率或在线因数。

这份清单是附录 C 所列清单的一部分，并在第 3.5 节中做了说明。

3.3 初步危害筛选

初步危害的筛选分析，用于帮助确定新工厂对周围地区或邻近危害对新工厂造成的潜在的暴露风险。当其他危险工厂位于备选地点附近时，在选择地点时应考虑到其相关风险和影响。工厂的初步过程危害筛选分析，应基于最新的工艺过程信息，并为新工厂采用估计的保守区域。第 4 章第 4.5 节中的讨论为估算地块大小提供了一些指导。然而，低估所需面积将造成基建、运营和维护问题，并限制今后扩展的可能性。注意，在考虑此点时，无需详细的设计图或进行详细的、昂贵的风险评估。关于危害分析团队成员的更多信息以及关于进行初步危害分析的更多细节见文献[CCPS 2009b]。

本书的重点是针对使用危险物质和能量的工艺过程，有毒、易燃或易爆物质的释放可能导致负面的安全、健康和环境后果，例如伤亡、火灾或爆炸、财产损害和环境损害。视释放物质的种类和数量而定，造成危险后果的一些因素包括毒物的释放和扩散、释放并汇集或形成易燃/易爆环境、可燃粉尘的扩散以及点火的可能性。表 3.1[Baker 1999]描述了这些对火灾、蒸气云爆炸、粉尘爆炸和毒物释放事件有利的因素。请注意，在此筛选过程中还应确定新工艺过程的其他潜在危害，如环境、机械、电气、生物和放射性危害。由于使用生物有机体的工艺过程可能存在生物危害，因此应评估毒性暴露的可能性。

表 3.1 促成危险后果事件的因素

危险后果	促成具有危险后果事件的因素	危险后果	促成具有危险后果事件的因素
火灾	易燃物质的释放	粉尘爆炸	悬浮的粉尘(可燃浓度范围内)
	泄漏物质的汇集和扩散		设备内或密闭空间内
	点火		点火
蒸气云爆炸(VCE)	易燃物质释放	毒物释放	有毒物质释放
	形成可燃气云		未点火(如果物质也是易燃的)
	点火		

[引自 Baker 1990]

初步危害分析还可确定潜在后果，如公用工程失效、环境污染或安全违约。在选择工艺单元位置和决定工艺单元所需的土地面积时，应考虑这些后果。第 4 章将更详细地讨论公用工程失效、释放至环境以及安保控制问题带来的影响。

3.3.1 火灾场景

火灾可能导致人员或设备暴露于超过承受极限的辐射热量(热流)水平并造成财产损失。处于燃烧极限范围内的扩散气云被点火后会形成闪火，扩散分析可用于模拟分析燃烧极限范围以及识别可能点火源，图 3.1 为扩散分析得到的燃烧极限范围示意图。由于闪火发生迅速，其高温会伤害受影响地区的无防护人员和设备；然而，火焰无法持续，造成的长期热影响很小。

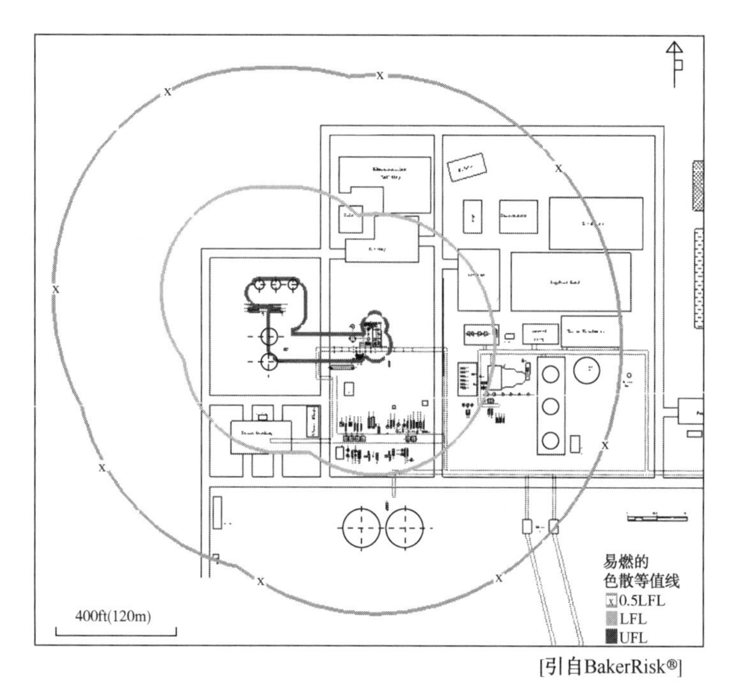

图 3.1 闪火潜在可燃极限范围示意图

另一方面，池火是液池上方可燃蒸气的燃烧。喷射火是在喷射口周围可燃气体/蒸气的燃烧。池火和喷射火是由其燃料来源维持的，将对邻近的设备或地区产生热辐射影响。利用典型的工艺条件和设备尺寸，可以快速估算假设的事故场景产生的热流。

这些火灾场景可能包括但不限于：

- 围堰或收集池区的池火，如储罐溢流引起的火灾；
- 工艺单元火灾，如喷射火；
- 易燃物料储罐的全液面火灾；
- 卡车或有轨汽车装载架起火，如软管故障引起的火灾；
- 建筑火灾；
- 火炬处于最大载荷状态时的火焰，例如当出现电力故障、冷却水、制冷系统能力不足或中断时。

请注意，附录 B 中的距离包括了设备和工厂与边界线之间的距离(基于火灾后果)。这些距离通常足以减少油罐或工艺单元区域火灾造成的热辐射暴露强度。然而，如果潜在的火灾暴露超过热辐射临界值，则应考虑额外增大隔离距离。

对于有可能发生沸腾液体扩展蒸气爆炸(BLEVE)的场所，可考虑堆埋或掩埋设备。由于 BLEVE 发生迅速，火球产生的高温会对受影响地区的无保护人员和设备造成伤害。应确保疏散路线通畅，以便让非应急人员有足够的时间逃离火球。如果存在 BLEVE 发生的可能性，应确保对应急响应人员进行充分的警示和培训。

相关文献中提供了估算池火和喷射火热辐射水平的方法，并提供了用于估算与相邻工艺单元或工厂安全距离的安全热辐射暴露水平指南[例如，CCPS 2010、API STD 521 和 TNO 2005]。图 3.2 展示了池火或射流火的热辐射通量图。请注意，100kW/m^2 入射热流等高线可导致人员在暴露 10s 后丧失工作能力/死亡[MUDAN 1984]。这一上限可用于某些定量风险评估分析(QRA)，用于评估工厂的潜在风险(见第 5 章第 5.2.3 节关于 QRAs 的补充讨论)。对于发生损坏则会导致业务中断的关键性设备，可能需要设置大于推荐值的距离。

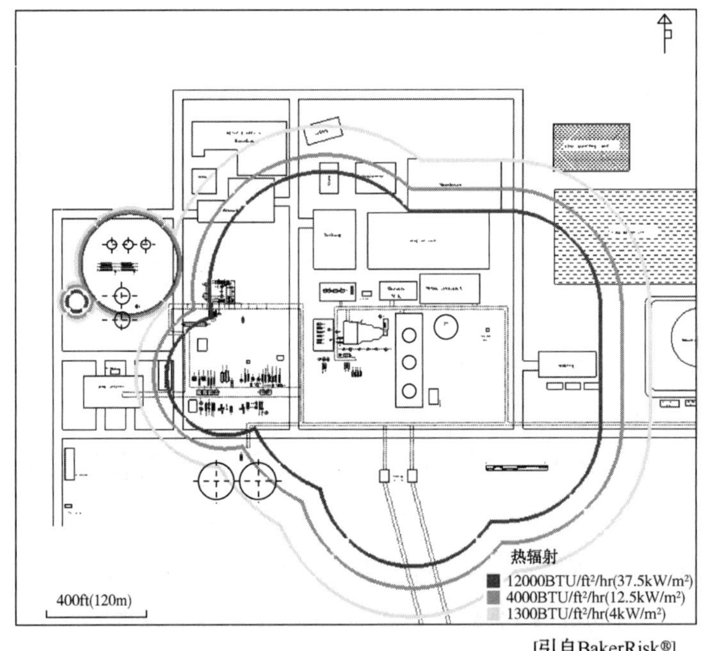

[引自BakerRisk®]

图 3.2　池火或喷射火潜在热辐射影响图

3.3.2　爆炸场景

爆炸可通过冲击波和碎片造成破坏，并可能进一步导致火灾，造成热辐射危险，例如由爆燃引起的火球，或由于爆炸造成的其他设备损坏而释放出有毒物质。不同类型的爆炸现象，如爆燃和爆轰，在文献中有更详细的讨论[Crowl 2003，CCPS 2010]。

爆炸场景可能包括但不限于：

- 可燃蒸气云(即 VCE)的爆燃或爆轰；
- 在设备或建筑物内的可燃粉尘点火爆炸；
- 物理爆炸，如储罐破裂；

- 由活性化学物质分解或快速放热反应引起的化学爆炸。

使用活性化学物质和易燃蒸气的工厂，应评估工厂内潜在爆炸的影响、受周围工厂潜在暴露的影响以及对周围社区的潜在影响。VCE 爆炸超压可能受到蒸气云的大小和工艺单元布局的影响，如气云所在区域的开放性和气云中设备的数量。定量风险分析(QRA)可用于评估潜在爆炸超压(后果)的风险，以评估与相邻工艺单元或工厂的安全距离(见第 5 章第 5.2.3 部分中关于 QRA 的补充讨论)。

图 3.3 给出了潜在爆炸超压影响范围。可以通过选择不同的工艺化学、设计防爆结构，提供设备与危险工艺过程的不同间隔距离，或重新安置人员或关键设备来降低爆炸风险。

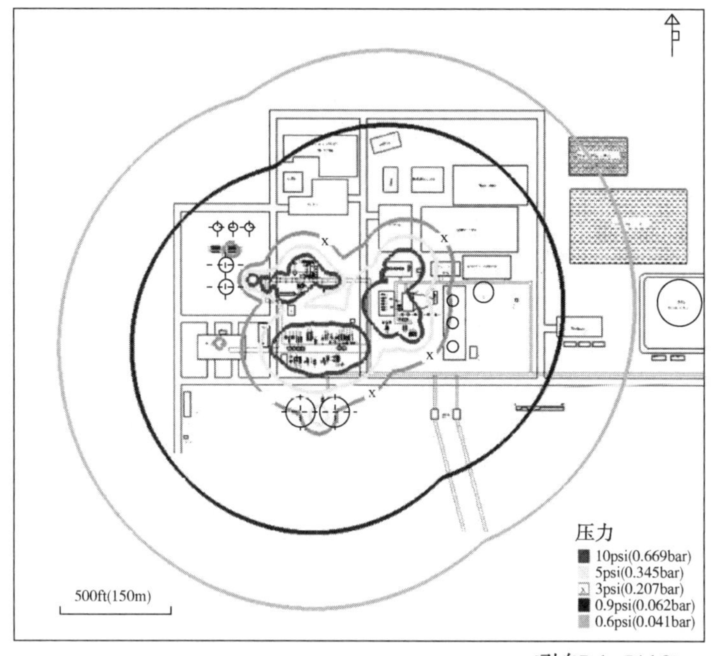

[引自BakerRisk®]

图 3.3 潜在爆炸超压影响范围图

如果具有潜在爆炸危害的危险工艺过程位于建筑物内，可以通过设计泄爆口、应急板、薄弱墙(见第 6 章第 6.6.5.1 部分中的简要讨论)减小封闭工艺过程(例如内部爆炸)的后果。由于泄爆口的火球可以外延很长的距离，所以水平布置的泄爆口应尽可能减少对邻近区域的影响。在某些情况下，可能需要将设备迁移，如大型筒仓，迁移至工艺单元边界内的一个偏远角落，使泄爆成为减轻爆炸的可行选择。如果泄爆方案不可行，另一种选择是将设备布置于室外。

工厂的选址和布局应考虑与爆炸有关的其他危害，包括对周围社区或当地经济的潜在影响。例如，在某些地点可能要考虑蓄意破坏及恐怖行动带来的爆炸风险；这些风险将在第 4 章第 4.12 节中更详细地讨论。

3.3.3 毒物释放场景

有毒物质的释放通常对人员的影响最大，原因是潜在的气云扩散。无论是有毒气体的释放、有毒液体释放后的蒸发，还是生物毒素，其后果取决于释放物的数量、物质的蒸发特性、释放时间、毒性水平、人员暴露时间(比如，人在室内或室外；人们没有受到保护或戴上了适当的呼吸个人防护装备)。此外，危害程度还取决于：①最坏可能的库存损失；②物质的储存条件；③天气；④有毒气体烟羽的扩散。

诸如硫化氢、无水氨或氯等有毒物质的事故可能会造成长达20miles(30km)的顺风(“沿风”距离)的致命距离，因为毒害所关注的浓度是以ppm衡量，而非像易燃物那样的百分比来衡量。液体闪蒸形成的有毒物质初始释放也可能具有相当的下风向延长分布范围。图3.4展示了基于毒性ppm接触限值[应急响应规划指南(ERPG)]的范围示意图[通过AIHA 2016的ERPG指南]。

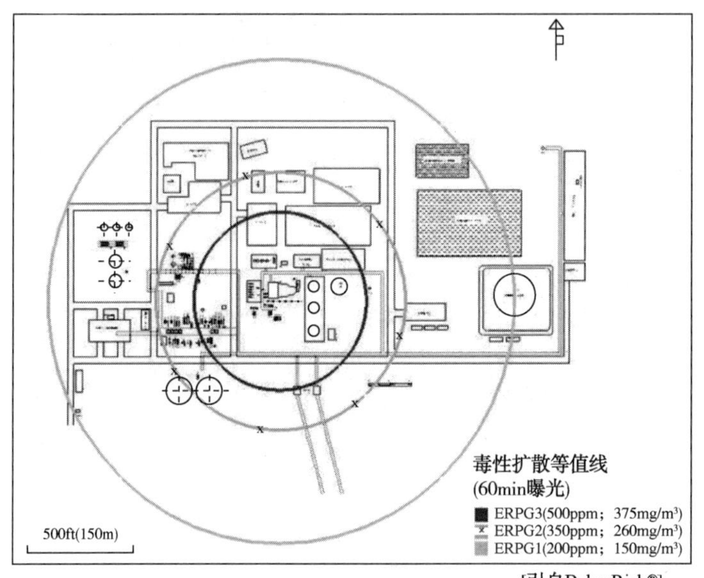

[引自BakerRisk®]

图3.4　基于ERPG阈值的小型泄漏的潜在毒性影响区范围示意图

此外，在估算安全接触距离时，可使用定量风险分析(QRA)来评估潜在有毒物质扩散的风险(后果)(见第5章第5.2.3部分中关于QRA的补充讨论)。图3.5显示了使用概率致死率分级的有毒物质释放影响范围的图解。

3.3.4　可信释放场景

为安全处理、转移和运输危险物料制定的设计和操作准则，可以用于最大限度地减少危险化学品释放造成的风险(比如，物料从容器中泄漏)。由于工艺过程设计可能并没有针对拟使用的安全保障措施进行充分研究，因此，应结合工业事故历史考虑潜在的释放场景，工业事故历史表明，许多释放与设备故障和/或工艺故障有关。释放可能发生于，但不限于：

- 管道或软管泄漏或失效；
- 泵密封泄漏；
- 压缩机或涡轮失效；
- 取样点、放空口、排放点、管堵未封堵或损坏；
- 容器超压或真空导致容器破裂；
- 功能故障(比如，止回阀的潜在反向流动)；
- 工艺中的不稳定导致物料从常压通风口或压力泄放系统释放到大气中。

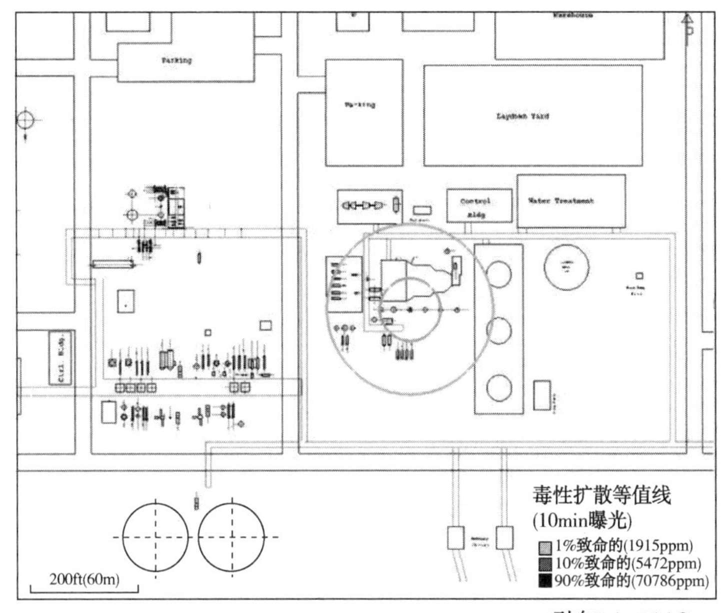

[引自BakerRisk®]

图 3.5　基于概率单位的小规模泄漏的潜在毒性影响区范围示意图

如果一个可信释放场景产生的危害后果的云图延伸到了场外，则需要评估工厂的面积或缓冲区的大小。这些潜在的场外暴露可能影响运营许可，并导致未来昂贵的预防、保护或行政管理措施，以弥补工厂与其周围社区之间不充分的隔离距离。

3.3.5　明确多米诺效应场景

如果工厂的规模和位置限制了工艺和设备的布局(即不能有效利用距离来降低风险)，事件升级的可能性可能会增加。可信的二次事件(“多米诺”或“碰撞”效应)可能发生在初始事件之后。例如，工艺过程中的爆炸破坏了附近含有毒物质的储罐后，可能会发生有毒物质的释放。随着分隔距离的扩大，危险工艺单元和设备之间的可信多米诺效应场景可能会减少。因此，当工厂选址团队比较潜在的位置时，考虑工厂与其邻居之间预留更大距离可能有助于确定更合适的选项。同样，布局团队为工艺单元之间和单元内工艺设备之间设置不同分隔距离时，较大的厂区面积会让这项工作更加容易。初步危害分析团队应视需要考虑本质更安全的工艺设计，因为潜在的多米诺效应场景会增加工厂选址团队以及决定设备布局团队的工作负担。

3.3.6　明确高后果、低频率场景

重要的是，当可能存在潜在的高后果、低频率的事件场景时，初步危害分析团队在为新建或扩建工厂选址时必须考虑工艺的复杂性。这些事件由于其可能性低，其感知风险极低。即当危害分析团队确定多重、可靠和独立的安全措施已经到位，并且不会同时处于失效状态时，就设定严重后果事件不会发生。进而，这种事件场景被认为是不可信的。然而，当这些被认为是低风险的事件一旦发生，后果将是灾难性的，往往有多人死亡、严重的财产和环境破坏。

由于这类事件会因其恶劣影响而受到彻底调查，因此往往因为“后见之明”而被“不适当

地合理化"[Vaughen 2011a，引自 Taleb 2010]。化学工业中此类事件包括博帕尔事件(Bhopal)和深水地平线事件(Deepwater Horizon)[Murphy，2012 年；Murphy，2014 年]。然而，发生这些事件的原因是，在事件发生时，许多被认为是可靠和独立的屏障都处于失效状态。失效状态也可能与可信的二次事件(第 3.3.5 节中提到的多米诺骨牌效应)相关联，事件的后果在一定程度上是由于危险区域相互毗邻而升级的。瑞士奶酪屏障模型假设所有独立屏障同时存在一些"缺口"，关于该模型的进一步讨论请参阅描述影响屏障的系统性故障的文献[Leveson 2014，Dickson 2015，Vaughen 2015，和 Vaughen 2016]。

3.4 风险评估

从初步危害筛选分析中获得的信息也可用于进行初步风险评估，以帮助确定受后果影响的区域以及对受影响区域的潜在影响。这就回答了一个基本问题：后果会扩展到多远？情况有多严重？这是基于风险的过程安全评估[CCPS 2007a]的基础。与初步危害筛选的依据类似，工厂的初步风险分析也是基于最新的工艺过程信息进行的。监管当局通常只关注该工厂选址和布局是否满足国家有关规定。危害识别和风险评估要求所有判断必须基于真实的可获取信息，任何有记录的假设后续都将进行测试和核实。风险评估方法和风险标准各不相同——能否成功完成评估取决于评估人员的能力。重要的是，风险评估过程和签署需要由经过官方授权能够胜任的、训练有素的人员承担。允许的可接受风险标准(现场风险和场外风险)，可通过比较监管/权威机构，与行业指南及标准或公司内部制定的阈值水平而制定。

3.5 过程危害和风险识别清单

附录 C 列出了一份清单，可用于识别过程危害和风险，帮助选址和布局团队了解新建或扩建工厂的过程危害和风险的类型。根据为危害筛选而搜集汇编的信息，以及本清单中的信息，也可以实施初步风险评估。请注意，本清单中的信息将用于选址团队在比较备选位置之间的利弊时(第 4 章)、工艺单元布局团队在布局工厂内区块时使用(第 5 章)，以及工艺单元设备布局团队在布局工艺单元内的设备时使用(第 6 章)。

3.6 小结

本章介绍了如何根据新建或扩建工厂的工艺过程安全信息和规模，来识别过程危害和风险。这些信息包括这些物质的危害、它们的数量以及它们在新的工厂中将如何处理和储存。附录 C 中提供的清单将帮助选址和布局团队评估火灾、爆炸和有毒物质释放如何在现场和场外产生潜在的后果。

4 工厂选址

本章为工厂选址团队组建、特定类型地址所需的特定信息以及对比备选地址时可能需要处理的一些项目相关问题提供指导。在第3章中识别出的与过程安全相关的，可能会导致厂内或厂外火灾、爆炸及有毒物质释放的危害和风险，会对选址产生影响。本章最后以一个案例研究作为结尾，该案例通过对备选地址和其周边环境的评估和利弊对比来进行工厂选址。

4.1 概述

选择工厂地址是一个复杂的过程，充满了许多未知因素和难以解决的问题。从过程安全的角度来看，选择的地址规模不够，或是未识别对邻居造成的过程危害或来自邻居的过程危害影响，都有可能在工艺过程开始之前导致额外且昂贵的预防、保护、缓和或管理措施。这些“意料之外”的措施可能包括昂贵的、维护密集的和需要持续关注的保护系统，以应对潜在的危害和风险。这种额外的费用可以通过选择一个更好的地点或在选址过程中获得更多的土地(缓冲区或地区)来避免。因此，确定一个地址是一个基于风险的决策过程，需要来自不同学科的团队成员、足够的信息以及对特定地址潜在问题的理解共同作用完成。

影响新建工厂选址的潜在危害和风险包括可能影响周围社区、工业或环境的场外暴露，以及可能影响新建工厂的其他工业工厂的场外危害。本章所确定的信息足以进行可行性研究或范围研究，以便实施预算评估，并可根据新建或扩建工厂的选定地点，预测对后期项目可能产生的重大影响。附录D提供的检查表旨在帮助选址团队审查备选地点，指导团队了解关于新地点的具体信息(通常是关键信息)。特别是这些信息可以帮助选址团队：

- 收集关于选址和面积大小决策所需的关键信息；
- 在项目早期识别出与每个提议地址相关的潜在问题，这些问题可能会在后续的项目设计和布局、施工或运营中成为关注点。

4.2 工厂附加信息

第3章第3.2节中的项目描述可以用于理解和评估新建或扩建工厂的危害及其潜在后果。项目描述为工厂选址团队在选择合适的地址中需要寻找的内容以及所需细节的程度奠定了基础。在评估和比较新建工厂的备选地址时，工厂选址团队会用到关于工厂的附加信息。附加信息包括潜在的原料供应商和供应商地点、产品的主要客户和产品目的地，以及运营、维护、工程和其他支持(包括专业/外包资源)的预期人员配置。其他特定地点的问题包括环境影响研究和法规、工厂基础设施、工厂公用设施供应和安保。为了帮助选址团队评估和比较潜在选址及其周围环境的利弊，附录 D 中的清单列举了相关附加信息。本章中讨论的一些信息，以及附录 D 中的清单提到的一些信息，并不是对于每一个新建或扩建工厂都是必需的。在对地址进行对比以及确定最终地址时，与项目相关的危害和风险、范围和备选地址将有助于界定出所需信息。

4.3 创建工厂选址团队

工厂选址团队通过收集、组织、分析具体选址信息，进行选址调查，得出对潜在选址的建议。其团队成员应该具有不同的学科背景，应：

- 了解新建或扩建工厂的工艺区域和工艺单元的类型。
- 了解公司的政策和指导方针，包括工厂选址或工厂扩建时所需的分析层级(比如在选址之前进行热、毒物扩散或超压的定量分析)。
- 了解新建或扩建工厂拟定地址的特定地理区域信息。
- 熟悉备选地址的当地语言。
- 熟悉备选地址的当地法规。
- 包含如下专家(工程师、科学家等)：
  - 过程安全和风险专家，能够评估现场和场外的过程安全问题(第 3 章)；
  - 环境专家，能够评估工厂的废水、地下水、空气和废物问题，以及环境对工厂的影响(如气候、恶劣天气等)，并能根据需要启动行政许可以及完成与社区的沟通工作；
  - 土木工程专家，能够评估该工厂的地形及土壤状况(例如，根据地下水位/水浸深度，评估管理蓄水所需的面积)；
  - 地震专家，能评估土壤/岩石调查结果及地震影响(如，当考虑地下洞穴储存时)；
  - 安保专家，能够评估物理安防注意事项和法规要求；
  - 运输专家，如果在项目范围内涉及，能够对铁路、卡车、驳船、超大型原油油轮、国际标准集装箱等进行评估，能够对危险货物进出工厂的具体问题进行评估；
  - 海洋/船务专家，如果需要考虑到海岸、河流或运河位置问题(即适用于各类水运码头的系泊问题)；
  - 管道专家，如果在项目范围内涉及，能够评估工厂的管道供应和产品基础设施的具体问题。

本列表包含在附录 D 的清单中，并在第 4.23 节进行了说明。值得注意的是，一旦选定了地址，工艺单元布局团队(第 5 章)和设备布局团队(第 6 章)也将需要来自上述不同资源列表中的团队成员。

案例 4-1 演示了团队选择过程，展现了专业评估可以来自内部资源，也可以来自第三方咨询公司。

案例 4-1：选址团队的成员

A 工厂将建在一个目前没有其他公司运营的区域。由于原料的进口和产品运输都需要使用船运设施，因此该工厂的正常运营依赖于可靠的航运通道。

公司的选址团队包括一名具有工艺操作经验的项目工程师、一名过程安全工程师、一名

安保专家，以及一名具有多年工艺技术经验但未涉及新建工程的经理。虽然该公司在其他地方具有丰富的船运设施运营经验，但公司内部并不具备船运设施设计方面的专业知识，对当前拟定地址内的船运设施也不了解。

案例4-1的教训是：选址涉及多个专业领域的考虑和分析。由于该选址团队不具备当地海务运营或新建工程建筑规范相关的专业知识或经验，所以，他们需要一名海洋工程专家去调查和评估现有船运设施，还需要一名了解当地行政许可流程的外部专家来说明当地的建筑许可法律法规。

因此，案例4-1所述的任务可能需要雇用具有专业知识的顾问。在选择第三方顾问时，需考虑以下两个重要事项：

(1) 编制详细的项目描述，向顾问提供项目相关的具体目标。

(2) 确保顾问的资质符合项目的需求(例如，认证、经验等)。

尽管以上两项看起来显而易见，但在为特定项目选择具有合适资质的团队方面所花费的努力能够确保对选址更全面的评估。此外，选址团队应该按照日程表进行工作，以便有足够的时间收集选址分析所需的所有信息。当在一个现有工厂中布局一个新的工艺单元或设施时，最好能在团队中增加一名本地人员或者指定一个本地公司代表将信息转发给团队其他成员。

4.4 潜在工厂地址考察指南

考察工厂地址的目的是为了获取足够的信息，以便在早期识别出任意类型的新工厂或工艺单元(无论是绿地项目、棕地项目、扩建项目还是收购项目)与备选地址相关的问题。工厂选址团队所收集的信息，将被用来对每个备选地址进行优缺点对比，从而确定新工艺设施的地址。需要注意的是，工厂选址团队需要选择出适用于他们特定项目的主题，因为附录D中的每个部分所包含的相关主题都不一定是否适用于特定项目。如果新工艺设施属于收购项目或位于棕地上，也应该使用当前的设计指南对现有设计进行重新评估，包括应对潜在危害的结构设计以及结构之间的间隔距离。最终，地址考察工作应根据特定地址情况和给定的预算限制，为创建更详细的区域级研究(选址区域内规划研究)提供足够的资料。

一旦项目描述编制完毕，工厂选址团队就要为每个潜在的选址创建所需收集信息的初步列表。这些列表根据附录D中提供的清单列出，帮助每个地址考察团队界定所需的专业知识。收集的信息包括但不限于特定地址工厂的人员配备需求，如有资质的施工、操作和维护人员，具体的基础设施需求，如施工和运营现场的道路通行、铁路运输设施、航运设施，航空港和航班频率，公用事业供应商或设施，如电力、水和燃气。特定地址的潜在自然灾害信息包括潜在地理灾害(洪水、地震、潮汐、咸的沿海盐雾等)和潜在恶劣天气(飓风/台风/旋风、暴风雪、沙尘暴等)。此外，选址团队还应该了解在炎热或寒冷季节中，操作和维护工艺可能需要用到的额外的与工程或工作相关的管理控制措施类型。这些控制措施包括在较冷季节防止设备结冰的伴热和潜在冻伤危害的处理，或在较热季节设备的附加冷却控制和潜在的热衰竭危害的处理。还有一些特定地址的资源信息包括外部应急响应人员、员工住房和医疗设施的有效性。

4.5 确定工厂地块面积

在工厂的项目描述编制完成之后，具有类似工厂建造经验的工程专家就可以估算出初步的地块大小，这些包括工艺单元的布局、已驻人的建筑、仓库、储罐、公用区域以及厂区内的停车场。对土地面积进行初步预估可以对所需可用土地面积形成初步的概念，其中占地面积要涵盖工厂的所有工艺和建筑物。而且，如果地块规模是基于相似的、现有的工艺单元，那么新的设计就可以解决现有工艺的设计缺陷(如果有的话)，避免重蹈覆辙。特别是现有工厂的布局可能并非本质安全，或者工厂是在新的布局指南发布之前建造的。

在土地面积初步估算中，要考虑对施工和检修活动中潜在的设备、材料存放区域进行估算。一定要注意不要低估地块的所需面积，因为运营、维护和未来扩建都有可能会在工厂的生命周期中引发问题。工厂的地块大小将取决于策划的工艺单元数量、其他单元的预估以及它们之间所需的间隔。参见第5章5.6节中关于安排地块和存放区域的更多讨论。

第3章所述的初步危害筛选分析所提供的信息还有助于确定拟议地点是否具有足够的土地面积，以满足工厂内和与邻近社区之间的建议间隔距离。纵观以往，估算的地块规模往往只预估了容纳工艺单元、建筑、道路等的布局面积，而没有考虑需要处理一些场景后果的额外地块(例如，潜在的可燃/有毒蒸气云扩散或潜在的爆炸超压)。

目前，已经存在可以估算蒸气云的扩散、火灾的热辐射、爆炸的超压以及有毒物质释放的下风有毒浓度的计算机模型。扩散的后果取决于释放的数量、物质的汽化特性、释放的持续时间、风向、可燃性或毒性水平以及个人接触危险物质的时间。要注意的是，简单的扩散模型在估算地块大小时提供的是保守的、高估影响的面积。请参考第4.9节的附加风向讨论和第5章第5.2.3节的附加扩散模拟讨论。在选址过程中，如果有人员有能力进行模拟，将有助于更好地了解工厂内和场地边界的潜在后果。一般来说，风险较高的工厂需要更大的缓冲区来包围工艺区域。

如果初步危害筛选分析显示初步的地块大小评估结果良好，则只需要对建议的选址区进行小规模的调整。但是，如果初步危害筛查分析结合风险云图分析，显示影响区域比预期的要大，则需增加建议选址区所需的区域作为相应的风险缓和措施，以增加额外的缓冲距离。当危害影响人群为场外人群时，谋求缓冲区是一种谨慎的解决方案。

当拟议工艺的风险超出厂界时，在选择地点之前，可能需要首先考虑采取措施减少危险。全面审查这些本质更安全设计的措施可以有助于减少风险：通过替换化学品或添加过程控制来消除危害，通过减少存储数量或更改存储位置来减轻潜在后果，或通过添加缓冲区或选择另外的位置来减轻对周围社区的影响。

要预测了解拟议地址对工厂内部或对周围社区潜在的、可信的多米诺效应影响。比如在工业区选址时，应考虑附近危险设施对拟建工厂的潜在影响。请注意，某些领域的特定监管规章可能会要求管控场外风险的可接受水平，不仅要应对拟议工厂的潜在后果，而且还要管控危害释放的可能性。

案例4-2重点说明并演示了如何利用有毒物质释放事件的潜在场外后果来确定场地的地块大小和间隔距离需求。

案例4-2：两处地址示例

位置A：

在距离居民区1mile(1.6km)处正在考虑建造一个新的水处理工厂。该工厂计划使用便携式钢瓶来储存1t(900kg)的氯。在核查行业标准时发现，对于使用或储存氯气瓶对边界线或其他工厂暴露危害的隔离距离要求，没有规定的指导。初步危害分析识别出一处潜在的危险，来自钢瓶3/4in(1.9cm)可熔排气塞的缺陷。整个钢瓶释放的潜在后果显示有毒氯气暴露水平超出厂界。

位置B：

美国一家工厂正在考虑增设使用加压氨气来生产肥料的新工艺单元。在距离工厂2000ft(600m)外有住宅区。在初步危害分析过程中确定的一个可信事件是工艺进料线上的放空管道故障。该公司采用《紧急应变计划指南(ERPG)2》作为筛选标准(这是美国环保署RMP的要求)。ERPG-2中规定氨的阈值为该位置所处边界线的有毒端点暴露最大值。放空系统释放的潜在后果估算表明，根据储罐在正常工作水平时的总量损失，ERPG-2的级别要延伸至下风向约2/3mile(1km)处。考虑减少风险的方法，包括减少氨的现场库存和采用较小的储存容器。然而，从工艺的角度来看，这些方法并不可取。

案例4-2的经验教训：有毒化学物质的释放可能会对边界线之外的人群和环境造成影响。初步的危害分析和后果分析可以用来确定潜在释放的潜在影响，并促使其他风险减少措施的生成，包括首先审查本质更安全的设计方案，然后评估这些方案的有效性和可行性。可能有必要对扩散分析中所作的验证假设提出另外一种意见。

根据后果分析的结果，案例4-2中两处位置的业主可能会考虑以下因素：

(1) 是否可以用一种本质上更安全的化学品来代替？例如，在位置A中用次氯酸钠代替氯？如果原来的化学品是唯一的选择，可以用小一点的容器来储存吗？操作是否可以在隔离区内进行(例如，封闭式建筑)，以便更有效地减轻泄漏？

(2) 如果操作位于距离相邻社区或场外受体最远位置的工厂内，是否能够实现较好的隔离？

(3) 是否可以增加土地面积，使工厂与邻近地点之间有更大的缓冲区？

(4) 是否可以考虑将新的工艺单元单独放置在距离周边居民区较远的位置？

在工厂总体布局设计中，既有可控因素，也有不可控因素。在这里，可控因素包括工艺设计参数、工艺设备类型、储存、装卸站等。不可控因素将会在对比潜在工厂位置时进行更详细地评估，如坡度(地形)、气候和自然灾害(天气)、风力和风向等(见第4.8节)。位置的地形可能导致需要更大的厂区来提供足够的可用土地，需要更多的土地提供更大的分隔和安全距离，用来限制关键工艺区域的进出。如果一开始没有在工厂边界以外购买足够的土地作为缓冲区，那么该工厂将来可能不得不管控周围的社区扩张问题，以防止建设施工和潜在接触对边界线附近居民造成的影响。由于成本和运营风险的平衡是一项具有挑战性的工作，许多潜在的结果取决于公司对成本和各种风险的优先排序方式，因此公司必须选择成本与风险之间达到最佳平衡的地点。

4.6 建设施工和检修问题

任何新建或检修项目的成功都取决于多个不同工程学科之间的有效沟通，如土壤/岩土、土木、结构、机械、电气、环境、过程安全和化学工程。在一个建设项目中存在许多不同的阶段，本指南集中讲述的是在一般建设前期阶段。建设前期阶段的基本要素包括了解位置的当前情况、位置的地形、岩土问题、在哪里放置临时施工拖车以及在安装前在哪里存放组装设备(见 5.6.4 部分)。所选地址是绿地还是棕地？当地是否有建筑法规？是否有遗留的资产必须在动工前拆除或翻新，例如现有的地下管道或弃置用地、弃置结构或弃置的处理设备？项目是否会被分割成更多的阶段，产生部分新的工艺单元已经开始运作，而项目的其余部分正在完成的情况？第 5 章第 5.6 节介绍了在建造前期阶段所需要处理的一些问题。

4.7 地图和信息

在考察备选地址之前，工厂选址团队应取得相关地址的地图和土地勘测信息。互联网上提供的卫星图像是一种很好的资源，它可以提供地址定位及其到邻近工厂、商业区或人口稠密住宅区的距离的最新信息。尽管如此，大部分的信息还是应该在详细的地址考察期间收集。工厂选址团队可以根据具体地点的具体情况绘制地图，以提供对每个地点进行全面评估所需的高质量信息。

拟建地址周围土地的地图、土地调查和航拍照片应当显示附近的居民区或工业区、城镇、农场、敏感环境区、建筑物(包括商场、学校、医院等)、溪流、池塘或沼泽的位置，以及附近公路、铁路、机场和港口的位置。选址团队的地图应该显示该地区的地形(海拔、陡坡等)、地下水管、下水道或管道(天然气、供应原料等)、在用井和废弃井，并应该显示可能干扰内部设施通信的无线电、电视、手机或通信设备等相关信息。对于各类水运码头，水深图将显示船舶通行的水下深度。应该对周边地区进行调研来确定相应区域的开发限制或道路使用权，判断未来人口侵占的可能性。如需详细资料，请参阅附录 D 所提供的清单。

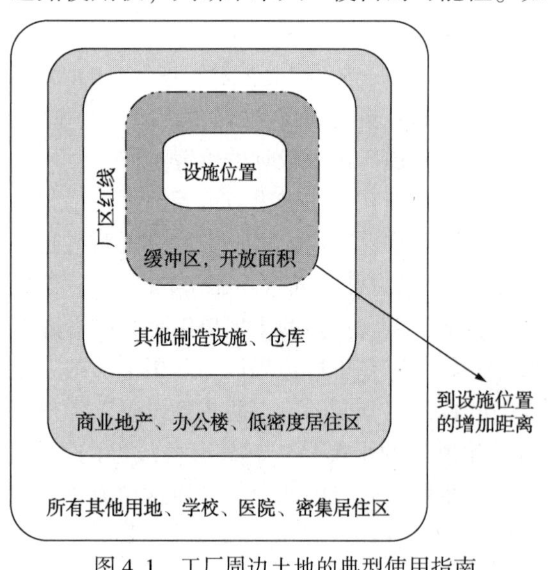

图 4.1　工厂周边土地的典型使用指南

如果当地社区具有发展潜力，例如商业企业和住宅建筑，公司可能需要购买更多土地作为缓冲区。一些地点可能会有特定的“土地用途”或“社会/综合”风险标准，这些标准可能会要求处理危险物质的工厂与社区对周围地区的使用之间保持规定距离。图 4.1 为工厂周边土地的典型使用指南，指出危险工艺区域与人口密集区之间的距离越大，风险越低[MIACC 1995]。

在工厂选址时，最理想的选择是没有邻居，这样可以最大限度地降低场外风险。但是，这样的位置虽然存在，但是极少具备能够保证工厂有效运行的基础设施。值得注意的是，农村地区也不一定会一直保持偏远的特性，除非公司将周围的土地都购买了下来。作为选择偏远的农村地区的替代方案，公司可以在社区附近获取一个位置，并购买额外的土地作为缓冲区。另一个不太理想的取代缓冲区的替代方案是选择新工厂附近的土地，这样附近就不会有住宅增长。分区制也并不具有完全的保障，因为有一些例子表明，分区内的土地使用性质会发生改变，导致工业设施被迫搬迁。如果拟议地点周围有工业邻居，在选择备选方案时应考虑协同效应，如互助协议。有关土地用途分区的进一步讨论，请参阅第 7 章第 7.2 节。

4.8 地质问题

由于地形和土壤特性因地而异，因此工厂选址团队必须充分了解这些信息。此外，还要应对其他位置特定的特征包括基础设施、工厂位置可达性、进出工厂的物资运输和工厂安保。这些特征可能会影响指定地点的资本成本、生命周期成本以及财务、安全、环境和公众关注风险。

4.8.1 地形属性

地形图是对地形的人工和自然地面特征的详细且精确的图形表示。地形图用等高线代表不同的海拔，如山丘和山谷。地形图还包括该地点的构筑特征，如高速公路、铁路和附近的工业或社区。

更加详细的地形图可以描绘溪流、池塘、沼泽、陡坡、地形、植被、岩层、海拔变化、现有构筑、当前和规划的路权。这些地形图可能包括地下障碍物，如地下管道、旧地基、墓地和考古发掘。在规划建筑活动时，地形图还可以帮助确定可以临时储存岩石、沙子或砾石的位置，以及挖掘出的泥土、植被和岩石的处置区。

除地点的高程变化外，选址团队还应该注意可能影响工艺单元和相关设备布局的其他特征。水道、洪泛区、地下水位和其他类型的地形信息，如沙子、岩石、沼泽或其他需要额外作出处理的土壤性质。局部含水层、回灌区、蓄水区和取水点的位置是影响选址和准备工作的环境敏感区域。

地形图的标高可用来生成工厂的 3D 图像，显示其中的丘陵和水道，如图 4.2 所示。本例显示了工厂布局所面临的部分挑战，包括高度的显著变化和受限的外部应急响应通道。特别是，从储罐区释放的液体或重气可能会被重力带下山，对该位置较低海拔处的人员和财产

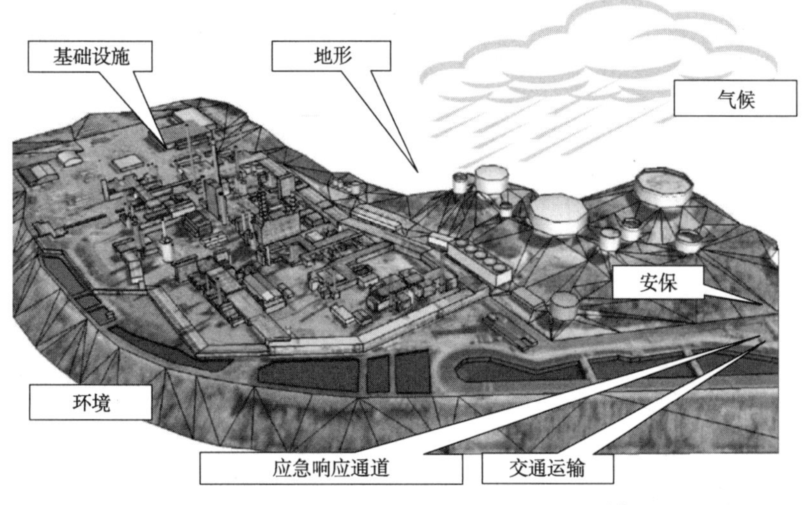

［引自 BakerRisk®］

图 4.2　工厂选址时需要考虑的特性

构成额外的风险。流体，包括雨水，在结构或自然地形(如山谷)周围形成漏斗或沟道，也是需要解决的问题之一。从另一方面来看，重力流可以被用来为产品的转移提供便利，降低能源成本。例如，虽然图4.2中的工厂储罐布局位置利用了重力进料，但是如果容器发生泄漏，这些储罐的位置会增加位于较低海拔的人员、设备和构筑物的风险。

案例4-3演示了为什么在选址和布局时必须考虑地形，因为地形会对事件的潜在后果产生影响。

案例4-3：有沸溢危险时的地形问题

1982年12月19日，在委内瑞拉塔科阿，一场爆炸炸开了电力公司的一个大型储油罐的罐顶。油罐里的油发生着火并在8个多小时后达到沸腾状态。在油罐煮沸之后，地形在这一系列事件中起到了关键的作用。油罐坐落在陡峭的山坡上，可以通过重力给下面的设备供料。当溢油事故发生时，油溢出了油罐防护堤。消防队员和围观群众被困在了燃烧着的石油的下坡流中。事故造成153人死亡，其中包括40名消防员[Lees 2012]。

案例4-3的教训：虽然沸溢现象非常少见(见第5.16.3部分中对于沸溢的讨论)，但一旦发生，必然会导致严重后果。因此要仔细考虑物料存放位置的沸溢可能性，以及无论何种原因导致的灾难性储油罐故障的影响。

历史地下水位和区域洪涝历史会影响是否需要修建防护堤或溢洪道。根据地下水位的深度来评估蓄水所需面积。如果可以的话，应该在地址或地址附近进行地下水取样以测试水的性质。对于棕地地块，如果现有业主没有地下水污染记录，可能需要获得他们的地下水采样许可。地下水中含有的高硫酸盐等特性会破坏地下地基，除非使用特殊的混凝土。

在已知的洪泛区和沿海区域，洪水可能造成潜在的财产损失和停工。尽管减缓坡度和修筑围堰可以用来最大化地减少洪水对工厂的潜在影响，但首选应该是选择一个洪水潜势较低的地点。此外，当地地区可能有特定的分区限制，以尽量减少洪水带来的潜在损害。这些管理条例可能会限制在洪水多发地区建造工厂的效能，或者限制在特定海拔高度安装设备的种类。

4.8.2 土壤性质

土壤性质可以用来预测整治需求，记录当前的污染水平，并识别构筑物和设备主要基础的潜在问题。土壤样本用于评估在该地点进行整改的需求和潜在程度。这可能需要在不同的位置采集多份岩芯样本。对于现有棕地，可能需要从现有业主那里获得钻芯取样许可。土壤样品还被用于确定其对地下管道的潜在腐蚀性。当地政府可能会提供土壤调查报告。可参见附录A表A-8中列出的与土壤有关的资源。

选址团队需要获取相邻结构或工业设施在土体承载力、沉降和打桩方面的本地经验。如果涉及吊装基座或重型移动式设备，则要进行初步的土壤调查，以确定基本的地基要求。大量打桩或夯土的需求会增加工程的成本。在位置选择比较时，打桩需求越少越好。此外，即使设备有桩，土壤承载力低的地点可能会有较高的结构沉降发生率，如管架或地基。由于打桩或压实不足而造成的沉降可能会导致设备移位或开裂、储罐底板损坏、围堰/堤防损坏和法兰扩张，从而导致事故。

土壤性质会影响工程造价；干燥、坚实的土地处理起来比岩石或沼泽地区更便宜。如预期需要进行爆破，应调查该地区是否允许进行爆破，有什么(如有)限制，以及如何取得适用的许可证。

案例4-4说明了为什么在选择地址之前要了解当地的地形和土壤特性。

案例4-4：地形和土壤性质问题

计划在中东建造一个化学工厂，考虑在两处干旱的沙漠地点中进行选择。其中一个地点靠近一个小镇，由于可以利用当地工业和承包商，该地点建设成本较低。

调查中注意到，该地区的沙子可用来制作混凝土。该地区的承包商在建构地基和其他砌筑施工中使用当地的沙子。当地承包商被要求对工地地基工作所用的材料进行适当的质量保证检查。多年后，在建设完成并投入使用之后，检查过程中发现储罐下方的基础环出现了非正常的沉降和损坏。地基沉降被认为会大大增加底壳接缝处漏水的风险，并可能导致油罐倒塌。

随后对混凝土地基和局部砂土样品展开的分析发现了较高的盐含量，影响了混凝土的固化工艺，导致地基变弱开裂。现有的地基没有办法采取任何可以阻止沉降的措施；因此，必须在每个储罐上安装滑桩，以提供额外的基础支撑，从而阻止沉降。

案例4-4的教训：该公司在工厂施工之前没有对土壤样品进行分析。虽然这些土壤信息可能不会改变工厂的位置，但它可能为承包商的选择提供依据，或者加强施工期间地基工作的质量控制。

4.9 气候问题

新工厂的许可申请、设备设计和布局以及施工过程中，可能需要用到特定地点的气象信息。当地发生的气象信息可以从多个渠道获得，包括当地气象站、机场和气象机构。气象相关参考资料详见附录A表A-8。

当地的气象条件可能会影响项目设计和生命周期成本。温度会影响风冷换热器和其他热交换设备的效率和能量需求。温度还会影响严寒气候下对金属冶炼的要求(例如，极端低温会影响碳钢的脆性)。预估的冻土线的最大深度会影响地基和地下管道设计。

盛行风向及其风速可以用来识别释放点下风向潜在的影响区域和人群(这里指的是顺风向距离)。这些信息可以帮助确定位置是否合适，是否建议对这些区域进行额外的分隔，以及是否需要标定布局方向，使最危险的区域位于场地主导风向的下风侧。潜在污染处的风速信息或气味扩散范围图可以用来开展空气质量控制。除此之外，还有可燃气体扩散范围图可以用来判断潜在火源是否位于释放点的下风向。风速则被用于大型或高层建筑、管桥、储罐、风冷换热器、冷却塔、火炬位置和烟囱设计中的风荷载设计。

值得注意的是，每个可能位置的风向和风力都可能会随着一天中的时间、最近的天气状态(如大雨)和一年中季节的变化而变化。风可以向多个方向吹，如白天吹向陆地，晚上吹向海洋，冬天吹向西方，夏天吹向南方。因此，重要的是要认识到，在进行工厂布局时可能并不会知道主导盛行风的风向。由于没有主导方向，所有这些风向和风速的组合以及每个方向/风速组合的时间，还有“盛行风”风向通常用风玫瑰图来表示。风玫瑰图是对应潜在风向的风速数据的频率直方图在极坐标图或图表上的表示。图4.3展示了利用风玫瑰图判断出的东南(SE)“盛行”风向。

工厂工艺区的降雨通常需要进行水处理，这意味着可能需要超大的水处理设施。此外，在热带和半热带地区，短时间内的大量降雨会影响排水系统的设计。如果不能解决这一问题，可能会导致该工厂发生洪水侵蚀而对运营、安全和环境造成潜在影响。

降雪会导致结构构件承受更大的荷载，因此需要更坚固、更昂贵的设计。大量的冰雪堆积会损坏电缆托盘，除雪活动可能会损坏管道和其他地面设备。寒冷的气候也会增加工艺或公用管道中物料结冰的可能性。

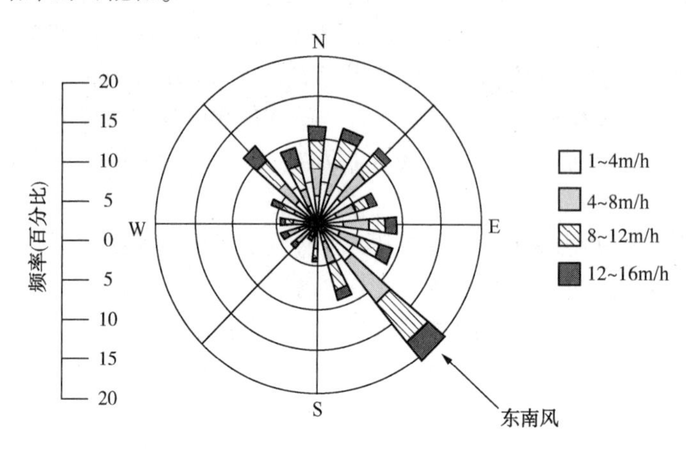

图 4.3　风玫瑰图显示盛行风是东南风向

可能需要增加管线伴热和防冻方案，这会导致工厂运营成本的增加。极端低温增加了金属(如碳钢)冷脆失效的可能性。随着天气变暖，建筑物和储罐上堆积的冰雪可能会突然滑动，造成人员受伤或死亡的风险。

任何地点都可能出现一些不同类型的恶劣天气问题，包括暴雨或大雪、雷暴、龙卷风或飓风/台风/旋风，这些都可能导致洪水问题。低洼地区易受水浸的地方可能需要较高的建构和设备高度，这反过来可能需要大量的堆填和额外的结构支撑。

选择可能发生飓风/台风/气旋的沿海地区需要更全面的工厂应急准备方案以及更强的结构设计，并且需要考虑到因风暴警戒、风暴本身和清理活动造成的业务中断。在评估地址的生命周期时，沿海地点还要考虑到其额外的危险，例如来自海水或沿海盐雾对金属的腐蚀，包括由于存在氯化物而造成的应力腐蚀开裂。

自然灾害可能会影响工厂的基础结构，也可能会影响工厂的物流输入和输出供应链。自然灾害会造成大范围的破坏并影响工厂的运行。通过了解这些事件如何对运营造成影响，工厂可以在自然灾害中更快地准备、应对和恢复[CCPS 2014c]。

案例 4-5 展示了为什么在选择地点时要识别飓风/台风/气旋对沿海工厂的威胁。

案例 4-5：沿海洪水危害

1998 年，整个炼油厂(位于墨西哥湾沿岸)在受到乔治飓风袭击后关闭了 3 个月。飓风使得所有装置淹没在超过 4ft(1.2m)的海水中，这些海水来自墨西哥湾。尽管该飓风只是二级风暴，但是它的缓慢移动使炼油厂遭受了 17h 的狂风暴雨。风暴潮淹没了为保护炼油厂而修建的围堰。总共约有 2100 台机、1900 台泵、8000 个仪表部件、280 个涡轮机和 200 个其他机械产品需要更换或进行大规模重建。新建的控制楼和变电站的地面高出原地面约 5ft (1.5m)，因此受到的损坏很少，甚至没有[Marsh 2014]。

案例 4-5 的教训：飓风/台风/旋风带来的洪水是可以预见的，因此，关键设备和结构的适当选址和布局可以将潜在的损失、恢复时间和业务中断损失降到最低。

4.10 地震问题

新工厂的许可申请、设备设计和布局以及施工过程中，可能需要特定地点的地震资料。地点发生地震活动的可能性会影响施工设计和成本，也可能增加发生泄漏事故的可能性。除地震数据外，还可能存在与结构相关的地方和区域性建筑规范要求或免责条款。如果考虑地下洞室储存，土壤/岩石勘测也需要由地震专家进行审查。选址团队应该认识到，首选应该是一个具备地震本质更安全的位置。

4.11 厂外问题

其他可能影响选址的因素包括邻近的森林和植被、邻近的工业设施、利益相关者和当地应急响应支援。选址团队也应该了解邻近森林和植被、工业设施和应急响应可达性的潜在因素是如何影响所选地点内工艺单元布局的。这些潜在的工艺单元布局问题将在第5章第5.8节中进行进一步的详细讨论。

4.11.1 邻近的森林和植被

如果工厂被森林环绕，选址团队必须考虑树木和植被是否会增加额外的风险，如森林火灾或炼山的影响，花粉或杨树“绒毛”会堵塞进气口，或拥挤和阻塞可能会增加蒸气云爆炸超压的可能性(例如，邦斯菲尔德事件[MIIB 2008a，MIIB 2008b])。在选址过程中还要考虑人或动物的侵占问题，当附近的财产可供猎人使用时，可能会出现安全问题。

4.11.2 邻近的工业设施

如果工厂周围有其他工业设施，选址团队必须考虑来自邻近工厂的潜在危害是否也会影响新地点的生产工艺。选址团队在对比备选地点时，应了解和评估整个综合体(包括所有工厂，包括邻居)的危害和风险。在判断潜在边界处的拥挤和阻塞(状况)是否会导致VCEs(蒸气云爆炸)时，应考虑场地周边边界墙和栅栏的存在。

4.11.3 外部应急响应资源

虽然可能已经具备足够的消防和紧急医疗服务资源足以应对处理本工厂事故，但当发生大量释放有害物质的事故时，可能需要从周边区域获得额外的资源。选址团队应考虑现有本地应急响应人员的可用性和充分性，这些应急响应人员要有能力处理与工厂运营相关的危险，包括消防、救援、医疗、安保和治安。这些第三方、外部的“互助”应急人员可能会成为降低事件后果的重要资源，因为他们可以直接对事故现场作出反应。如果选择第三方支援，则应进行应急演练，以确保调动了正确的资源，并确保他们有足够的反应时间。策划和执行这样的现场联合演练通常可以为改进提供必要的经验。

选址团队需要了解可以用来减轻现场特定危害的共享应急资源(例如，24h待命、梯式消防车、泵式消防车、灭火泡沫性能等)。值得注意的是，共享应急响应设备和互助资源虽然有助于减少资本投入，但是，互助资源距离工厂位置越远，它们的响应时间就越长。如上所述，必须通过工厂/社区联合应急规划和应急演练，明确规定可接受的应急响应时间。

选址团队需要确认当地法规是否对工厂所在地的应急响应能力、当地救护车服务或应急响应团队的使用，或当地医疗设施的使用进行了规定。当需要外部应急响应人员时，进出工厂的道路不应因一般交通堵塞或应急响应人员造成的交通堵塞而限制通行。选址团队应在合理的半径范围内对该区域进行考察，报告其急救设施、医院、烧伤中心、医生和医学检验实验室的可用性，还应确定当地是否存在可以在救护车服务中联系医院或其他医疗设施的无线电系统。

是否存在充足的医疗设施可能会影响选址。在没有足够设施的情况下，使用直升机作出应急反应的准备可以作为另外一种选择，这也意味着需要能够提供直升机安全降落的直升机停机坪(没有架空线路和高层建筑)。此外，所有外部应急人员都必须接受基本的健康危害培训，如血液传播病原体培训，包括保护应急人员不受病毒(如肝炎)和细菌(如霍乱)潜在接触危害的安全措施。

4.11.4 利益相关者外展

利益相关者外展项目是为了与可能或相信自己可能受到工厂危险影响的个人或组织共享工厂信息[CCPS 2007a]。虽然选址团队不直接负责，但公司中必须要有一个团队去识别潜在的利益相关者问题，并与社区组织、其他公司以及地方和国家监管机构建立联系，以确保社区能够接受这些问题。

4.12 安保问题

安保风险，在化工过程安全领域，被定义为意向行为导致危险物质释放或造成资产损失的可能性。安保风险是某种可能性的表现，即特定工厂弱点(敏感目标的脆弱性)被恶意利用，如破坏活动造成有毒物质释放、火灾或爆炸的可能性。这些威胁包括故意从容器中释放有害物质，盗窃后续可能用作武器的化学品，以及后续可能危害公众的化学品污染。其后果可能会导致人员伤亡、大量资产和重要基础设施的破坏和损失，以及业务中断。

特定的工厂安保措施，如当地或附近警察的可达性、堤防巡逻或海岸警卫队保护资源可能需要纳入考虑范围。额外的安保需求，如额外的警卫、特殊的栅栏和视频监控也可能存在。还可能需要一些工厂应对潜在的猎人和野生动物入侵。场地周边的围墙和栅栏可能会增加拥挤和阻塞状况，进而影响潜在的蒸气云爆炸威力。请注意，如果某些化学品是制造违禁药物和武器的潜在前体物质，则可能需要额外的安保措施。

有许多的地址属性都可能会影响安保性。很多这些属性在选址过程中并不起积极或消极的作用，但在工厂布局过程中确实需要加以考虑。在决定和选择地点时，要确保提供足够的工厂用地面积，以便在入口的布置和控制、运输通道的安全路线以及提供可靠的公用设施方面具有足够的灵活性。

在初步危害分析或安保漏洞分析以及工厂选址时，应考虑潜在的破坏行为或恐怖主义事件的影响。包括评估备选地点的以下方面：

- 控制人员进出工厂的权限可以降低人们非法进入的风险。
- 控制物料进出工厂的权限，减少错误的物料进入工厂的风险，减少从工厂物料被盗窃的可能性。
- 如果铁路公司的侧线穿过工厂所在场地，工厂控制铁路侧线进出的能力就会降低。
- 桥墩、码头和岸线可能是难以控制出入的区域，因为这些区域的常驻人员有限，而且海上通道和工厂之间可能存在较大的分隔距离。

- 如果目标是公用设施，由单一来源提供的公用设施的损失所带来的影响会被扩大，如供电或进水口。
- 如果工厂周边紧邻密集开发区域，其出入权限会更难控制。
- 如果工厂的大型储罐或容器比较明显，或工厂靠近主要运输路线，则选择对该工厂进行随机破坏行动的可能性会增加。
- 在安保可能遭到破坏的地区或射弹武器的使用已经构成威胁的地区，考虑堆砌或掩埋容易爆炸的设备。
- 地址临近主要人口区域，可能会增加外来破坏的可能性。

故意的破坏性行为的影响可以通过初步的安保脆弱性分析(SVA)来做出评估。这种分析有助于确定威胁者成功利用工厂弱点来引发重大事件的可能性。SVA 是一种定性的、结构化的、可重复的方法，建立在对安全、治安和运输人员的最优判断之上。基于通过 SVA 确定的安保风险等级，可以利用相应安保风险来设立潜在对策并确定对策的优先顺序。文献[CCPS 2003a，CCPS 2008c，DHS 2015]提供了实施初步 SVA 的详细信息(如有必要)。

4.13 环境问题

工厂的潜在环境影响研究必须涵盖影响工厂周围空气、土地和水的环境问题和适用法规。此外，还应了解每个特定位置的其他分区问题，如可接受的噪声和照度级别。如果工厂包括火炬、焚烧炉、锅炉或熔炉，则每个位置都可能存在相关的空气许可或废弃处置许可问题。以下将简要讨论这些环境问题。

4.13.1 环境影响

环境影响报告包括可能释放到大气、土地或水域的危险物质、废物或在工艺过程中产生的无组织排放的潜在影响。如果有适用于废弃物流的潜在空气、土地或水体许可，则初步的危害分析应辅之以对潜在释放物的模拟，以确定对相邻资产的潜在后果和风险。如果相邻资产包括周围的住宅社区或工业，这会变得更加重要。此外，选址团队应了解拟议地点的特殊野生动物或受保护物种，因为这些地点相关的问题可能被当地社区和非政府机构视为“敏感区域”。这些敏感环境区域包括动物、鸟类、昆虫甚至海洋野生动物的繁殖地和通行权。如果需要额外的环境控制设施，例如水处理设施、火炬或焚化炉，则应确保拟议地点有足够的土地面积。

4.13.2 环境法律法规

如果工厂对空气、土地或水体存在潜在的环境影响，其环境许可程序可能会因许可证提交日期至其批准日期之间的时间滞后而导致工厂启动的潜在延迟。延迟的原因可能是需要时间进行调研和环境影响评估(例如，他们可能需要至少两个季节的数据)，可能是需要时间选择和授权在国家或地方注册的合格调查员进行调研，也可能是因为需要花时间提交和审查报告。环境许可流程包括环境预防或减轻环境影响的系统的设计和运行。

对于面向环境的释放的监管预期包括但不限于：

- 燃烧排放点(“重要排放”，如火炬、焚烧炉、熔炉或锅炉排放)和工艺排气点(如蒸气回收、曲轴箱通气口)周围的空气质量控制措施，包括：
    - 颗粒物；

  - ○ 碳氢化合物蒸气（“无组织排放”，挥发性有机化合物——VOCs，以及装卸作业中的相关蒸气回收作业）；
  - ○ 一氧化碳（CO）；
  - ○ 氮氧化物（NO_x）；
  - ○ 硫氧化物（SO_x）；
  - ○ 光化学氧化剂；
  - ○ 可见排放物（颗粒或蒸气）；
  - ○ 臭气；
  - ○ 臭氧。
- 固体废料处置（无害）。
- 危险废物管理（液体和固体；包括由经认证的工厂进行现场处理或场外处理和处置）。
- 排放点附近的水质控制措施（“重要排放”，例如污水处理设施的排放物、通往公共污水渠系统的排放物、通往公共地面沟渠或水域的排放物、通往相邻资产的地面径流），包括：
  - ○ 油；
  - ○ 溶解金属；
  - ○ 土壤矿物；
  - ○ 其他水溶性或易混合的化学物质；
  - ○ 微粒（泥沙）。

其他地址相关的许可，包括但不限于：

- 噪声等级条例；
- 照度限值；
- 深井注入处置；
- 水道或洪泛平原的限制；
- 环境影响风险分析。

根据所使用、产生、排放和处置的物料，选址团队必须了解哪些物料是受管制的，以及它们的最大排放速率和数量。包括确定是否有关于允许的工业烟囱高度的规定（并确定最低高度标准），或是否对储罐灌装和排空、油罐车装卸作业中的蒸气回收有任何规定，并确定操作要求的标准。深井注入处置可能会在未来产生环境责任，或成为公司收购其他资产的主要成本。如果公司收购一个有注入井的现有工厂，那么公司将不得不维护该井和/或关闭它，以便为废物处理提供更环保的选择。

在环境许可的情况下，空气、土地、水体、火炬和焚烧炉的潜在问题将在下面的章节中进行讨论。

案例 4-6 说明了对新工厂所在地的当地区域及其规章制度进行调查的重要性。

例 4-6：了解地方性法规

一家工厂目前正在考虑建立一个新工厂，地下是一个已知的蓄水层。环境调查显示，需要增加土地面积，以容纳更大的污水处理及储存设施。这一备选位置的地形显示，该地区丘陵起伏，需要额外的土木工程来控制雨水径流和滞水。因此，拟议工厂的地积面积需要扩大，以便进行良好的土木工程设计，防止水浸。

案例4-6的教训：虽然这个例子可能看起来过于简单，但是在一些案例中，由于未预料到的地方法规限制了土地的用途，项目没有能够在选定的地点建成。因此，了解当地法规的环境专家是选址团队的重要成员。

4.13.3 空气问题

视工厂的位置而定，空气质量控制可能影响工厂的运作。空气问题包括控制硫氧化物、颗粒物、一氧化碳、光化学氧化剂、碳氢化合物（无组织排放或挥发性有机化合物——VOCs）、氮氧化物和气味排放的许可。

地形特性如山丘或山谷会影响空气污染物的扩散，在选址时应加以考虑。邻近树木繁茂的地区会影响排放的扩散。海拔较高的地点可能需要臭氧水平的许可和监测。在进行扩散模拟时，必须考虑逆温效应（即，当温度随高度升高时，会影响扩散模拟）。此外，还应评估持续性或重复性急性排放的影响。例如，在新闻报道披露了重复排放后，当地政府关闭了这些工厂，尽管这些工厂没有任何危险，但是散发着恶臭。

如果工厂需要一个新的火炬系统，潜在的火炬故障或火焰熄灭可能导致可燃气体排放。因此，可能需要使用爆炸下限检测仪来检测空气，探测并帮助预防可燃蒸气云的形成，并制定专门的规章来应对可能出现的火炬熄灭问题。可以使用公共或私有资源提供的软件对扩散性特征进行模拟。无论选择何种软件，都应根据现场测试数据进行识别和验证，以确定适用于潜在释放物的扩散现象类型（如射流扩散、致密相、浮力相被动扩散）。关于火炬的进一步讨论详见第5章第5.17.1部分。

4.13.4 土地问题

必须要清楚地了解特定地点的固体和液体废物流管理问题，例如如何识别废物以及如何处置或处理废物。与将废物运往别处的已有处置工厂相比，在同一个地点增设另外的废物处理和处置工厂可能更具成本效益。如有许可要求，则该工厂需要采取行政管理以确保废物的妥善处理、运输和处置，包括承包管理和处置废物流的第三方的资质证明。

生活污水的收集和处理问题需要落实。如果没有地方或公营污水处理厂（POTW），或其处理量不足或无法使用，则现场的污水处理会增加项目成本，并要求工厂内有更大的地块面积。此外，如果需要临时卫生污水处理设施（即在施工过程中），必须遵守所有的当地规范。在施工过程中，需要制定应急预案，应对重大事件或自然灾害，工厂必须明确容量极限，能够容纳所有受影响的人。如果在项目中包括现场的卫生处理操作，还必须考虑对当地野生动植物或植被的影响。

4.13.5 水体问题

工业废水的排放和所有排放量限制必须符合控制排放质量的适用法规。废水质量控制的成功高度依赖于位置本身，因为当地对水量、水质和许可的要求可能会导致拟议位置被排除。当消防水被作为废水处理时，消防水排放也会被作为选址的考虑因素。

废水质量控制具体需要基本信息包括环境影响报告、潜在总量限值、工业排放质量报表、未经处理的雨水排放规定以及工业废水的处理标准。工厂的消防用水、饮用水、卫生用水、污水处理和水井钻探用水计划可能需要特殊许可。附录D的检查表中提供了其他详细信息。

4.13.6 噪声问题

地方政府可能会制定特别条例限制工厂边界的社区噪声水平，以尽量降低噪声分贝。此外，周边社区可能也会受到当地环境噪声水平的限制。选址团队应收集周边区域当前的昼夜噪声水平数据。这些信息有助于评估新工厂建成后能否以合理的成本在该地点达到适当的噪声水平。一般来说，日间的噪声水平通常高于夜间，毗邻工业用地位置的容许噪声水平通常高于毗邻公共社区的位置。预计噪声等级会随着建筑活动、卡车流量的增加，以及工厂运营后与工业邻居的累积共因效应而升高。在新建或扩建工厂内新设火炬系统时，如附近社区有噪声条例，应考虑火炬对工厂整体噪声水平的潜在影响。虽然人们普遍关心的是声音通过空气传播到邻近的社区，但声音也可能通过土地传播，特别是通过地下水位和地下岩层，在意想不到的地方和很远的地方造成噪声问题。

4.13.7 照度问题

选择工厂位置时应考虑潜在的光照强度(照度)问题。当地区域可能存在特定的分区规定，从而最大化地限制照度，以照度级别或直线对传可见度二者之一作为标准约束建筑物和设备夜间照明产生的光照强度。在位置处可以利用围栏或山丘和常绿树叶，加大光源与它们的距离，来阻挡光线。潜在的照度限制也可能影响火炬的大小、高度和设计。

4.13.8 火炬问题

火炬设计可能受到环境许可问题(第 4.13.2 部分)、潜在空气问题(第 4.13.3 部分)、潜在噪声问题(第 4.13.6 部分)或潜在照度问题(第 4.13.7 部分)的影响。值得注意的是，与火炬烟囱设计相比，地面火炬设计需要与其他区域保持的距离可能会不同，部分原因是火炬运行时的热辐射效应不同。火炬热辐射范围图也可能产生场外影响。有关火炬系统的进一步讨论，请参阅第 5 章第 5.17.1 部分。

4.13.9 焚烧炉和锅炉问题

虽然焚烧炉主要用于燃烧和销毁有害液体和固体废料，但它可以用来回收一些能源或物料。合理设计和运作的焚烧炉可销毁废物中的有机化合物，并减少废物量，把废物转化为灰烬、废气和热能。烟灰是由废物中的无机物产生的，可能会产生由烟气携带的固体或微粒。在排放到大气中之前，必须清除烟气中的所有有害气体和颗粒污染物。根据焚烧炉所处的不同位置，可能需要遵守特定的环境规例及许可。

锅炉是一种封闭的装置，它利用受控的火焰燃烧，以蒸汽、热流体或热气体的形式回收和输出能量。锅炉或工业炉是制造过程中不可缺少的一部分，利用热处理来回收物料或能源。锅炉的常用燃料包括天然气、可燃废气或工厂产生的汽化可燃液体。根据工业炉、窑炉、焦炉所处的不同位置，可能需要遵守特定的空气、土地和水环境法规。

4.13.10 生物问题

所选地点可能存在以下生物问题，例如：

- 野生动物，包括毒蛇、蜜蜂、黄蜂、马蜂、蜘蛛、蝎子、火蚁等。
- 植物，包括毒葛。
- 病毒(即，应确保或建立一套特别针对紧急救援人员保护的血液传播病原体防控方案)。
- 肝炎(即，应确保或建立一套针对分配到卫生系统工作的员工的防控方案)。
- 细菌(如霍乱地区)。
- 公用水处理设施，“漏洞”导致的潜在失效。

4.14 基础设施问题

选址团队应该了解潜在的基础设施和可达性问题，这些问题可能会影响工艺单元在工厂中的布置。可能存在与原料和产品相关的进出工厂的运输问题，包括是否需要管道、卡车、铁路或船舶作业。如适用，可能需要考虑特殊危险品运输路线。此外，选址团队还应了解需要向工厂输送并供应的公用工程，如电力、水和蒸汽等。劳动力的安全路线需要解决：操作、维护、技术和行政人员以及承包商等人员如何进入工厂，然后到达各自的实际工作地点。当团队开始进行对比选择时，这些问题中的每一个都可能影响每个备选位置的优势劣势。关于在工艺单元布局基础设施问题的更多讨论请参见第 5 章第 5.11 节。

4.15 楼宇及建构问题

选址团队需要知道，如果建构物将容纳对安全作业要求极高或已经在使用的设备，则应预留足够的地块大小供工艺单元和设备布置团队调配，以便将这些建构物与潜在危险保持适当距离。一旦确定了位置，需要评估并保持足够间隔距离的结构包括：工艺控制建筑物、掩体、防爆建筑物和坐落于工艺单元区域以外的建筑物。关于潜在布局问题的进一步讨论详见第 5 章第 5.13 节，关于潜在建筑设计问题的进一步讨论详见第 6 章第 6.6 节。

4.16 物料运输问题

必须了解原料和产品将如何进出工厂，以及在施工阶段如何将新的、可能超大型的设备运送到现场。如果存在易燃或有毒物质需要在工厂外部运输，则应对工厂运营过程中进出该工厂的运输路线风险进行评估。这些场外路线的设计应确保在发生泄漏事故时，可以最大化地减少公众接触。此外，对于进出工厂的危险物质，可能还需要解决潜在的安保问题，例如通过指定公司和司机进行危险物质运输，对进入工厂的交通进行控制。

施工阶段可能需要运送大型设备到工厂所在地。工厂一旦投入使用，可能会出现特殊的物料运输和处理问题，例如货运站、港口(航运设施)、机场或直升机场的位置。设备或物料可以直接从船上运输到工厂，也可能需要通过公路或铁路运输到工厂。位于航运码头的储存工厂可以设置专用管道，将物料运送至工厂。如果机场在附近，可能会存在起飞和降落路径相关的危险，例如进入机场的路径上的高度或潜在的扩散限制。本节内容描述了一些与施工阶段、运营阶段(产品和物料运输问题)、管道、卡车和铁路相关的，以及特殊作业，如航运港口或航空公司的可达性等的运输问题。

4.16.1 施工运输问题

在工程建设阶段，可能需要运输大型重载物资到现场。因此，应评估施工运输问题，包括大型容器的重载道路、桥梁重量和高度限制，以及各水运码头卸货起重机的限制。对于有较大或较重货物通过水路进入的地点，确定港口设施是否能承受货物最大质量和最大体积的转运，如果他们用浮吊转运物料，确定是否需要专用卸货坡道。如果预期存在重型或大型设备需要由卡车或铁路运送，必须有足够的公路和铁路净空，包括桥梁和隧道净空。净空限值的潜在解决方案包括选择备用绕道路线。

4.16.2 操作运输问题

在选择设备地点时，应评估原料和进料运送到工厂内存储位置的方法，以及产品、副产品和废物从设备中运送出去的方法。需要进行运输风险评估，考虑运输的化学品种类、数量、频率和潜在交通事故的风险以及对周围社区的化学品暴露风险[CCPS 2008b]。虽然项目说明中可能包含一部分与运输有关的信息；但是还应该评估每个备选位置的特定信息。无论是海运、陆运还是空运，如果物料需要到达特定的物流终端和仓库，必须建立特定的装卸程序。运输人员必须了解如何转移危险物质并接受相关培训。这一点非常重要，尤其是物流终端或仓库没有持续人员配备的情况下。

需要了解主要原料或工艺中间体的中转或入库要求；在某些情况下，可能需要更大的区域。在一些较大规模的工厂内，有一些区域并不涉及危险物品的处置，例如行政大楼，需要在工厂内制定危险物品的专门运输路线。评估这些路径，最大化地减少潜在的人员接触。此外，收集备用供应商的信息可以让团队了解潜在业务中断和持续生存风险。

4.16.3 管道问题

如果使用管道进行产品转移或物料交付，则应确定管廊的位置和管道进入工厂的设置。管线状况，如管线长度、管线直径、施工管材、运行压力、温度等应予以规定。如果考虑重用现有管道，请考虑总体管道对于新用途(基于工艺条件)的适用性。注意位置地形是否适合新建地下管线，还是需要设置地上管线。确定是否需要阴极保护，以及该技术是否会干扰附近的其他系统。由于设备布局问题、与管道泄漏相关的风险以及潜在的安保问题，管道路径会影响位置选择。

案例4-7说明了在评估和确定合适的位置时，如何考虑原料到工厂的运输风险。

案例4-7：铁路与管道供应的对比

拟建造一个 6×10^4 bbl/d(960×10^4 L/d)陆上原油收集或转运工厂，将来可能增加到 10×10^4 bbl/d(1600×10^4 L/d)。运输方式可以选择通过铁路运输或通过100mile(160km)的管道将原油运输到炼油厂。最初，由于管道会穿过敏感环境地区，考虑到许可问题，管道不被认为是一种可行的替代方案。

对运输方案进行了运输风险评估。铁路方案全年每天每小时需要12辆大型油罐车箱。从主干线到达位置现场需要通过一条10mile(16km)的单轨铁路支线。在这条铁路支线上，还增设了3列火车，每列载有28节液化石油气(LPG)车厢。风险评估显示，发生铁路事故和潜在化学后果的风险显著。还有一个令人担忧的问题是，每小时装载12节车厢的列车，时间安排非常紧张，运营方面临着完成任务的压力。这些任务包括现场车辆监督、执行装载前安全检查、装载和装载后安全检查。此外，在轨道车辆装载过程中，顶部装载会带来人员风险。考虑到这种风险水平，重新考虑了管道替代方案。

对该管线在敏感环境区域周围的布线进行了评价。此外，谨慎布置管道路线，使其穿过附近的农田，远离人口稠密地区。接下来对拟议的管道布局进行了运输风险评估，以确定其对敏感环境区域和周围社区的风险。

风险评估在公众意见调查会议上提出。最终，管道替代方案通过批准，并获得许可。

案例4-7的教训：进行运输风险分析可以更好地了解风险以及可能需要的潜在预防和缓和措施。

4.16.4 卡车运输问题

使用卡车运输物料时，应当获取关于指定危险品运输路线、通行公路、接线高速的信息。如果存在装卸作业问题，需要考虑工厂在未来如何管理油罐车流量和泊车量的潜在增长。还要考虑卡车回转半径所需的空间(不同的卡车尺寸有很大的不同)和单向路线的需求。工厂内应预留足够空间让车辆可以转弯；道路弯道太窄会影响在任何同一时间内可容纳的卡车数量。

应对高峰及非高峰装卸时间内可能的交通状态进行评估，评定其对道路系统的影响。对于新工厂和邻近工业设施，应考虑其季节性交通状态，如燃料码头或农业设施。在工厂位置或通往工厂的公共区域加固或新建道路的需求，可能会影响地点的选择。物料在公共道路上的运输路线如果穿过人口稠密区和/或环境敏感区，也可能增加风险。理想的位置是交通路线可以最大限度地降低这些风险的地点。

确定所需的配套设施，包括为高危物料采购专用拖车(由专人驾驶)，载重拖车的称重区域(在工厂内自建或使用当地可用设施)，卡车外罩专用加热或冷却站(适用于存在冰点或稳定性问题的物质)以及卡车蒸汽回收系统(适用于挥发性物质的装卸作业)。请注意，轨道机动车可能也需要这些配套设施。

案例 4-8 说明了选址决策为什么既要考虑运输风险，又要考虑过程安全风险。

案例 4-8：评估运输风险和过程安全风险

一家炼油厂正在考虑改变一种生产叫作烷基化油的高辛烷值汽油调和成分的工艺技术。当前技术采用一种剧毒催化剂(即无水氢氟酸)，该催化剂环境压力下的沸点约为 19.5℃。因此，意外泄漏模拟采用气体泄漏而不是液体泄漏进行评估。由于气体泄漏难以控制，因此评估判定，具有不利影响的不可接受浓度(取决于泄漏的规模和到周边围栏的距离)会影响现场人员以及厂外的交通。

针对以上，公司开展了风险评估研究，并确定了若干降低风险的备选方案。风险评估针对该地点的运输问题展开，并考虑了该工艺的生命周期。其中一个降低风险的想法是将氢氟酸(HF)烷基化工艺转化为硫酸(H_2SO_4)烷基化。然而，要执行转化，需要提供硫酸再生设施。考虑了两种备选办法。

- *备选方案 1：建设厂内硫酸再生设施。*
- *备选方案 2：使用厂外硫酸再生设施，使用卡车运输新鲜硫酸和使用后的废酸。*

地方法规和地方规划部门排除了在厂内建造再生设施的可能性(备选方案 1)，因此考虑备选方案 2。

针对以上，公司对增加的卡车流的交通路线进行了评估。所需卡车数量包括每月 900 辆新鲜硫酸和 900 辆废硫酸卡车。所有的卡车路线方案都会大量增加通过炼油厂周围社区地区的卡车流量。相比之下，目前的制酸工艺每月只需一辆氢氟酸(HF)卡车。因此，我们进行了一项风险评估，以确定新增的卡车流量对社区的产生风险。

分析结果表明，与对现有氢氟酸烷基化装置采用其他降低风险的措施相比，向硫酸的转化以及相应的卡车运输量的增加实际上对社区构成了更高的风险。因此，没有实施工艺更改，而是安装了另外的风险降低措施。

案例 4-8 的教训：与单独考虑过程风险相比，综合考量运输风险和工艺危害风险评估可能会产生不同的风险管理决策。

4.16.5 铁路运输问题

在计划使用铁路油罐车运输产品的地方，要确定位置处是否有铁路设施以及是否有通往该地点的铁路设施。如果没有，则要考虑铁路设施的可能路线和成本，以及其运营的通行净空要求。与道路运输一样，要评估铁路运输有毒或加压易燃物料时通过周围社区的风险。应确定进出铁路车辆的分段支线，并评估其风险。主干线沿线位置展现出的特有的交互暴露风险在未来几年可能会增加。

此外，新建铁路线路或增加的铁路交通流量对周围交通状态、紧急响应路线和噪声水平的潜在影响，可能使一个地点比另一个地点更可取，更容易和更可能成功地获得新铁路线路的许可。

可能需要与铁路公司说明的铁路问题包括：

- 铁路弯道所需的面积和半径大小；
- 位置内及其附近的铁路线路的消防应急通道；
- 列车长度与交叉道口间距的关系，以及对应急响应车辆交通的潜在影响；
- 铁轨和立交桥的状况；
- 铁路公司对工厂外用来停放装载和卸载车辆的铁路侧线的使用情况。

当地对于液化石油气(LPG)、汽油、轻质油和有毒化学品等危险产品的货物装载和测量方法的要求或惯例可能会影响间隔距离。在选址过程中，应明确所有将这些货运设施的位置进一步远离工厂红线和其他现场设施的特殊要求。

4.16.6 港口运营问题

如果考虑现有航运设施，需要获取现有港口设施的详细资料。选址团队应研究特定的港口要求，如作业时间、拖船护航要求以及可能影响作业和安全问题的危险货物限制。航道和港口的宽度和深度都应该能够安全容纳预期的船型，否则可能需要进行昂贵的整改。

港口作业必须为船舶安全靠泊进行定位和设计。这些作业应安排在有足够的龙骨下水深以满足满载船舶，足够的航道宽度以容纳船舶转弯半径的地方。请注意，河道淤积(淤泥或黏土的沉积)可能会成为一个问题，疏浚工作(水下开挖)不仅会是施工准备的一部分，还会在设施生命周期中持续存在。此外，还应了解河道交通情况以及第三方对海上溢油和火灾的应对支援的可用性。如果选择这种第三方支援，则应进行紧急演习，以确保调动了正确的资源，并确保有足够的反应时间。策划和执行这样的现场联合演习通常会为改进提供必要的经验。

在港口设计中，避免风、水流或潮汐侵袭的保护措施必须纳入拟议地点的相关费用考量。要对海岸和海底地基应进行土壤勘查。此外，单排或双排靠泊和系泊之间的法规和/或思想可能会影响物流和各类水运码头的布局。

危险品的装卸作业应按实际情况尽量远离主干流。评估装卸作业过程中的潜在危险，以及转运站与工厂的其他部分和厂外区域是否留有足够的间隔。可能发生的泄漏到水中的事件，其后果可能需要模拟来评估泄漏距离和潜在影响。

有一些地点可能需要进行一项海上未爆炸军火(UXO)的调查和清除。联合国对此的定义为：“未爆炸军火(UXO)是尚未引爆的爆炸性弹药。未爆炸军火(UXO)可能已经被点火、空投或发射，但未能如预期那样引爆。”

如果在施工阶段或日后的扩建工程中，需要通过水路向工厂运输大型、重型货物，由航运位置至工厂的路线必须匹配设备的体积(即，道路宽度及头顶高度的净空)。通过公路和铁路运送的重型或大型设备需要考虑高度净空(包括桥梁和隧道)。因此，在考虑工厂地点的选择时，应评估运输路线。

对恶劣天气对航运设施的影响进行调查，以确定其对安全系泊和产品转移的潜在影响(例如，该港口是否一直都不会结冰?)。此外，还要调查港口的系泊位置的可用性。如果存在由于频繁的产品转移延期和潜在的系泊延期(即，由负责控制装卸时间的公司、船舶滞留导致的延迟)，或在等待暴风雨结束的过程中可能出现的延期，备选位置可能不是理想地点。

另一个航运方面需要考虑的问题是现场配套服务的可用性或需求，如加油、卸压载、货舱清洗和船舶修理。一些国家要求海关和其他政府机构在航海设施内设办事处。共用新码头或现有码头/航运设施也可以作为一个考量因素。

4.16.7 空运问题

在为工厂选址时，应考虑与机场和直升机场运输要求相关的风险。了解最近的货运和客运机场与工厂的距离。如果临近机场，则应确定是否存在与起飞和降落路径相关的限制或危险，如高度或分区限制(例如火炬)、高空照明限制，对机场造成影响的有害物质释放扩散的潜在可能，或日后机场跑道扩建是否可能会影响工厂所处位置。需要考虑飞机的降落/起飞路径是否会对工厂构成风险，例如碰撞风险或制高点被低空飞行的飞机剐蹭到的风险，如高塔或火炬塔。

4.17 通信问题

新建或扩建工厂需进行通信需求评估。小型工厂的范围可能较小，现有的基础设施可能足够使用或需要扩展或升级，或者潜在的位置可能是一个没有通信设施的绿地。对于绿地位置，则需要开发全部的通信基础设施。在改造或新建通信基础设施时，应确保在该位置有足够的空间，以允许通信线路在地上或地下通行。

通信的首要问题是确定安全与应急响应的要求。了解现有通信系统的可用性和局限性，为建立在施工期间以及今后的运行、维护活动和应急响应过程中所需的通信渠道奠定充分的基础。

4.17.1 通信系统的类型

为了防止单一系统故障造成基本通信中断，需要选择多个不同的独立可用通信系统。这些不同类型的系统包括下文描述的固定电话系统、移动电话系统、互联网/电子邮件系统、因特网或无线 Wifi 系统、微波系统和无线电系统。无论在什么情况下，一旦对现有工厂进行扩建，就应在现有系统容量不足时对现有系统的增补进行评估。

电话系统

本地固定电话系统(手动或自动)可作为一种通信手段。如果当前没有，则应确定其安装所需的时间、其连线和长途电话呼叫能力、其兼容性，以及关于工厂所有交换机的任何规定(如果适用)。

手机系统

蜂窝通信系统不需要固定线路基础设施，但它们可能存在危险区域/区域分级问题[见

第6章第6.4.3.3节关于防爆区域划分(HAC)的讨论]，并且需要特殊行政管控，以确保在运行和应急响应期间有适当的工程控制或有行政控制。值得注意的是，在紧急情况下，由于需求的增加，蜂窝网络可能会很快过载，因此在最需要该系统的时候它们可能并不可靠。

互联网系统

确定可用的互联网通信配套设施：光纤网络、数字用户专线(DSL)宽带、电缆或综合服务数字网络(ISDN)。在现代工厂中，这些系统是支持电子邮件以及当前或未来的电子商务应用程序的必要元素。请注意，由于存在服务器中断的可能性，还必须设置备用通信系统，例如传统的固线(铜)电话线。

因特网或无线 Wifi 系统

因特网是一种用于连接计算机和电子设备的局域网(LAN)技术。Wifi 是无线局域网(WLAN)技术(有线因特网的无线版本)，通常与因特网结合使用。这些系统可以提供现场探测器和/或传感器与控制和/或安保系统之间的通信。如果需要扩大现有局域网或新建局域网，可能需要大量的初期投资。

微波系统

如果电话系统和互联网系统不可用或不可靠，微波系统可以是另外一种选择。微波系统的基塔和其他设备的安装需要消耗大量的初期投资。

无线电系统

对于双向无线电通信系统，需要确定管控本地设施系统的机构、本地法规、频率、允许的传输类型、电源和所需许可。确定附近使用的其他无线电频率以及仪器干扰的可能性。评估公司通过无线电与其他设施通信所需的无线电布置的类别。

4.17.2 数据检索系统

请注意，一些电子数据采集设备，包括平板电脑和个人数据记录器，可能会产生危险区域/分区类别问题[见第6章第6.4.3.3节关于防爆区域划分(HAC)的讨论]。

4.17.3 包裹和邮件相关的速递服务

即使有电子数据通信，仍然存在将邮政信件和小包裹运送到工厂所在地或从工厂所在地运送出的需求。虽然有很多全球快递公司，但一些地方可能会对递送有限制。在一些地方，可能不能在夜间发货，或者可能一周只有很少几次包裹收件/递送服务。当外部供应商无法满足服务要求时，可能需要开发内部快递服务，可以是每天往返主要城市的公司飞机、航班和飞行员，对样品、关键图纸、设计套餐、部件、供应商信息等进行递送。如果快速交付对项目非常重要，选址团队应事先调查该地区可用的派递服务，偏远地区还应预先调查其服务质量。包裹服务的限制可能不会排除某个地址，但应在项目开始之前对其进行评估和了解。

4.18 工程设计方面的问题

不同地区有不同的记录和传达其工程设计规范的方式。在进行地点对比的时候，应当考虑工程设计规范对项目质量和成本的影响，包括如何进行大修(如果需要的话)。如果设计、制造、安装、操作或维护设备所需的适用规范和标准之间存在差异，选址团队应比较其差距并确定合规成本——指将原满足或者超过本地规范要求的方案，转化或者实施到新地点而带来的成本。

在获取每个备选地点的具体信息时，应注意以下工程设计问题：

(1) 工厂仪器仪表、图纸和程序所适用的当地度量系统(例如，绝大多数的美国工厂使用英制单位；而其他大多数国家使用公制/SI 单位)。要清楚地了解度量单位，必要的时候还要了解度量系统之间的转化。

(2) 在向各地方当局和检查人员传达文件和信息时应考虑当地语言要求。

(3) 当地对原料供应商或检验的质量和可靠性的要求。包括可能存在的当地对外国建筑材料的规定，例如钢铁。

(4) 当地对于自然资源(如水)使用的规定，以及对于相关操作或设备维护特性的规定，如硬度和腐蚀裕量。

(5) 当地对于建设、运营和维护活动的法规和标准，包括建结构(例如钢结构、钢筋混凝土)、排水管道和卫生设施的特定规范，以及应对潜在地震、火灾、飓风/台风/旋风等自然灾害的设计标准。

(6) 当地对于分区的限制，例如对结构的高度限制。

(7) 当地对于设备设计、制造、安装、操作和维护的法规，如压力容器、储罐、锅炉、管道、仪表[例如，电气设备的防爆区域划分(HAC)或危险区域/区域分级]以及设备防火要求。相关标准包括全球 ISO 标准，适用的美国标准如 API，ASME，NFPA，OSHA 或 DOT，适用的英国 HSE 标准如 AOTC 和 BSI，适用的欧盟指令和标准如 ATEX，PED，EN 或 DIN，以及各种中国 GB 标准(具体参考信息请参见附录 A)。

(8) 当地对于工艺或劳动力资格和认证的要求。例如，某些地方可能要求焊工按照特定的焊接规范和标准取证上岗。

(9) 当地关于设备与其他资产之间的间隔距离的法规或标准。

(10) 当地的消防要求。

(11) 当地的环保法规(参见 4.13.2)。

(12) 当地劳动法规(施工期和运营期)。

除了规范和标准之外，可能还需要了解一些地方法规、协议和程序，以便在新工厂或者工艺单元的设计、建设和运行的不同阶段，及时取得所需的批准和验收。关于地方要求，可以对以下问题进行提问：

- 楼宇、结构、基础和/或其他设计是否需要当地专业资质工程师审核批准？审核所需的信息细节以及批准进度是怎样的？
- 在获得启动批准之前，是否需要向政府提交图纸和技术规格，风险评估、施工活动现场检查和/或设备检查结果？
- 当地区域规划是否会限制工厂的使用？这些也许会影响未来对地点的意向。例如，在新工厂施工过程中，对工厂地址内打桩废料的临时堆放是否有规定？是否会因为未来地方政府计划在周边地区扩建社区住房，导致部分地段无法使用？
- 对结构、火炬和塔楼等结构的最大高度是否有限制？对工厂设备和结构在附近社区住宅和/或厂区红线的照度是否存在地方规定？对火炬火焰或工厂夜间照明的照度是否有限制？
- 当地的飞机航行规范关于结构高度限制和/或警示灯的设置要求是怎样的？工厂是否位于机场的飞机下滑路径范围内？

- 是否还需要满足其他定量或定性风险指南、实践或标准？谨慎的做法是进行基础的风险评估，以确保该地址的最终可接受性。
- 当地法规是否存在对结构、道路和围栏采取任何特殊安保措施的要求？

应全面考虑在地方和政府层面需要遵守的所有规范、标准和准则，特别注意地方要求可能会比政府要求严格。附录 A 提供了本书出版时已经公布的行业规范、标准和指南以及国家法规的参考清单。

4.19 公用工程问题

如果新建或者扩建工厂拟议地址有完善的公用工程基础设施，将大大降低成本。但是，如果现有公用设施已经就位，则在选择地点时，公用设施必须满足项目需求：其质量、数量和可靠性都要进行验证。本节概述了选址相关的潜在考虑事项，附录 D 提供了对比备选地址所需的公用设施相关信息的清单。公用工程供应商的可用性和可靠性可能会对紧急情况下工艺装置的安全停工起到至关重要的作用。因此，第 3 章所述的在初步过程危害分析中审查安保措施以及在第 5 章第 5.18 节[CCPS 2009b]论述的在拟议地址安排公用工程布局中，要考虑公用工程的失效状况。

4.19.1 供电

请与当地电力公司联系，以确定它们是否能够为工厂提供充足且可靠的电力供应，要注意电源接入点的位置，这将影响整个配电系统的布局。如果商业供电不足以满足工厂要求，则需要在工厂内设置发电装置。

有些地方可能存在针对将电气设备布置在处理易燃易爆物质的危险区域的适用条例。例如，危险场所/区域分级的方法，阐述了如何评估不同类型的危险物质，帮助确定电气设备的适当类型，并为其安全安装和维护提供指导(见 NFPA 497，NFPA 499，以及第 6 章第 6.4.3.3 部分的讨论)。

案例 4-9 说明了确保某单一因素不会导致公用工程整体失效的重要性。

案例 4-9：评估公用工程供应风险

一家公司计划在一个气温很低并且会遭受冰暴影响的地区建设一个工厂。当地的公用工程供应商宣称他们有两个独立的发电站，完全有能力供应所需电量。基于这样的供应方式和可靠性，该公司决定完全外购用电，而不在工厂内规划建设发电设施。这样可以大大缩减项目经费。

工厂建成两年后，该地区遭受了一场导致全面停电的冰暴天气。事故调查显示两个独立发电站通往工厂的输电线路都设置在地面以上，而且在最后 1500ft(大约 460m)的长度内处于平行的相邻路径上。这条输电线路沿河而设，因此在寒冷的冬雨或者冬雪中经常结冰。风险评估可能能够识别出两条供电线路在雪暴天气下同时失效的可能性，因而可能更换选址或者设置相互独立的输电路径。

案例 4-9 的教训是：在分析公用工程可靠性的时候，应当对所有公用工程的配套设施进行彻底审查以确保它们是完全冗余且独立的，这样某单一因素才不会导致双路供应的全部失效。

4.19.2 供水

任何地方都需要水源，包括饮用水、工艺水、锅炉给水、消防水、闭路冷却水补水和自来水。应当审查环境法规的潜在要求，并核实市政供水、工业水、河水或湖水以及井水的可用性、可靠性和成本。如果在位置处没有这些类型的供水，则工厂内可能需要额外的土地来设置供水和储水设施。例如，可能需要对工艺水进行净化或去离子处理，以去除水源中影响工艺的污染物。

在考虑设计问题时，就要考虑可能遇到的路权、取水站、结冰、潮汐带、干旱或者汲水条件等问题。如果选择从河里或湖里取水，一些工厂就会很不幸地发现他们需要同进水中的生物斗争，诸如斑马纹贻贝等。如果温热的冷却水需要排放，其排放点、排放量、质量指标、水温等可能会受到法规限制。这样的话，工厂内可能需要更大的面积来设置所需的热交换设备。

消防水供水的瞬时用量需求可能会很高，因此工厂需单独设置消防水供水系统和泵。根据工厂的规模，可能需要一大笔资金投入以确保消防水供应的可用性和可靠性。除此之外，为消防水系统设置特别的维护程序和设计十分重要，防止在测试和检查过程中“局部障碍”造成整个系统的停用。例如，程序或者系统的设计应当可以将高度易损区域的一些部分隔离，并提供其他“变通方法”的可能性。除此之外，应当充分理解并遵循当地的消防系统设计规范，比如消防蓄水池应当足够大以满足事故状态下的消防水径流。

案例 4-10 说明了供水的重要性。

案例 4-10：评估消防风险

考虑在一个工业园中建立一个新的工厂。该工业园位于海边，拥有航运通道和设施，并且能够提供各种公用工程资源，包括冷却水、消防水和锅炉给水。在该工业园的宣传中，其中一个有吸引力的点是可以不用单独设置消防水罐和泵组系统，从而降低成本。该消防水系供水满足外围最低 150psig(10.3×10^5Pa)的管网压力要求。最后工厂选址在此工业园，并在项目总投资中减掉了消防水系统的相关费用。

在新工厂设计和建设的前期，对项目地址进行了一次随访调查。调查发现园区内大部分的其他企业都设有独立的消防水罐和消防泵组。在进一步的研究中发现，在特定时间段，工业园区内的位置常常需要争抢管道供水。在这些时间段内，管网压力降低，有时可能造成数小时的供水不足。更糟的是，实际上即使在正常用水时，管网压力也常常低于 100psig(6.9×10^5Pa)。

结果，项目不得不额外花钱加设消防水罐和锅炉给水罐，以及相关泵组系统。

案例 4-10 的教训：在选址时，就应当对备选区域的供水进行足够深入的分析，明确该区域能提供什么，以及满足发生大火时可能需要的巨量消防水所需附加的设备等。

4.19.3 蒸汽供应

蒸汽生产设备包括锅炉、锅炉给水系统、冷凝水收集和处理系统、锅炉排污系统、管道、余热回收系统、控制系统和环保系统。获取蒸汽生产设备建设和运营的管理规范、规则、法规和标准的副本。如果附近存在蒸汽供应设施，且能够在工厂停产和紧急情况提供蒸汽时，比如公用工程或者市政装置，请去获取相关可用压力、供应可靠性、浮动和固定成本的详细信息。

在选址过程时，对比不同地点时获取内部和外部蒸汽供应商的信息可以帮助了解蒸汽生产的经济性。然而，从安全选址的角度来看，对于以蒸汽驱动安全和公用工程设备的工厂，蒸汽生产设备的可靠性对于工艺的安全性和可靠性至关重要。对于这种状况，可能有必要为蒸汽驱动的安全和公用工程设备设置电力或者燃料驱动的备件。

4.19.4 燃料供应

燃料的供应，比如煤或者天然气，会因地点不同而截然不同。因此，需要确定该区域常用燃料的可用性、可靠性、供应点、热值、成本并对其进行分析。如果可以的话，获取供应设施的详细信息、压力、温度和燃料指标。同时，还要明确并审查燃料指标的适用法规(如果有)。如果燃料是异地供应，则应评估在主要燃料供应中断情况下所需的备选替代燃料。

对于燃料供应的评估可以反映一项很大的经济指标。燃料供应的可靠性也会影响工厂安全，燃料供应的可靠性可以最大化地减少因其他公用工程资源失效导致的非计划停工。可以考虑设置柴油消防泵，作为在自然灾害导致停电情况下的后备方案。考虑好燃料储罐、管线和装卸设施的位置和所需区域面积。如燃料需要输入或者输出此区域，则计量设施可能会带来额外的风险。

案例 4-11 说明了选址时燃料的可用性和可靠性的重要性。

案例 4-11：评估燃料供应风险

拟议在偏远的亚热带地区建设一个工厂。燃气(甲烷、戊烷混合物)和氮气由外部供应商通过管线供给。计量站设置位于新工厂的边界线以外，由供应商所有并控制。

为了确保公用工程资源的供给，该公司和供应商在项目生命周期早期就签署了合同，计量仪表的位置和接入点已确定。燃气供应的可靠性很高，因此可以最大化地减小备用的发电设备，显著降低了项目成本。

燃气计量设施的失效概率相对较低。但是，燃气计量设施存在来自新工厂的工艺区域的暴露风险。发电设备的燃料供应失败的后果非常严重。这种失效的风险是不可接受的，必须采取措施减轻后果。

由于可用土地面积有限，在新厂区中重新布置设备位置并不可行，并且改变设备布局还可能导致其他问题。理想状态下，可以在计量表安装之前，将计量站设置在远离新厂址的地方；但是，将这种已经安装好的设备进行移机的成本巨大。因此，最终采纳的减轻后果的措施是将原备用发电设备重新纳入项目。这样后期的增项成本远远高于在计量表安装之前就把计量站设置在远离工艺区域的成本。

案例 4-11 的教训：在选址时就了解燃气和其他公用工程资源的潜在缺陷，以及可用性和可靠性，可以避免后期的设计改动和额外增加的成本。

4.19.5 气体供应

有些工艺流程，比如空分，会通过工艺单元吸入口消耗巨量的环境空气。将空分工艺单元置于产生污染排放区域的下风方向，会导致腐蚀加速、工艺问题，甚至安全问题。一些消防雨淋/喷淋系统可能需要使用仪表气源。考虑到仪表气源可能失效，应考虑为这些消防系统设置特定的备用设计以及设备完整性的配套方案。请参考第 5 章第 5.18 节，对于公用工程资源失效的讨论。

4.19.6 其他公用工程资源供应

其他公用工程供应，例如氮气、氢气或氧气，可以现场生产或通过运输存储在现场。在(高纯度)工业气体的生产中，低温处理工艺固有危害巨大，因为这种工艺需要大量生产和存储工艺介质。在实际平面布置图上布局这些公用工程设施时，请慎重考量其危害风险。如果还有相关的陆运物流，考虑增加工厂地块面积、扩大公用工程生产区域以减少物料的运输风险。

4.20 其他特征

还有其他位置因素需要选址团队充分考虑，比如该地区未来可以进行工厂运营和维护设备的人员，在建设期或者重大检修期间在现场进行设备装配和安装的人员(承包商)，该区域的住房类型以及工厂保障人员的类别。下文详细描述了这些因素。

4.20.1 人员

工厂长期的安全和可操作性取决于工厂操作和维护人员的资质和能力。如果预期该区域有其他工业增长可能而会造成人员争夺，则要考量当地劳动力是否有能力为新工厂提供充足的人员。如果附近的资源无法满足需求，那在选址时，就得将引入合格雇员和外包商的工作纳入考量。当地人口的教育水平和教育经历的信息可能影响工艺单元的最终设计，并可以据此预判获得合格劳动力所需的培训类型。如果新工厂需要从外地引进专业人员，比如经理人或者工程师，那就要考虑将他们吸引到该地区的能力。

案例4-12说明了评估选址区域是否具备特定技术和能力的重要性。

案例4-12：当地劳动力供应的影响

某润滑油调和工厂考虑在几个国际地址设厂。工厂的主要目标是提供汽车润滑油产品以满足增长的国际需求。考虑设厂的地址有三个国家。对每个国家的教育水平和当地劳动力素质都进行了评估。针对其中两个国家，新工厂的设计都采用了当今的典型润滑油工厂模式。包括基于DCS的工艺控制系统和采用最新技术的自动调和包装设备。对于第三个国家，由于当地人员技术基础较低，判定在润滑油调和工厂采用最新的技术不符合实际。因而在保证相同安全水准的前提下，在当地采用较少的自动化设计以匹配此处的劳动力能力水平。

案例4-12的教训：选址时应考虑当地工人的技能水平，以用来预判本地社区人员所需的培训。

4.20.2 其他保障人员和保障运营

对比不同地点优势时，还需考虑不同地点处辅助工厂持续运营的保障能力，选址团队需要调查区域内的商店、维修服务站、加油站和其他工厂。在考察中，要重点评估其工艺质量，以确保本地服务能够满足新工厂的要求。为新工厂雇佣并培训员工进行特定设备的检查和维护，考虑如何通过这种方式为当地的可持续发展提供积极推动力。如果拟选地区内有其他新工厂或者现有工厂扩张的可能，它们可能将当地资源消耗殆尽，从而影响新工厂的劳动力储备。

评估在工厂停车大修时所需的提供特殊工种的当地承包商的数量，包括他们的工人资质、经验水平、培训、设备和工具等。举个例子，如果需要持证焊工，那当地就要有这样的工人。需要考察的技术服务包括设备租赁店，以确认可以在当地租用或者承包的施工设备，如起重机、脚手架、重型卡车和拖车、混凝土搅拌车、临时发电机和焊接机等。

审查本地资源提供维护和修理部件、材料、设备和物资的能力。核查工厂物料、物资和备件的储备，包括确认是否存在进口/关税限制，明确交付时间，以及可能造成进口部件和材料延误的原因。这些信息可以帮助判定工厂维护活动是否可以外包完成，或者是否需要内部工厂维护小组提供专业服务。

4.20.3 住房

在考虑偏远地区时，需要考察周边地区，确定是否有适合常驻人员的住房和便利设施。在需要提供公司住房的偏远地区，找到员工住房的合适位置和为新工厂选址一样重要。在施工阶段可能还需要临时住房，以适应人力需求的激增。如果临时住房位于工厂厂区内，请考虑临时住房、施工活动和工艺单元之间的间隔距离(相关指南请参阅 API RP 753)。该间隔距离在启动和测试阶段可能至关重要。

住房地点的选择可能受到至新工厂施工场地，以及运营期间至学校、商店和休闲娱乐设施的交通便利性影响。如有必要，在比较新工厂的住房选址时，还应考虑住房保障、人员安全和附近的医疗设施(医院等)。

4.21 对比选址时准备好信息

本章为项目选址团队在对比和选择最合适的位置时所需的信息类型提供了指导。采用附录 D 中提供的列表收集信息将有助于在选址团队与工艺单元和设备布局团队之间建立工作联系。布局设计团队可以利用这些信息来评估和确定工厂内工艺单元之间的适当距离以及每个工艺单元内设备之间的适当距离。如图 1.2 所示，选址团队确定了工厂与周围社区之间最合适的分隔屏障(屏障⑩)。根据第 5 章中描述的工艺单元布局团队的工作和第 6 章中描述的设备布局团队的工作，工艺单元之间和设备之间的距离为 ISD 的一部分(屏障①和屏障⑦的部分)。

4.22 一个关于选址和布局的案例

案例 4-13 是一个简化的项目案例，将按照项目进行顺序讨论选址(在本章中描述)，并在第 5 和第 6 章继续讨论其工艺单元布局(第 5 章，案例 5-6)，和其设备布局(第 6 章，案例 6-4)。这个案例使用的方法是基于屏障方法，对工艺危害进行处理，并考虑如何为新建或者扩建工厂提供足够间距，以降低与有毒物质释放、火灾和爆炸有关的潜在风险。本案例未涉及在对比选址时可能需要考虑的其他风险，比如新建或者扩建工厂的毒物释放和爆炸的可能性，或者与邻近工厂相关的潜在危害。

案例 4-13：新建石化工厂的案例

某公司决定在一个现有化工园区内建设一个新的石化工厂。

这个新工厂包括：

- *工艺单元，有：*
  - *乙烯；*
  - *低压聚乙烯；*
  - *乙二醇。*
- *其他封闭式现场区域，有：*
  - *控制室；*
  - *冷却塔；*
  - *火炬；*

- ○ 制丸和包装单元；
- ○ 储罐区；
- ○ 维护区和仓库；
- ○ 公用工程区域；
- ○ 办公室(包括行政办公楼)；
- ○ 停车场。
- 厂区外的操作区域，有：
  - ○ 成品运输港口设施。

公司规划人员已经确定了三个备选地点，它们在项目可行性的经济性方面相当。这三个地点的基本信息如下：

地点1位于内陆，靠近河流。地块边界地势较高，没有洪涝风险。该工业园位于农田中心区域，周边没有居民点。

地点2与农业区相连，但附近的城市扩张到了工业区周边。该工业园紧挨人口密集区。该工业区有漕运通道。

地点3与住宅或城市人口中心完全分离。该工业园附近有一个港口，设有航运设施。

具备适当专业背景的选址团队成员包括：

- 了解工艺设计(比如工艺单元的温度、压力以及涉及的化学物质等)的工艺工程师。
- 了解潜在的结构问题和航运设施的土木和海洋工程师。
- 理解选址和布局的本质更安全原则的过程安全和消防专业人员。
- 了解备选地点相关环境问题的环境工程师。
- 熟知拟议地点当地情况的本地人士或者该地区现有工厂的运营人员代表。
- 熟知项目成本和规划的项目团队代表。

该团队完成了对备选地点详细信息的收集任务。工艺工程师和过程安全工程师做了初步报告。基于对目前工艺单元设计规划的深度了解，他们认为该工厂存在火灾和蒸气云爆炸的风险。火灾危险区域在位置界区以内；但是，1psi(0.069×10^5Pa)的爆炸超压影响范围会从其中一个工艺单元的边界向外延伸900ft(270m)。他们还判断出，乙二醇工艺单元会产生中介流环氧乙烷(EO)。虽然环氧乙烷(EO)仅在工艺过程中存在，无需大量储存，已经是一项本质更安全的设计；但是EO的工艺管道存在泄漏的可能性。环氧乙烷的允许暴露极限(PEL)为5ppm，并且高度易燃。

关于备选地点利弊的讨论和对比如下：

备选地点1：

该石化园区位于农田中间，最近的居民点是7mile(11km)外的小镇(如图4.4所示)。备选地点在现有石化园区边缘，土地面积充足。其地势水平稳固，不用特别打桩就可以支撑工厂的结构。该地点位于百年一遇级别的洪灾区内，50年或10年一遇洪灾区以外。

过程安全工程师评估得出，由于此地地处旷野，最近的农舍在1mile(1.6km)以外，因此其场外风险较低。环境工程师没有发现可能对项目有影响的当地要求和法规。该处有河运通道，但进一步的研究显示现在的漕运设施只适用小型驳船。土建/航运工程师判定，目前的河道既不够深也不够宽，无法靠泊能经济地运输产品的大型货船。项目工程师研究了拓宽和疏浚河道的成本，虽然可行，但成本显著，而且需要延长总工期。

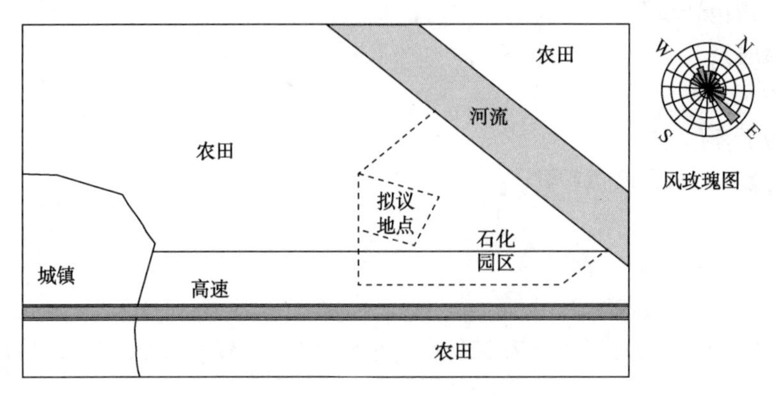

图 4.4　地点 1——偏远的内陆地区

备选地点 2：

该工业园区内的拟议地点位于现有园区边缘，现有的火炬和园区边界之间，地块面积充足(如图 4.5 所示)。

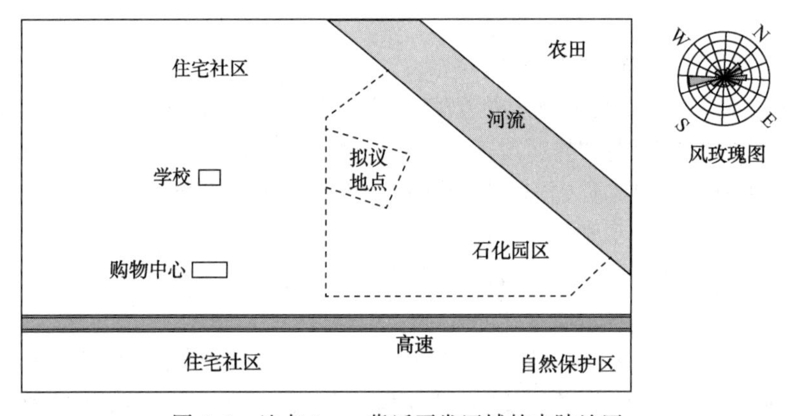

图 4.5　地点 2——靠近开发区域的内陆地区

此地没有洪灾问题，地势平坦，无需大量动土以支撑新工厂的结构。厂区边界线 700ft(约 200m)以外有住房，1600ft(约 500m)以外有一所小学。过程安全工程师评估得出，这个附近的人群使得健康风险相对较高。环境工程师提出当地许可证的签发要求更加严格，因为当地政府可能要求增加环境控制措施以减少项目尾气排放，降低噪声水平。园区在河道上建有码头，其航道深度和宽度足以靠泊大型货船。

备选地点 3：

该石化园区位于一个距离最近城镇 20mile(约 30km)的工业园区内。拟议地点位于现有化工装置和一个化肥装置之间。装置之间没有隔离措施——仅有一道栅栏。该石化园区设有航运设施，可以安全地容纳比所需更大的船只。拟议地点是整个园区最后剩下的几块空地之一。其地势有个大的斜坡，还有一条干涸的河床，在大雨时会积水成为河道。过程安全工程师评估得出，由于周边人口为工业人口，地点远离最近的城镇，其风险相对较低。环境工程师确认不存在许可或者敏感区域问题，但担忧有径流流入时水处理设施的处理能力。土建/航运工程师对航运设施非常满意，但要考量为解决陡坡问题而需要做的准备工作的工作量。解决这个坡度问题会增加项目成本。

考量备选地址：

选址团队依次考量了每个地点，其优劣势总结在表4.1中。

表4.1 备选地点对比

项　　目	地点1(图4.4)	地点2(图4.5)	地点3
新工厂的面积	足够	充足	充足
水运设施	充足	充足	充足
地点改造预估费用	高	一般	略高
到居民区距离	城镇1mile(1.6km)	居民区700ft(约200m) 学校1600ft(约500m)	城镇20mile(约30km)
附近土地使用(图4.1)	充足	不佳	很好
取证问题	很小	受限	稍有
洪灾可能性	百年一遇洪灾	无	间歇性的山坡河床洪水
对场外的影响	低	高	低

地点1从安全角度来看最佳，但因为河港问题，经济不可行。地点2附近有居民区和小学，因此蒸气云爆炸的潜在危险显著，风险巨大。地点3处于工业区内，附近没有居民，并且有不错的航运设施；但是，此地点存在陡坡问题。

比较再三，选址团队排除了地点2，因为地点2对附近居民的影响太大。地点1和3都可能增加项目成本：分别是码头和陡坡问题。选址团队推荐了地点3，认为坡度问题位于场地范围内，较易控制。对工程师来说比较容易解决且长期成本较低。

案例4-13的经验教训：选址过程中需要对许多专业领域进行考量。选址团队要包括能深入评估所有这些领域的人员。通常，从运营风险(安全、环境、财务和公众关注)以及资本和生命周期成本的角度来看，备选地点会各有利弊。难点在于平衡所有这些考量因素以选择最合适的项目地址。

一旦选址团队完成了对所有备选位置的考察，收集了所需信息，他们就会有足够的信息来进行备选地点评估和比较。那么该选定哪里呢？因为每个地点都有优劣势，很难轻易做出抉择。理想情况下，选址团队可以选择有充足的土地面积和完善的基础设施，并且周边没有居民的地点。然而，通常情况下，选址团队将面临艰难的抉择，他们必须在给出建议前对比每个备选地点的优点和缺点。备选地点之间的比较通过评估每个位置的场内和场外风险完成，并且可能受到拟建项目的进度和时间限制，以及短期交通和建设成本以及长期的交通、运营和维护成本的影响。此外，政府发展部门也可能通过补助、税收减免等形式来引导项目选址。虽然这些与过程安全无关，但经济因素(特别是在早期运营的年份里)是工厂生命周期的总体选址决策制定过程的一部分。

4.23 工厂选址检查表

附录D是帮助工厂选址团队对拟议地点及其周边环境进行利弊评估和对比的检查表。由于附录D中的信息因拟建工厂的类型而异，包括是绿地还是棕地，是收购的工厂，还是对现有工厂的扩建，附录D中的有些清单条目可能并不适用于特定项目。因此，选址团队应当部分参考新工厂的建设地域及其危害和风险来判定关键条目(参见附录 C 的检查表)。

该检查表有助于系统分析特定的位置信息(如地形、天气、特征、当地法规、当地资源)、基础设施信息(包括设施可达性)、物流信息(包括交付、分发和物料运输)、通信系统(如手机或无线电系统)、公用工程(包括水和输电线基础设施)、内部和外部应急响应能力(和可达性)以及环境因素(特别是许可要求)。

4.24 小结

本章论述了如何选择选址团队的成员以及他们在进行工厂选址考察时，如何将第 3 章收集到的初步危害分析信息与其他工厂信息结合起来。根据预估地块大小，他们可以使用拟议地点的地图来辨识潜在地理、气候、地震、场外、安保、环境和基础设施等问题。如果拟议地址存在现有工艺流程，选址团队可以识别与现有建构和结构相关的潜在问题，物料如何存储和处置，以及有哪些可用的公用工程。本章最后讨论了一个案例，展示了如何使用所收集的信息来进行工厂选址。

5 工厂内工艺单元布局选择

第4章介绍了选址团队如何通过对比各个备选地点的信息来选定新工厂的建设地点。当选定新工厂地址后，面临的挑战是如何基于如下项目信息实现该选址的最佳利用：工艺需求；过程安全、健康和环保问题；应急响应和安保可达性问题；项目投资；以及全生命周期的成本。在工厂选址过程中，上述因素已经得到了部分的考虑。现阶段，工艺单元布局团队将进一步基于上述信息考虑如何在工厂区域内布局各个区块。工艺单元布局团队成员往往从第4章4.3节提到的选址团队中选出。

本章首先概述了工艺单元布局的方法，然后详述了该方法的两个步骤：(1)评估地形；(2)评估工艺单元间距。除此之外，在确定区块(工艺单元、驻人的和关键建筑及罐区等)之间的间距前，考虑基建、潜在的停车大修及相关的物流运输等过程的影响十分重要。在进行下一步布局讨论前，本章还将讨论其他区域和公用工程区块的位置问题，并基于第4章中的新建石化工厂布局图进行讨论。

本章将使用附录E检查表中的相关信息，协助工艺单元布局团队评估和解决工艺单元布局过程中潜在的地理和环境问题。

5.1 概述

本章讨论了过程危害和风险以及拟议工厂地址的地形、环境和周边情况是如何影响工厂内工艺单元布局的。在本章讨论中，表3.1中介绍的影响潜在火灾、爆炸或有毒物质释放状况的促成因素被重新排列，并在表5.1中以另一种方式说明[Baker 1999]。

表5.1 影响工艺单元布局的因素

项　目	危险后果			
工艺单元布局影响因素	火灾	蒸气云爆炸	粉尘爆炸	有毒物质泄漏
释放的物质种类	√	√	√	√
释放条件	√	√	√	√
释放孔径	√	√	√	√
释放位置	√	√	√	√
工艺单元几何形状①	√	√	√	
建筑位置②	√	√	√	√
建筑朝向		√	√	
建筑防火	√			
建筑抗爆性		√	√	
建筑正压通风系统③		√	√	√③

续表

项　目	危险后果			
工艺单元布局影响因素	火灾	蒸气云爆炸	粉尘爆炸	有毒物质泄漏
人员数量等级	√	√	√	√
人员所处位置	√	√	√	√
消防池位置	√			√
天气状况		√	√	√

注：① 工艺单元的“几何形状”包括受限空间、阻塞状况和结构高度(比如影响消防水泵出口位置和压力)。

② 本表中的建筑物定义为包含关键设备或人员的封闭式或部分封闭式结构(“已驻人”)。

③ 正压通风系统旨在防止有害气体进入建筑。

[引自 Baker 1999]

确定工厂内“区块”(包括各工艺单元、公用工程区域、驻人和非驻人结构等)间距的方法如下：

(1) 评估与工厂位置相关的场内和场外相关问题，包括地形、周边环境以及工厂对工厂边界线外的潜在影响；

(2) 评估场内特定工艺单元相关的问题，安排主要区块的位置(工艺单元、建筑物、其他结构以及工厂边界线范围内的公用工程设施)。

如图 1.2 所示的保护层示意图所示，这种区块定位方法旨在从全局考虑，最大限度地减小潜在事件对场内、场外的影响后果。值得注意的是，第⑦层屏障的部分表示工厂内部区块间距，而第⑩层屏障表示工厂边界和邻近社区的距离。

回顾本指南的目的，工厂被定义为危险物料处置或存储的物理位置。这包括了工艺生产单元，比如化工或炼油工厂，或者物料被处理、转移或储存的地方，比如装卸站，码头和配送中心。在工厂界区内，可能进行或不进行其他商务活动，比如工程、销售和行政支持。一个工艺单元或者工艺区域是指设有用于转移、处理或者存储物料设备的区域，比如有管道、泵、阀门、工艺罐、反应器、塔、支撑结构等。本指南将公用工程设施认定为工厂或者特定工艺单元的“能源供应商”，比如供电、供仪表风、蒸汽或者加热介质、燃料(燃油、天然气等)、制冷、冷却水或者冷却介质以及惰性气体。

5.2　区块布局方法概述

本节介绍工艺单元区块布局的步骤，展示了一种迭代方法。

5.2.1　布局工艺单元区块的步骤

基于第 1 章中展示的策略，在工厂内布置工艺单元区块的方法包括如下步骤：

(1) 识别有火灾、爆炸或有毒物质泄漏风险的工艺单元。

(2) 识别其他可能影响工艺单元布局的问题(比如噪声、亮度、热量、冷却塔漂流物等)。

(3) 基于对人员、财产和环境的危害和风险，确定场内、场外事故后果(包括应用本质更安全设计理念来降低潜在后果)。

(4) 以降低暴露人群或财产损失风险至公司或行业可接受的风险标准为目标，确定所需的分隔距离。考虑分隔距离时应包括所需的防火类型和建筑/结构的建造要求。

(5) 使用最佳间距准则来验证工艺单元间间距和结构建造类型；如不适用，去往第(6)步；如适用，请见第(7)步。

(6) a) 当间距不可接受时，重新评估其他潜在的本质更安全设计，重新规划工艺单元，或者确定其他可以采取的工程管理保护措施以防止危害情形的发生或者在事故发生时可以减轻后果。

b) 如需要，重复第(3)、第(4)步，以重新评估最佳间距。

c) 根据间距准则来验证工艺单元间间距和结构建造类型是否可以接受。

d) 如可接受，去往第(7)步；如不可接受，重复第(6)步。

(7) 条件允许下，优化工艺单元区块之间的距离以降低总体运营风险。

(8) 记录结果。

这些步骤，包括第(6)步中潜在的迭代情况，都包含在图 5.1 所示的流程图中。该流程图可用于在布局工艺单元时确定区块分隔间距，因为除了本质更安全的设计之外，分隔间距可用来减轻容纳失效事件的后果。因此，了解工艺单元和相关工厂区块(例如公用工程)的相对大小和危害类型非常重要。

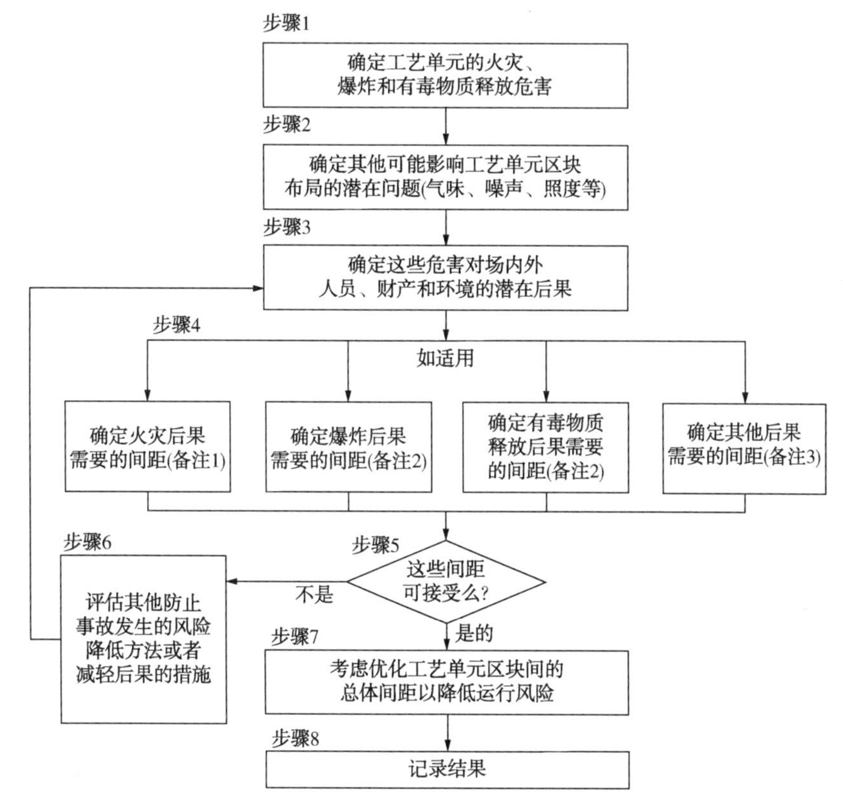

图 5.1 工厂内工艺单元布局决策流程图

备注：

(1) 附录 B 主要根据火灾后果列出了一些间距要求。必要时，还应构建热辐射模型。

(2) 对于爆炸或者有毒物质泄漏工况，应使用基于后果或者风险的方法模拟计算得到爆炸等值线图或有毒物质释放等值线图，进一步以之为基础来确定间距(参见第 5.2 节的讨论)。这些间距可能与附录 B 不同，后者主要考虑的是火灾后果。

(3) 对其他工况，使用当地防爆分区要求来确定间距(例如异味、噪声等级、照度等级、火炬高度等)。

5.2.2 评估有效的风险降低措施

随着潜在易燃源与受影响区域之间的距离越来越远，通过距离降低火灾和爆炸危险的有效性逐渐增强。由于闪爆、火球和爆炸发生非常迅速，受影响区域内人员可能因没有足够的预警时间撤离，这增加了人员伤亡的可能性。此时，更远的距离可以使源头飘散而来的气体或蒸气浓度更低。对于区块间的距离，需要注意的是：

- 在讨论火灾或喷射火时，区块或工艺单元间更大的间距能够降低热辐射的暴露程度和强度，进而降低火灾(包括火场边缘)对周边区域的影响。易燃物蒸气释放在不拥挤和受限较少的区域中时，点燃后可能仅仅引发闪火。
- 在讨论爆炸风险时，当易燃物蒸气在受限空间中被点燃时，可能会产生蒸气云爆炸。类似的，空气中的可燃粉尘在分散且达到其最低爆炸浓度以上并被点燃时，往往会导致火球，处于封闭或受限区域时，发生爆炸的可能性增加。
- 在讨论有毒物质危害时，工艺单元间距离的增大往往有利于减少扩散带来的风险；但是，有毒物质设备间的连接管道越长，管道中的有毒物质存量越多，带来的风险可能更大。毒云的扩散比热辐射或者冲击波的传播慢，因此更远的距离可以增加初始泄漏到周边社区受到暴露的滞后时间。这个关键的时间给予处于下风向位置人员更长的预警和响应时间，这可以减少处于下风向位置的人员伤亡。需要注意的是，有毒物质监测和响应方法的设计，包括制定应急响应程序(例如疏散或就地避难)，不在本指南的内容范围之内。

潜在容纳失效事故的总体影响可以通过选择具有预防和缓和作用的间距组合策略来解决。正如将在第 6 章中讨论的那样，在处理工艺单元区块内的设备布局时，预防和缓和措施都需要考虑。第 7 章提供了在初始工艺单元布局时考虑未来工厂扩展可能性的指导。在设计工艺单元布局时，有利于降低整体风险的策略包括：

- 考虑所在地标高；
- 考虑区域坡度；
- 考虑盛行风向(基于风玫瑰图)；
- 在区块之间设置足够的间距；
- 分开设置具有不同工艺风险的区块；
- 尽量减少爆炸的潜在影响；
- 尽量减少暴露于火灾辐射的可能性；
- 尽量减少暴露于有毒物质泄漏的可能性；
- 确保足够的操作和检修空间；
- 确保消防通道。

5.2.3 某些模型问题

回顾一下附录 B，其中表格内的距离数值主要基于火灾发生的后果(比如潜在的热影响)。因此，应使用其他方法来评估其他潜在危害，例如有毒物质释放和爆炸。后果分析中使用的模型有助于确定有害物质实际扩散的程度，有助于预测有毒和易燃物质可能释放而达到的浓度[例如毒性暴露限值、可燃浓度下限(LFL)等]。将危害扩散模拟与该处主导风向、点火概率以及其他假设相结合，可以量化潜在释放的风险。基于计算机的模型可用于估算蒸气云的扩散、火灾的热辐射、爆炸产生的超压以及有毒物质释放的下风向的毒物浓度。

关于工艺单元区块内驻人建筑的布局，在评估火灾和爆炸后果时，行业指南会规定允许或不允许使用某些类型的方法。请注意，简单的模型往往高估后果严重性，进而判断工厂需要更大占地面积，从而影响选址过程(在第4章内讨论过)。这些方法的示例包括但不限于[可参见 API RP 752，CCPS 2010，NFPA 652，Proust 2004 和 Sjold 2007 提供的更详细信息]：

- 火灾(可接受的方法)——标准工业距离/间距表或道化学火灾爆炸指数；
- 蒸气云爆炸(VCE)(可接受的方法)——爆炸曲线技术[如 Baker-Strehlow-Tang(BST)方法]，TNO 多能模型，阻塞度评估方法(CAM)和高级爆炸模拟技术(即计算流体动力学，CFD)；
- 蒸气云爆炸(VCE)(不可接受)——TNT 当量法，根据 API RP 752 和 CCPS 2010，TNT 当量模型不应用于 VCE；
- 压力容器爆炸(BPV)(可接受)——BPV 爆炸曲线(优于基于 TNT 的方法)；
- 粉尘爆炸(可接受)——EFFEX，FLACS-DustEx(见下面的讨论)。

对于发生在设有通气结构的封闭腔体内的粉尘爆炸、腔体内的爆炸荷载以及从通气口喷射出来的爆炸荷载均可估算得到[NFPA 68]。更复杂的模拟工具(例如，计算流体动力学 CFD)包括 EFFEX 和 FLACS-DustEx[Proust 2004，Sjold 2007]。此外，NFPA 652 要求工厂业主/操作员进行粉尘危害分析(DHA)，以评估与粉尘处理操作相关的潜在风险。虽然该标准中没有明确具体的模型/方法，但评估的一部分是关于工厂布局的。严谨的布局安排会将粉尘危害(例如研磨和集尘器等)远离有人的位置(注意：除非有更好的数据，建筑物粉尘爆炸造成的后果模拟可以基于甲烷的基本燃烧速度)。

为帮助降低在更高风险区域中人员、环境和建筑结构的风险，需要使用定量风险评估(QRA)中更严格的扩散模型进行工程评价。在选择模拟参数和构建这些模型时，需确保完整准确的信息资源(请参阅第4章第4.13.3节中关于潜在空气问题的讨论)。在 QRAs 中用于估算有害物质释放潜在风险的多种扩散模型可参阅以下文献[AIChE 1994，AIChE 1998，API RP 752，CCPS 1995a，CCPS 1996，CCPS 1999a，CCPS 1999b，CCPS 2002，CCPS 2009a，CCPS 2010，CCPS 2012b 和 CCPS 2014b]。一些公司对于工厂的布局和扩建有特定制度，明确要求扩散分析所需达到的深度。在决定工厂的选址和布局时，所有团队成员和管理层应充分理解间距的确定是基于所需要的扩散分析深度的。图5.2中提供了扩散模型的一个示例。

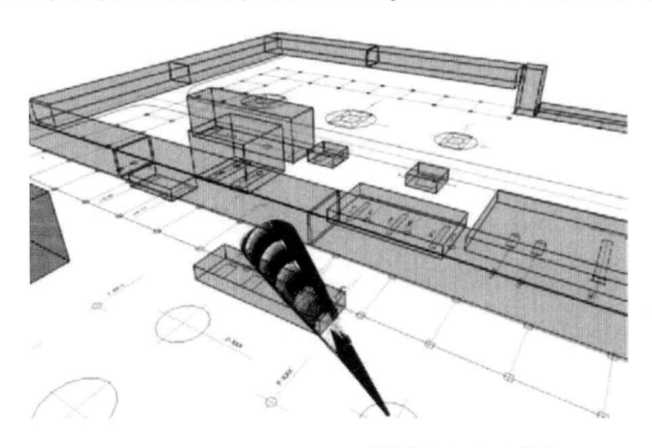

[引自 BakerRisk®]

图5.2　一个扩散模拟影响范围的例子

此时，有必要说明一下工厂中工艺单元布局和设备布局时距离的测量方法：本指南使用右旋笛卡尔坐标系(x，y，z 轴)。如图 5.3 所示，是一个模拟的工厂布局图，其使用 z 轴(垂直距离)来模拟高度方向上的扩散。因此，x 和 y 轴方向上的浓度可以通过高处释放源扩散分析来确定，这有助于确定水平面或地面(即，$z=0$)毒性物质和可燃物质浓度。x 和 y 轴的浓度曲线图可以用以确定工艺单元之间、设备之间以及地上受影响目标之间的适当间隔距离。请注意，附录 B 表格中提供的基于火灾后果的间距也适用于水平面或地面的距离(即 $z=0$)。

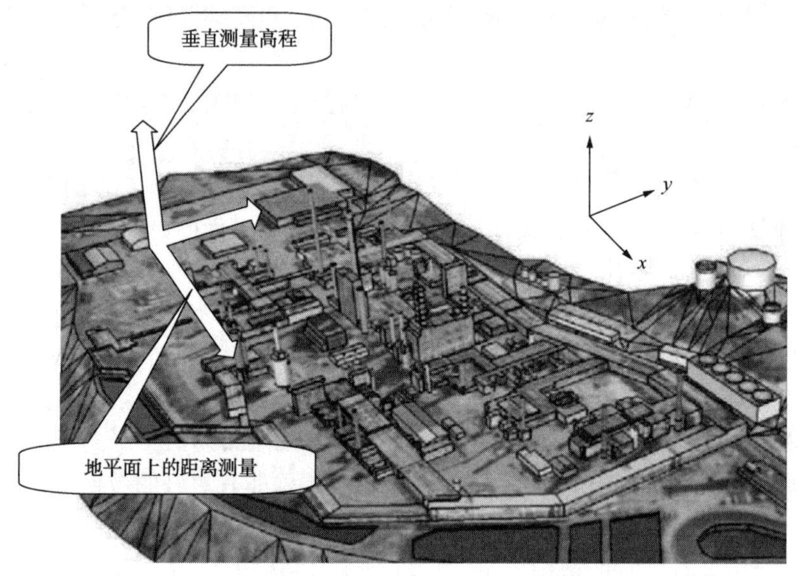

[引自 BakerRisk®]

图 5.3　如何测量工厂布局中的间距

5.3　区块布局如何与工厂地点结合

区块布局方法的目标是预测不可控因素的影响，例如所在地的自然灾害，包括洪水、台风、沙尘暴、地震、暴雪等，以及减少可控因素，如液体喷溅或泄漏的影响。这些可控制和不可控制因素影响了工厂区块的布局方式。在第 5.4 节和第 5.5 节将会讨论在工厂内安排区块位置时可以采取的一些预防和缓和措施。

5.4　在布局工艺单元时应用预防措施

在布局工艺单元时，布局团队应当通过确定每个单元所需的面积，然后优化单元间的间距来解决单元间的危害和相关风险。工厂的总体面积、地形特性以及操作、维修和应急响应所需要的空间都将影响布局。

正如第 2 章第 2.2.1 部分介绍，图 1.2 所示的，选择工艺过程之间的分隔间距，可以看作是本质更安全设计(ISD)原理在屏障⑦中应用的一部分。在定位工艺单元区块时，这些间距可以视为预防措施。表 5.2 中列举了一些预防性 ISD 做法：最小化、减缓、替代和简化。第 6 章 6.4 节(即图 1.2 中的屏障①)补充讨论了在工艺单元内部布置设备时应用的预防性 ISD 原理。

ISD原理也可以在布局和设计建筑物时使用，进而帮助减少总体的过程安全风险，包括：复核工艺结构内的人员情况、合理设计结构、在工艺设备与关键或驻人结构之间安排足够的间距[Baker 1999]。

保护方法包括防爆结构、烃或毒害物质含量探测、防火以及为有毒物质处理过程提供封闭结构。有关通过对关键结构或驻人结构进行布局和设计来降低风险的详细讨论参见第5.13节。

表5.2 使用ISD原理的预防措施范例

本质更安全设计原理	示　　例	做　　法
最小化(减量)	将有害物料的数量最小化	将工艺单元间的距离缩短以减少含有危险物料的管道长度
	含有有害物料的设备间距最小化	含有危险物料的管道不穿过不相关的工艺单元，那么就可以避免额外的风险。这种设计思路也将管道内存在的危险物料最少化了
减缓(缓和)	考虑通过高程变化，缓和泄漏物料流动	将危险液体存储设置在远离工艺单元和关键或驻人建筑的位置，这样即使泄漏也不会流到工艺单元。除此之外，设置地漏和坡度可以减少风险
	审核工艺建筑内人员存在情况	将非必需的操作和维修人员安置到危险区域之外
替代	使用危险性小的工艺替代高危工艺	选用替代工艺以减少超压爆炸、火灾辐射或者有毒物质泄漏的风险和影响
简化	简化危险工艺的管理制度	将风险相似的工艺区块和无风险工艺区块分开，以简化危险物质的管理
		危险品分隔储存可以降低多米诺效应；但是，毗邻区域可能含有导致后果扩大的有害物料

5.5 在布局工艺单元时应用缓和措施

在布局工艺单元时，考虑设置缓和措施，如图1.2中屏障⑦~屏障⑨，以及表5.3中所列的一些ISD示例和做法，可以降低容纳失效的危害。这些措施包括结构设计(即防爆)、过程屏蔽(即封闭)、易燃液体溢出和滞留控制(即地漏和围堰)、限制火势蔓延的间距设计、防火设计以及应急响应通道。第6章第6.5节另外提供了一些在确定工艺单元内设备间距离时的缓和措施应用指南。

危险物料的存储、使用和处置的缓和保护措施是有指南的[例如，NFPA 400]。本指南包括硝化固体和溶液、腐蚀性固体和液体、易燃固体、有机过氧化物、氧化剂、遇空气燃烧固体和液体、有毒和高毒性固体和液体、不稳定(活泼)固体和液体，以及遇水反应固体和液体的信息。

当发生易燃气体泄漏时，在一个高度封闭的区域内，往往只要有相对少量的易燃气体，一旦点燃，就将导致超压爆炸。减少易燃气体的量可能无法完全避免蒸气云爆炸，但可以减轻破坏。

正如第6章中详细描述的那样，第6.5.1部分中的VCEs和第6.5.2部分中的粉尘爆炸均可以由本质更安全设计来有效地缓和。这些原则包括在工艺区域和结构间提供足够的距离(例如，重新选址驻人或者存在关键设备的结构)，最大限度地减少受限区域，控制点火源，对驻人建筑物进行防爆设计，使用损害限制(如泄爆墙等薄弱结构)的结构来减少超压并将燃烧产物排放到安全位置[参见 FM Global1-44]，最大限度地减轻多米诺效应，根据盛行风向进行单元布局和方向排列，并由降低结构的超压负荷。

表 5.3　使用 ISD 原则设计的缓和措施范例

本质更安全设计原理	示　例	做　法
最小化(减量)	将人员逃生和应急响应路径所需的距离设置成最短	将人员逃生安全点的逃生路线最短化。 将应急救援人员的行动路线，包括至消防栓和消防监控的路线最短化
减缓(缓和)	改进溢流或释放点位置以及围堰的设计。 优选结构设计和建设细节，降低对建筑内人员或设备的影响	设置被动防护，例如配有远程控制收集罐的围堰、有内衬的收集池和消防用水收集池(即第⑦类屏障)。 对于易燃易爆物料，设计防火防爆结构。 对于高毒性物料，设计专用的工艺封闭设备或者专设的建筑物/房间容纳毒性工艺和其设备
替代	将传统的建筑设计替换成能对人员和关键设备保护的设计	设计保护人员免受危害的驻人建筑： ○ 对毒物扩散-设置安全屋或“避难所”； ○ 对于火灾-采用热辐射防护设计； ○ 对于爆炸-采用“抗爆结构”设计。 安放关键设备的建筑物要特别设计，防止潜在危害： ○ 考虑“抗爆建筑”的设计以及潜在的极端天气情况(例如高温低温、湿热和洪水)
简化	将有害工艺和建筑的间距扩大。 将驻人或有关键设备的建筑物移至危险区域以外	将控制室和紧急停车设施远离危险源或者设置于危险后果影响的区域之外

为了帮助减轻火灾的后果，第 6 章第 6.5.3 部分详细介绍了一些实用的 ISD 原理，包括理解火灾后果是如何同该区域的引流系统相关的，以及易燃物料存放同建筑物位置和设计之间的关系。通过最大限度地减少工艺中的易燃液体和气体的数量，火灾的规模和持续时间可以降低。其他有效的缓和措施包括控制点火源、从建筑物的设计方面多加考虑、在工艺区域和建筑物之间设置足够的间距、使用防火设计以最大程度减少多米诺效应，以及根据玫瑰风向图的盛行风向设计工艺单元的布局和朝向。

除此之外，降低压力、降低温度、减小浓度或者将混合物稀释的做法可以用于缓和工艺条件。需要注意的是将易燃物料冷却存储于常压沸点以下可以减少初始的蒸气量，但当其泄漏并挥发后，还是可能有足够的可燃蒸气引发蒸气云爆炸。尽管如此，冷却确实可以保障更多的应急响应时间以稀释泄漏的物料，或者将泄漏物料导向安全的暂存区域(例如收集池)，从而有益于减轻后果。

本质更安全设计也可以用于应对急性毒物释放。急性毒物外泄的后果同存储量、天气、地形、建筑物位置、人员情况、建筑物设计，以及建筑的通风情况有关。减轻后果的方法包括最大限度减少储存、最大限度减少建筑物的渗透、安装合适的 HVAC，以及将建筑物的新风口设置在安全位置。在第 6 章第 6.5.4 部分中，有更多的减轻有毒物质释放后果的详细讨论。

如果有毒物质封闭在一个结构内，可以应用 ISD 原理。例如，将一种有毒物料(如光气)所在的设备作为首层容纳。当首层容纳失效时，次层容纳的设置可以在此有毒物质泄漏时，保护本工厂内、邻近工厂以及附近社区的人员。这些次层容纳设计包括围绕在有毒物质盛装设备周围的通风气密外壳(又称“腔室”)、夹套式设备和管道、雨淋水幕(例如用于光气的氨蒸气幕[Ⅲ 2015])，或者这些措施的组合。此外，可以设计特定的分析仪来检测和响应有毒物质的释放。这些检测系统可以设计使其能(一旦检测到)自动将有毒物料导向安全处置系统。管理类措施包括监控摄像头和人员进入封闭工艺区域的安全程序。请参阅第6章第6.6.5部分中的其他讨论。

对于新的工艺单元，如果工艺单元的某个部分设置在一个封闭腔室中，应进行额外的风险评估。封隔措施不仅在考虑有害特性时使用(例如剧毒)，它也可以保护人们免受强烈气味的侵害。

5.6 建设和大修

如第4章第4.6节指出的，任何建设项目的成功都离不开各个工程专业间的有效沟通，包括土壤/岩土工程、土木、结构、设备、电气、环境、过程安全和工艺工程师。本节介绍一些可能影响未来施工和工厂停车或大修的布局问题。

案例5-1显示了一套看似足够边界的拟建工厂，但实际上建成后在维修和大修时存在很多问题。

案例5-1：场地边界不足

某工业园中的一块场地被选中建设一个新的工厂。初步调查表明该区域大小足以容纳所有设备。初步后果分析显示该工艺主要风险在于易燃物释放可能引起的蒸气云爆炸的潜在可能性，图5.4中显示了爆炸超压的状况。尽管有些建筑物因此需要进行抗爆设计，会增加建设成本，但此地点还是新工厂选址的首选。

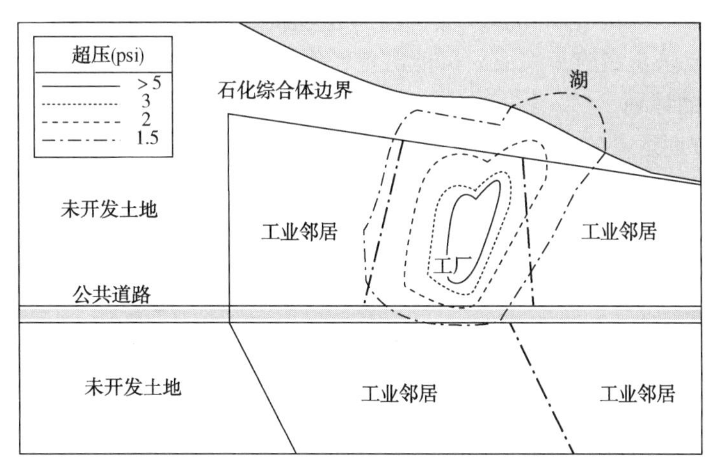

图5.4 拟选场地的爆炸超压影响范围图

该项目进入了下一阶段：采购，然后是详细布局或设计。但是，在项目进行的后期，公司的过程安全小组根据API推荐的实践指导，包括API RP 752(永久建筑选址)，API RP 753(临时建筑选址)，API RP 756和API RP 756-1(工棚选址)，进行了正式的建筑选址研究。RP 752的分析结果认可了针对主要建筑物的不同抗爆水平的初步判定。但是RP 753的分析结果显示承包商常用的临时拖车不应该处于该超压爆炸的范围内。此外，RP 756的分

析表明，在现场也不应该使用临时工棚。虽然使用模块化抗爆舱可以解决现场临时建筑的问题，但无法使用工棚将给未来大修期间的管道安装、焊接等操作带来后勤补给问题。由于场地周边被其他公司包围，该区域附近没有地方安置承包商。

案例 5-1 的教训：选址评估应当考虑大修和正常操作工况，并考虑应当使用哪些工业标准和指南。

5.6.1 一些施工的问题

本节简单总结了在本章其他节中详细讨论的施工问题。这些问题包括如何识别从制造商处运输设备到施工现场的特殊要求、如何获取电源、如何确保安保，以及如何解决在施工期间可能临时出现的与特定地点地形相关的问题。一旦施工完成并且工厂投用，进入工厂的道路也必须能够承受增加的交通负荷。

如果设备是在别的地点制造的，公司就需要确认设备如何运输到新地点。如果是漕运或水运设施位置(比如码头或驳岸)是否可以容纳载荷？如果是火车或卡车运输，是否在道路运输限定重量或尺寸之内？由于桥梁和隧道空间或桥梁重量的限制，大型设备是否需要特殊的重载运输道路或特殊路线？

作为施工准备工作的一部分，土壤、地质和土木工程师可以通过临时改变新址处的地表情况来处理地表和地面条件的相关问题。这包括确保地面可以支撑重型建筑设备和起重机，以及设置临时排水路径以防止洪水灾害。根据地下水位的深度，评估施工期间哪些区域可能蓄水并加以管理。

此外，施工过程中一些特定劳动力和材料的成本取决于选址地点的可利用资源。本地供应商是可以支持该工厂施工，还是需要从其他地区招募供应商？当地是否要求对特殊工种进行培训？当地的劳动力是否有工会？对于冬季非常寒冷的地区，如何进行建设活动和管理租赁设备？建设所要的材料，如混凝土，当地是否有？当地是否限制进口建筑材料或设备(如泵、换热器和电机)？如果设备是本地供应商提供的，请确认设有质量保障或质量控制(QA/QC)方案，以防止在施工完成后可能出现代价高昂的操作和维护问题。

5.6.2 分期建设的计划

如果项目是分期运营的，也许第一期设施已经开始运行了，而后续的设施还在建设中。运营工艺单元和施工区域之间的安全距离需要建立。有些公司可能有正式的“同步运营(SimOps)”指南来管理以下状况：

- 当同地、同时有两个或更多的潜在有冲突的活动或者工艺运行需要协调时(比如压力容器的气密试验)。
- 当多个承包商或一大群不同任务的工作组在一个地点同时工作，比如在大修和停车期间。
- 当建设或者大型维修工作在运行的工艺区域进行时。
- 当扩建项目的新设备或者新工艺单元接入现有工艺单元时。
- 当起重机将设备或者建筑材料吊过含有危险物料的管廊时。

当同步运营的情况发生时，和项目相关的每个人都应当知晓并为每个作业阶段制定危害和风险控制方案。

5.6.3 未来扩展和大修的计划

进行工艺单元内设备布局设计时，需要考虑未来扩建和大修时的空间需求。基于初期运营的最佳设计，在未来添加新单元时可能会引起问题。如果新工厂的设计包括地下工程系统，地管线路对未来工厂扩建有什么影响？如上所述，还应当预见潜在的运行、维修和建设活动同时进行(SimOps)的情况。可能会要求“最少化”危险区域内或附近的“非必要”人员，从而实现对同步运营的单元操作、维护，或建设等活动的“严格管控”。此外，工艺过程布局时应为建设所需的拖车和其他临时建筑提供足够的空间。文献提供了临时建筑和工棚选址的行业指南[即 API RP 753，API RP 756 和 API TR 756-1]。(注：临时建筑包括容纳人员或存放设备的临时房屋或拖车)。

5.6.4 建设期的设备存放区域

在规划建设活动时，可以使用地形图来选择临时存放石块、沙子或砾石的地点，以及挖出的土方、植被和石头的弃置区域。对于设备很大或者仓库空间有限的情况，需要考虑新设备的临时存放点。有些较大设备需要穿过现有工厂送至这些临时存放点，并且路经管廊或者电线下时，需要解决管廊/电线高度与通行设备高度之间间隙预留的问题。如果新设备存放区域不够大，则可能需要为临时建设活动提供额外的土地面积或设置围护。

建设活动通常设置有人员办公室、存放场地和焊接区域等等。驻人建筑位置选择参照使用标准[API RP 753，API RPI 756 和 CCPS 2012b]等参考文献。存放场地的设置需确保车辆行驶路径不会穿过敏感的工厂区域。涉及动火作业的区域应当设置合理，避免成为运行的工艺单元的潜在点火源。

5.7 区块布局方法：步骤1——评价位置的特性

第一步是在安排工厂区块前，先评估具体位置的地形地貌。在开始第 5.12 节的步骤之前，评估地点特征的团队成员应该首先考虑影响地点选择潜在的场外、安全、环境和基础设施问题(第 5.8~第 5.11 节)。然后，第二步使用预估的区域大小来设计区块布局，布局设计以减少现场区块和工厂周围社区之间的风险为依据。在提出区块具体位置后，间隔间距应当符合建议的间隔间距标准。仅对于火灾后果而言，本指南中附录 B 的表格适用。

如果工艺单元与现场和场外人员之间的间距都不够，那么要重复上述步骤，考虑位置的地形地貌，重新布置工艺区块。本节为第一步工作，也就是评估确定工艺单元区块位置时，提供一些指南，这些指南主要关注于工厂的地形地貌。

5.7.1 高程问题

在确定工艺单元的位置时，各区域的相对高程是十分重要的信息，因此布局团队需要对地表自然特征以及工厂的可达性进行审查，例如山地、丘陵、平坦的地形和河流。这些在地形图上可见的特征在第 4 章第 4.8.1 部分中进行了讨论。设施布局时尽量要将明火(例如，直接用火加热的公用设施处理单元)布局在比大量易燃物(例如储罐)更高的位置。这最大限度地减小了释放的蒸气或泄漏的液体扩散到低洼处时被点火的可能性。考虑如何使用天然斜坡进行引流(例如，废水流向处理设施，然后到厂外)。考虑废水向处理设施的引流。当储罐不能位于比工艺单元低的海拔高度时，可能需要增加保护措施以降低潜在储罐泄漏带给工艺单元的着火可能性。这些措施可以包括围堰、大容量引流系统、蒸气检测和响应，以及增强消防系统以及紧急停车系统。

当确定潜在释放源地理位置时，应考虑地形特征，如可能影响潜在意外释放物或空气污染物扩散的丘陵或山谷。这些潜在释放物质包括易燃物、惰性气体、有毒物质等，可能的释放点包括烟囱、火炬烟囱、地面火炬等。

5.7.2 地质问题

地下水水位和区域洪水历史数据用于确定是否需要防护堤或溢洪道。工艺设备、公用工程或应急设备不应位于易发生洪水的区域。地下水取样应尽可能靠近当前工艺所在地点进行，以确定水的性质。例如，经验证明，除非使用特殊的地下混凝土，否则地下水中的高硫酸盐会腐蚀破坏地基。此外，地下下水道(含油污水、雨水径流等)的泄漏也会影响地下水。

引流系统的要求和水处理系统的设计将取决于雨水、自然溪流、工厂产生的排放物以及消防水的使用需要。过程安全引流和分类相关的设计应考虑包括防止易燃物和有毒物进入地表水径流，并为消防水径流控制或污水收集池提供足够的空间。在可行的情况下，考虑分类引流以尽量减少潜在的污水处理量，并为控制和处理操作留有余地。请注意，地面排水系统的要求可能会因建筑修葺工程和铺路而改变，应考虑临时排水或推迟施工，直至分类和排水设施就位，以避免在从“现有”的分类等级过渡到最终设计期间可能出现的洪水问题。这些临时作业可能需要额外的土地面积或容纳设备。

5.7.3 天气问题

该地点的气象条件及与天气有关的信息，如降雨、洪水、飓风/台风/旋风和基于风玫瑰图的主要风况和风速等会影响工厂中工艺单元的布局。可以使用第4章第4.9节中描述的风玫瑰图将工艺单元布置在其他区域“下风”向，进而减少潜在泄漏物料被携带到潜在点火源或人口密集区域，如办公楼、商店区域或相邻社区的风险。盛行风向和风速数据用于确定烟囱、焚烧炉、火炬、冷却塔和有毒化学品储存及加工的位置。在确定排水系统和水处理系统设计能力时使用降雨量数据，这些数据将同时用于设计储存容器次层容纳围堰的高度(例如，假定使用“最大容器加上10年一遇级别、24h持续降雨事件”)。

5.7.4 地震问题

岩土工程的研究与土壤材料的工程表现相关，重点关注可能受地表或地面条件影响的潜在施工问题。海岸岩土工程的研究涉及可能影响码头、防波堤、和船坞建设的海岸条件的工程行为。这些岩土工程研究用于确定影响土壤和岩石力学的条件，包括土壤的相关物理、力学和化学性质。这些研究评估天然和人造斜坡的稳定性，评估该地点的土壤条件造成的施工风险。

土方工程(如堤防、隧道、排水沟、堤防、河道、水库等)的建造、浅层或深层结构基础和路面路基的施工是根据场地的土壤、岩石、断层分布和基岩性质设计的。土壤性质有助于确定主要结构和设备基础设计的需求。需要当地的经验，了解土壤沉降和承重问题，有助于预测增加打桩的需要或其他潜在的相关基础问题。如果土壤承重存在实质性差异，则应尽量将大型设备和罐的位置选定在可以少打桩的位置。对于河流/海洋的码头、防波堤和泊位，岸线和船舶吃水涉及河流/海洋问题，应根据需要进行其他潮汐、水深(水下深度)和淤积研究。

如果在工厂建成前解决土壤特性问题，可以降低建筑、安装成本以及长期运行和维护的风险。土壤性质的调查研究用于评估地震、滑坡、塌陷、土壤液化、泥石流和落石等自然灾害对人类、财产和环境的风险。应利用该位置的地震信息评估地震对设备、管道、槽罐和结构的潜在影响。如果考虑地基的改善，例如处理土壤以提高其工程性质(即地基的切变强度、刚度或渗透性)，则可以直接节省施工成本和时间。

5.8 厂外问题

可能影响选址的其他问题包括邻近的森林和植被、邻近的工厂以及当地紧急响应支持/可达性。这些问题在第4章第4.11节中已为选址团队指出，并会在下文中关于工艺单元布置时进一步讨论。

5.8.1 森林和植被问题

地形图和卫星图像还提供了工厂周围的森林、植被和田地的信息。如果工厂周围有森林或受保护的湿地，则应考虑它们对易燃或有毒物质扩散的影响。考虑树木和植被是否可能造成堵塞和阻塞，从而增加VCE爆炸超压的可能性[例如，在邦斯菲尔德发生的事件(MIIB 2008a，MIIB 2008b)]。需要考虑释放的工艺化学品对环境的不利影响，这些物质是否会毒死树木/植被或污染地面？此外，还应考虑人或动物的入侵问题，当猎人可以在邻近土地狩猎时，可能出现与安保相关的问题。

5.8.2 邻居问题

工厂边界线是标明土地分界线的边界。边界外的土地归公司外部所有，这块土地可能尚未开发，但将来某个时候可能由邻近社区或工业的其他人(“邻居”)建设。如果工厂边界周围的土地不在公司的控制范围内，那么在确定工艺单元时必须考虑现有或未来的附近人口问题。当危害扩展到厂外时(例如，在第8章中由西方肥料公司提供的案例历史，如博帕尔事故)，会因为周边社区靠近工厂而导致更严重的后果。换言之，在工厂建造完成之后，周边开阔的场地仍旧可能被用于建设住房或其他驻人的结构。在可行的情况下，额外购买工厂周围的土地有助于防止周边社区的影响，并且通过增加社区与工厂的距离(即，图1.2中的屏障⑩)降低潜在泄漏对周围社区的影响。在工厂周边拥有的额外土地为危险工艺单元和工厂产权边界之间提供了更大的距离，有助于减少场外暴露和减轻后果。

如果发生事故性释放，有三种潜在的“邻居”可能处于危险之中：(1)相邻的工厂；(2)公共通道，如道路、铁路、停车场、河流或水路；以及(3)厂外人口聚集区，如住宅或办公楼。如果厂址位于工业综合体内，则邻居可能是其他工业设施。公共通道可能与工厂直接接壤，承担运输功能或公共设施廊道功能，如公路、停车场、河流、铁路和电话公用线路。在某些情况下，可以通过购买相邻公共道路和提供替代路线来实现对它们的管理。厂外居民区包括住宅区、办公室、城镇中心、购物区、学校、医院、政府设施(例如军事或监狱)、日托中心、疗养院、附近的工业设施和交通中心，以及公共娱乐区。

如果工厂周围是工业区，那么工业区的活动可能带来额外的火灾、爆炸或有毒风险。如果是这样的话，在工厂内布局工艺单元时，要在与之相邻危险和敏感设施的设备和结构之间提供足够的距离。此外，周围社区可能有限制噪声、光和可能从工厂排放的污染物水平的要求。这些要求常常是地方规定的。火炬和烟囱的恰当设计和定位可以使得扩散影响范围满足产权红线或边界要求。请参阅第7章追加的关于预测工业邻居可能的工艺变更的讨论，这可能影响到工厂现场的风险。

5.8.3 应急响应可达性问题

如果潜在的大事故可能影响到工厂，使得工厂的现场应急团队无法处理该事件，那么就需要额外的消防和应急医疗服务。第三方“互助”可以包括来自邻近工厂的资源和来自当地消防队、救护车和救援支援的资源。如果经过判断，当地社区的支持能力是可接受的，那么在工厂布局时要考虑到这种支持。这可包括设置方便其响应的出入口，为通信需求提供布局空间，为紧急车辆提供集结区，设置消防水快速连接点，以及与互助响应者共享出入口和布局信息。

工厂应至少有两个用于应急车辆进入的入口和至少有两条进入现场应急处理区域的路线。现场应急车辆、物资、医疗设施和治疗类选法（根据紧迫性和救活的可能性等在战场上决定哪些人优先治疗的方法）区域需要足够的空间。这些区域应该与生产单元分开，可接收到场外紧急资源，并且在不受初始紧急事件损害的位置。铁路罐车和卡车灌装栈桥必须位于不会阻塞紧急路线的地方。紧急响应时间应该最小化，可达性应该最大化。

案例5-2说明了为什么潜在的互助紧急反应系统在假设其能够起作用之前，应该对其进行测试。

案例5-2：互助真的是相互的吗？

在现有工业综合体内的为新工厂选址时，一般都认为消防人员和消防设备的互助是可行的。在新工厂的早期建设阶段，工厂所有者模拟事件以测试响应互助体系的效率。然而，由于与互助工厂的距离以及工业综合体自身的可达性差，演习期间的互助响应时间超过20min。由于互助响应人员反应不够迅速，业主最终不得不购买消防车，并在工厂启动前提供内部消防培训。

案例5-2中的教训：在假设互助响应系统足以满足工厂的紧急需求之前，研究和测试互助系统的可用性和可靠性。

5.9 安保问题

工厂的安保组织帮助确保进入危险过程区域和设施符合公司和适用的法规要求。安全审查根据地点不同而有所不同，并根据公司的安全资源逐案处理，包括执行和实施来自网络或工厂脆弱性评估的结果［CCPS 2003a、CCPS 2008c、Squire 2014，以及美国专用的DHS 2008、DHS 2015］。来自包括卡车在内的提供场外运输服务的司机和押运员应获得安全批准，并应进行工厂安保意识培训及安保初步培训，包括前往和离开目的地现场的指示和路线。

5.10 环境问题

过程单元布局团队应该意识到在选址时存在的环境问题。如果有法规对空气排放、土地处理和/或水质有规定，这些问题可能会影响工艺单元布局。例如，火炬系统可能具有额外的分区问题，例如可接受的噪声和亮度水平，这可能影响建筑布置。此外，如果工厂包括焚化炉、锅炉、炉子或火炬，则可能有特定的废气或废弃物处置许可问题。这些环境问题在第4章第4.13节中有更详细的讨论。

5.11 基础设施问题

除了工厂可达性之外，还要考虑可能影响工艺单元在工厂内布局的其他基础设施方面的问题。这包括与运输有关的问题，例如如何处理原料和产品（即，管道、卡车、叉式装卸车、叉式运货车、铁路、海运业务)、与公用工程有关的问题(即，电力、水、蒸汽、燃料和空气供应)以及沟通和数据检索系统的类型。需要为劳动者确定安全路线，即操作、维护、技术和行政人员以及承包商等如何进入工厂并到达他们的实际工作地点(例如，车辆、行人交通、手推车、自行车等)。还应考虑工厂内的特殊危险物料运输路线。

注：“关键基础设施”是指至关重要的系统和资产，不论是有形的还是虚拟的，损失、中断、丧失功能或毁坏它们，会对安全、经济安全、公共卫生或国家、区域或当地政府的安全产生消极或破坏性的影响；或造成国家或地区灾难性影响[CCPS 词汇]。

5.12 区块布局方法：步骤 2——评估区块之间的间距

工厂的位置、周边环境以及基础设施的需求建立后(第 5.7~第 5.11 节)，就可以开始在工厂内定位工艺单元区块的过程(步骤 2)。这种方法有助于在项目开发的早期识别问题。所处理的问题可包括潜在的土地面积限制(即，是否有足够的土地?)、区块之间和工厂内潜在的人员道路/交通问题(例如，车辆、行人等)、区块之间危险物料的运输、具有潜在高风险的特殊内部操作(即，周围社区是否太近?)以及未来增长的潜力(即，如果工厂需要扩建，是否存在选址和布局问题?)。在拟建的工厂内布局区块，就是从空中“鸟瞰”确定如何在工厂边界范围内安排最合理地布局新的或扩展的工艺。

步骤 2 是基于新工厂的地块大小(第 4 章第 4.5 节)，应用工艺单元、公用工程、驻人结构等区块的估算尺寸进行布局安排的过程。通过分析理解伴随新建或扩建工艺产生的危害和风险、这些区域的预估面积、当前地点的地形等信息，工艺单元选址团队可以对区块位置进行合理安排，确保在工厂规划区域内的各区块之间的距离适当。应该首先对既存的工艺危害进行充分理解，因为具有相似风险的工艺单元可以布置在一起，并与其他危险性较小的区域分开。例如，如果可行的话，工艺单元应该位于离办公区域更远的地方。有毒或易燃物质泄漏等潜在事故及其相关的风险，以及恶臭或噪声等问题，也会影响区块的布置。一旦确定了区块边界，步骤 2 就完成了，可以开始为每个工艺单元区块考虑设备布局了。

案例 5-3 阐明了在既有工厂中布局低危险区块的方法。注意：该案例未考虑员工通道、紧急情况下应急响应者进入路径或可能的专用维护通道所需的道路宽度。

案例 5-3：低危害工艺区块布置实例。

一个新的低危害工厂有如下与之相关的建筑：工艺区、火炬、罐区、内部公用工程和包含控制室的办公楼。图 5.5 给出了这些建筑在选址边界内的初步布置，考虑了如下影响区块位置的因素：

- *潜在的危害；*
- *地形；*
- *盛行风向(基于风玫瑰图)；*
- *各结构驻人的情况，以及操作、维护及紧急响应可达性。*

如图 5.5 所示，这些区块可以基于风险类似原则进行分组：

办公室和停车场；维护厂房以及仓库；低危害工艺单元；常压罐和公用工程。火炬的热影响半径在图中用虚点线(锯齿状的云)标示出来了，表示具有一定的不确定性。在这些区块之间的间距是基于火灾的典型间距，摘自附录 B，并总结在表 5.4 中，最初的工厂建筑布局见图 5.6。

从案例 5-3 可知：以本指南给出的火灾后果建议距离为基准，当前区块布置能满足最小距离要求，因此可以开始下一步骤，即在该工厂的工艺单元内布置设备。

如果预计将来会对工厂进行改造，则在最初的区块布局期间应充分谨慎，明确潜在的新增设施地点，或为扩建“预留”区域。该预留土地必须明确记载，确保新的、未来的管理层不会将其用于其他目的。当未来需要扩建时，正式预留的供未来使用的土地，可能会提供一个具有成本效益和本质更安全的选择。

表 5.4　新建低危害工厂布局距离汇总表

		距离(ft 或 m)-地面									
		工厂边界		火炬	常压罐(>10000gal，>40000L)		工艺区块/单元边界		公用工程		维修车间/仓库
		1		2	3		4		5		6
1	工厂边界										
2	火炬	计算									
3	常压罐（>10000gal，>40000L）	100ft 30m	B. 2-1	150ft（45m）半径（注 1）							
4	工艺区块/单元边界	200ft 60m	B. 1-2		200ft 60m	B. 2-4					
5	公用工程	100ft 30m	B. 1-11		200ft 60m	B. 2-5	100ft 30m	B. 1-11			
6	维修车间/仓库	NM NM	B. 4-1		250ft 75m	B. 4-1	200ft 60m	B. 4-1	100ft 30m	B. 4-1	
7	办公室	NM NM	B. 4-1		注 2						

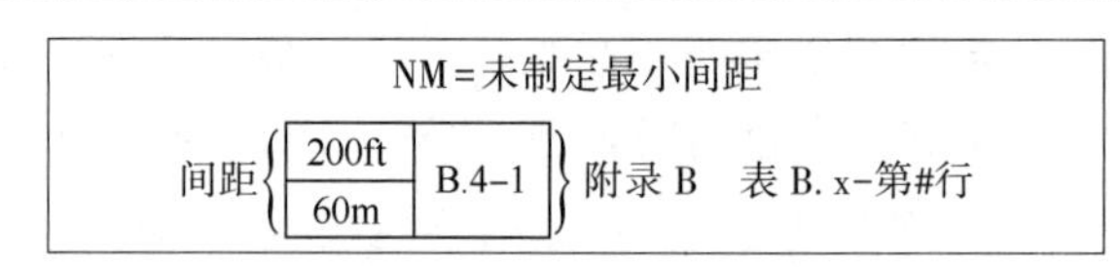

表 5. 4 的注释(间距仅考虑火灾后果)：

(1) 火炬的热影响半径默认为 500ft(150m){参见附录 B、表 B. 1-E(英制)或表 B. 1-M(公制)}。最佳距离是根据附录 B、表 B. 7-E(英制)或表 B. 1-M(公制)中所述的辐射热通量或火炬安全排放热通量计算逐个确定的。对于这个例子，最佳距离被确定为 150ft(45m)。[参见 API STD 521，泄压以及减压系统]。

(2) 办公场所间距可以由当地的建筑规范规定。还可参照《工厂永久建筑物位置相关的危害管理》(API RP 752)，获得额外的对驻人结构的指导。

尽管图 5. 6 所示例子的讨论集中于工厂现场各区块之间足够的间距，但涉及危险物质和危险工艺的工厂还需要考虑潜在的场外后果。例如，场外区块可能代表居住区、办公室、城镇中心、购物区、学校、医院、日托中心、疗养院、附近的工业设施和交通中心以及公共娱乐区等人口密集区。使用附录 B 中提供的间距指南来考虑场外区块面临的火灾后果；使用定量后果评估模型分析场外区块面临的潜在毒物释放或爆炸的影响。第 8 章介绍了有毒物质释放影响周围社区的案例。

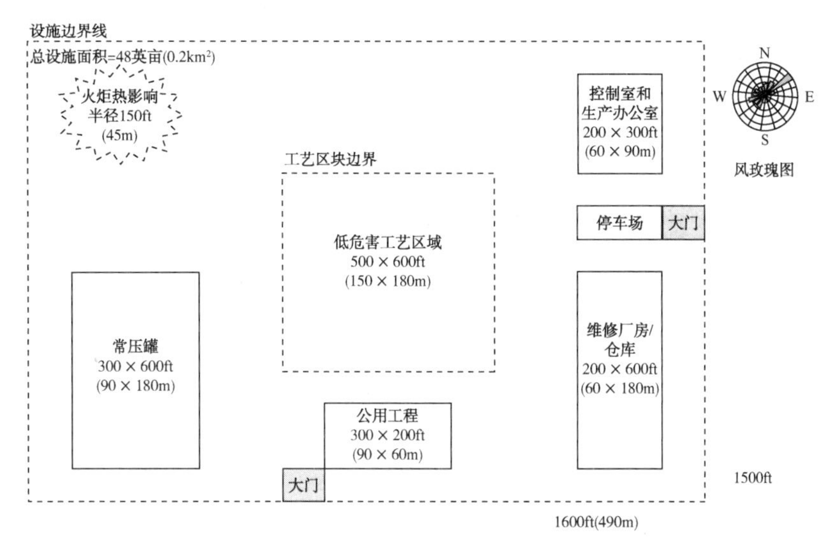

图 5.5 一个新建低危害工厂内的区块布局图

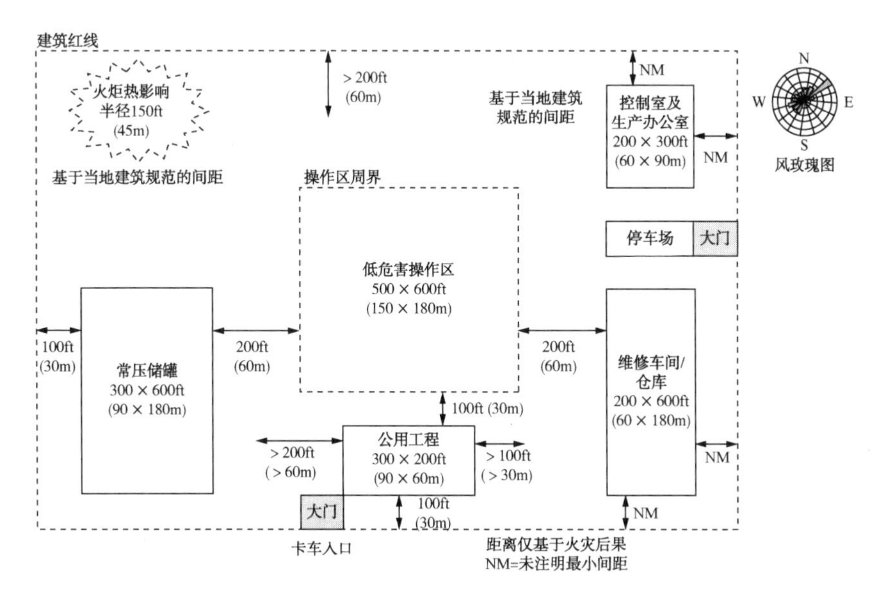

图 5.6 新建低危害工厂的包含间距信息的区块布局图

5.13 重要结构和驻人结构

在讨论重要结构和驻人结构的布局问题之前，需要定义一些术语。结构是支撑设备、管道以及维持工厂运行的人员的设计。从广泛的意义上讲，结构通常是的独立支撑设计。封闭结构可作为对事故后果的物理防护，如庇护所或屏障。永久性建筑物是固定位置永久使用的刚性结构[API RP 752]。移动式建筑是可以很容易地移动到工厂内其他位置的刚性结构[API RP 753]。注：移动式建筑包括临时建筑或用于容纳人员或储存设备的拖车。术语“帐篷”用于描述各种各样的结构，例如有侧边或无侧边的传统帐篷(“篷”)、充气结构、气支撑结构、张拉膜结构、脚手架结构或使用织物和刚性面板组合的结构(API RP 756，API TR 756-1)。工厂选址研究会评估潜在的有毒物质释放、火灾和爆炸情况，以更好地了解对建筑物内人员和设备的潜在影响。第6章第6.6节讨论了驻人建筑的特定结构设计问题。

当结构驻人或包含对安全操作至关重要的设备时，必须对其进行充分设计，以降低对人员和关键设备的风险，保护其免受火灾、爆炸或有毒物质释放造成的潜在危害。本节描述了如何将本质更安全设计(ISD)应用于驻人结构，为这些特定结构提供选择位置具体指导，这些结构包括过程控制建筑、庇护所、防爆建筑以及位于工艺单元边界之外的建筑。

5.13.1 关键和驻人结构的位置

本节讨论在处理爆炸、火灾、有毒物质释放或安保风险时，如何在关键和驻人结构设计中使用本质更安全的设计。本节讨论了过程控制建筑、庇护所、防爆建筑和位于工艺单元边界之外的建筑的具体设计和位置问题。工厂应将其专用的事故指挥/管理中心布置在本质安全区域内[即，在事故中可以幸免于难，并在需要时承担相应功能，如在有毒物质释放期间作为庇护(避难)所]。这些房间有专门的装备配置，使其可以在发生重大事故时协调应急响应。请注意，公司应建立其对“关键”结构的定义，并通过其特定的“驻人结构”工厂选址研究和指南正确处理驻人建筑物。

5.13.1.1 优化工艺单元内的结构位置

扩散评估有助于为专用结构确定合适的位置，作为初始工艺单元布局。一旦准备好初始布局，即可使用成本效益方法优化工艺单元内结构的位置，使用初步前端爆炸荷载评估，确定特定类型结构位于何处时可以获得最小/允许损害。这些评估确定了一个保守的后果结果概况，有助于回答这样的问题：“在某位置，考虑到预见的危害，需要什么样的建筑结构类型?”如果可以进行扩散分析，则热承载和庇护(避难)所要求的指标(如基于LFL/毒害的空调系统检测和关闭、建筑密封性)也可纳入结构设计和成本考虑因素中。扩散分析可用于确定LFL边界，并根据气云在工艺单元中的覆盖比例预测爆炸后果。文献[CCPS 2012b]对可能使用的扩散模型类型进行了额外的讨论。

请注意，在选择特定的草图布局和获得早期设备尺寸数据之前，就可以进行部分结构位置选择的工作。通过对每个工艺单元的阻塞度/受限度进行有代表性但保守的估计，专家可以通过以下两种方式之一预测整个工厂的爆炸荷载：

(1) 如果有代表性的工艺流体数据，则可以进行扩散分析以确定LFL边界，并根据气云在工艺单元中的覆盖比例预测爆炸后果。

(2) 如果没有代表性的工艺流体数据或尝试得到极端爆炸荷载，则可假设易燃物质填充满了整个阻塞区域。(注意，如果填充多个工艺单元，这可能是很保守的。)

由于评估时使用到扩散模型，所以方法(1)是确定这些边界的首选方法，但如果在初始评估期间无法获相应信息而使用了方法(2)，那么团队后续仍应使用方法(1)进行验证基于方法(2)确定的的边界和间距。

5.13.1.2 解决结构内人员的风险

必须对潜在驻人结构和放置安全或业务关键设备的结构的位置进行分析，以确定潜在的爆炸、火灾和有毒物质释放对建筑内居住者和关键设备的风险[API RP 752、API RP 753、API RP 756、API TR 756-1、CCPS 2012b、英国HSE 2015，以及UFC 4-02401]。因此，可以应用 ISD 原则(提供驻人结构、关键结构和危险工艺单元之间的最佳间距)来降低此类风险。

在进行基于结果的分析时，工厂应确定每个驻人结构的最大可信事件(MCE)[API RP 752，CCPS 2012b]。[注：根据美国 EPA RMP，MCE 也被称为备选释放场景(ARS)。]在 API RP 下，确定 MCE 是基于后果的方法中最重要的步骤之一。MCE 是假设的、可能对结构内人员产生最大影响的爆炸、火灾或有毒物质释放事件。主要场景指考虑了化学品、库存、装备和管道设计、操作条件、燃料反应性、工艺单元几何形状、历史工业事故等因素的影响后，确定的切实存在且具有合理发生率的场景。如果有与行业相关的事件，也应纳入 MCE 评估。根据拟定的在工厂中所处的位置，每个结构可能有一个潜在爆炸、火灾或毒物释放影响的 MCE 集。文献[CCPS 2012b，UK HSE 2015]中提供了关于为驻人结构选择位置的其他指南。

此外，在确定每个结构的位置后，工厂必须确保原定不驻人的结构不会驻人[API RP752]。因此，必须在工厂建立变更管理(MOC)程序，这是有效过程安全管理(PSM)系统的重要组成部分，以解决结构驻人和使用方面的拟议变更。第 7 章对现有和新建工厂的变更管理进行了更多讨论。

5.13.1.3　应对爆炸风险

位于潜在爆炸危险区域的所有驻人结构的设计都应该考虑对人员和设备的保护。人们对控制室的结构最为关注，其设计通常能够承受爆炸产生的超压。然而，在一些老工厂内，其他结构的设计往往可能无法承受潜在的超压。由于建造一个结构有许多方法，从抗爆性的角度来看，有些结构本质上就比其他结构更安全。

结构设计不当最值得关注的问题是结构屋顶坍塌，结构屋顶坍塌被发现是传统建筑结构遭受气体爆炸引发死亡的主要原因[Baker 1999，Goodrich 2006]。这种类型的损坏如图 5.7 所示，显示了单层和多层控制室的不同建筑损坏等级(BDL)。BDL 的说明见表 5.5。屋顶倒塌也会损坏建筑物内的设备。另一项研究表明，带有冗余屋顶支撑系统的结构，如钢框架，比屋顶支撑在承重墙上的结构危险性小。容易发生脆性失效的结构类型，如木框架或无筋砌体，与韧性结构类型相比，对结构内人员的危害更大。

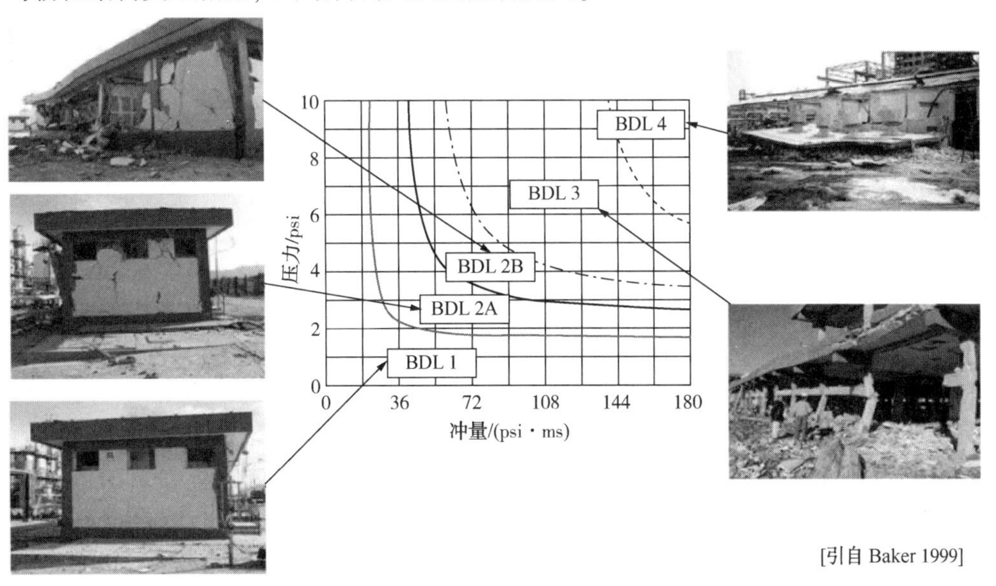

图 5.7　基于压力-冲量曲线的建筑损坏水平

表 5.5　建筑物损坏等级(BDL)描述

<table>
<tr><th>建筑损坏等级</th><th colspan="2">建筑物损坏等级说明(BDL)[Goodrich 2006]</th><th>单层控制室潜在损坏汇总(图 5.7)</th><th>多层建筑潜在损害和人员伤亡可能性总结[改编自 Hinman 2011]</th></tr>
<tr><td>轻微损坏</td><td>1</td><td>轻微可见损伤。仅基于美观原因实施维修。
爆炸后建筑物可重复使用</td><td>墙壁承受轻微可见损伤(金属板凹痕或弯曲、CMU 开裂、窗户破损)。
仅仅基于美观原因实施维修</td><td>建筑构件(如窗户、门和覆盖层)发生非结构性失效。
可能造成人员受伤，死亡的可能性很小</td></tr>
<tr><td>中度损坏</td><td>2A</td><td>局部建筑损坏。建筑物还能起作用，可以使用；但是需要进行大修，以恢复结构外墙的完整性。
总维修总费用适中</td><td>局部损伤。面向爆炸的墙壁会受到中等程度的破坏，而其他墙壁和屋顶则会受到轻微到中等程度的破坏。
建筑物可以修复并再利用</td><td rowspan="2">结构损伤仅限于局部区域，通常可修复。结构破坏仅限于次结构构件，如梁、板和非承重墙。但是，如果建筑物设计考虑了主要构件的损坏，则可以在不引发渐进式倒塌的情况下接受柱的局部损失。
可能造成人员受伤或死亡</td></tr>
<tr><td>重度损坏</td><td>2B</td><td>大范围的建筑物损坏。大修完成后才能使用。
总维修费用高昂，接近建筑物重置成本</td><td>大范围的建筑物损坏。面向爆炸的墙壁受到严重损坏，而其他墙壁和屋顶则受到中等程度的损坏。
建筑可能无法实际修复</td></tr>
<tr><td>重大损坏</td><td>3</td><td>建筑物已失去结构完整性，可能因环境条件(如雪或风)而倒塌，总维修费用超过建筑物重置费用</td><td>面向爆炸的墙壁完全损坏，而其他墙壁的结构完整性受到破坏。可能导致建筑物最终倒塌。
建筑物修复不可行</td><td rowspan="2">主要结构构件(如柱或转换梁)的损坏导致邻近或高于受损构件的其他相邻构件的损坏，从而导致建筑物逐渐倒塌。建筑物通常不可修复。
这种情况可能会造成大量死亡</td></tr>
<tr><td>建筑物倒塌</td><td>4</td><td>建筑完全损坏。
建筑修复不可行</td><td>主、次结构构件失效或遭受重大破坏，导致建筑物倒塌。
建筑物不可修复</td></tr>
</table>

[改编自 Goodrich 2006 和 Hinman 2011]

对于外围办公室的人员，玻璃窗碎片也被发现是一种危险。因此，受到冲击波影响的墙壁没有窗户本质更安全。位于内部办公室而不是外围办公室的人员不太可能受到窗户或墙壁碎片的伤害。将文件柜这样的高大家具进行固定以降低人员风险，在爆炸超压区域，可以对旧建筑中的窗户进行适度的更改设计，例如在窗户上涂上防碎薄膜，并为窗框提供额外的支撑。

在对工艺单元和工厂运营支持性设施(如工程、操作、维护和公用工程)进行布置时，结构定位和建设影响因素包括：易燃物质的类型和数量、物质泄漏及点火后的影响区域，每个结构的预期使用者，以及它们在工厂内的位置。虽然基于风玫瑰图的盛行风可以帮助确定工艺单元的位置，但大多数位置的风玫瑰图显示，在任何给定时间，风可以向任何方向吹。通过合理设置结构的朝向是减少超压荷载的一种最佳实践，例如，将消防车库的门朝向远离潜在的爆炸超压的来向，进而避免超压对门造成损坏。工艺设备周围的结构设计成部分开放式，能够保护周围区域免受爆炸碎片的影响。表 5.6 总结了这些因素，并在第 6 章第 6.5.1 部分(VCE)和第 6.5.2 部分(粉尘爆炸)中对工艺单元内的设备位置进行了讨论。

表 5.6 应对蒸气云爆炸(VCE)风险的结构位置因素和设计考量

造成 VCE 危害的基本要素	选址和布局评价因素	工艺和建筑设计考虑因素
易燃或可燃物质的释放	释放的物质	库存
形成可燃蒸气云	释放的范围	操作条件
延迟点火	释放的位置	地形
点火	释放时的条件	与工厂高危险区域相关的建筑位置
	天气情况	工厂工艺单元及设备布局
	建筑物位置	区域电气/危险区域类别
	工厂几何结构(限制/拥挤)	点火源
	建筑抗爆性	建筑设计(受限/拥塞)
	部分封闭建筑	建筑朝向
	驻人率	碎片防护设计
	人员位置	人员数量
		周边与内部办公室驻人情况对比
		门的位置
		窗户位置

一般来说，位于超压区域内的控制室，应采用防爆设计，在朝向工艺区的一侧应尽量避免或减少设置门窗，所设置门窗必须防碎。由于 VCE 的超压随爆炸距离的增加而迅速衰减，因此工艺单元与驻人或布置关键设备的结构之间留有更大的距离有助于减少潜在后果。多米诺效应可以通过以下方式降低：

- 设计主动和被动缓和系统，如抗爆设计。
- 设计主动和被动消防系统以承受爆炸超压。
- 限制设备基础和支架的结构响应，以尽量减少管道和设备破损。
- 提供部分开放式的结构，将工艺设备包含在内，以保护周围区域免遭碎片打击。

5.13.1.4 应对火灾风险

与火灾危险相关的因素不如与 VCE 相关的因素复杂。与降低 VCE 风险类似，火灾风险可以通过预防和消除其他关键设备或结构附近的潜在聚集区域的方法来管理。因此，结构与潜在释放和聚集区域之间的相对位置至关重要。解决火灾风险的 ISD 原则包括减少库存、为潜在释放点/液池重新选择位置、降低工艺处理条件以及控制点火源。表 5.7 总结了处理火灾风险时的考虑因素和设计考虑，并在第 6 章第 6.5.3 部分中讨论了工艺单元内的设备布局。

表 5.7 应对火灾风险考虑的结构位置因素和设计考虑

产生火灾危险的基本要素	选址和布局评价因素	工艺和建筑设计考虑
易燃或可燃物质的释放	释放物质	库存
轻微阻塞	释放尺寸	操作条件
延迟点火	释放位置	地形
点火	释放条件	建筑物分隔
燃烧产物	天气条件	相对其他结构的位置

续表

产生火灾危险的基本要素	选址和布局评价因素	工艺和建筑设计考虑
最小火焰加速度	建筑位置	排水和围提位置
	液池位置	区域电气/危险区域分类
	建筑通风	点火源
	建筑防火	有毒气体
	驻人率	建筑设计
	出口路线	人数
		门位置
		窗户

当确定工艺区块的位置时，工艺区域与驻人结构和存有关键设备的结构之间必须有足够的距离。与处理 VCE 类似，加大工艺区域和主要设备(如含有易燃物料的罐)之间的距离，已证明可以减小火灾损坏和人身伤害的程度。

增大距离也有助于降低多米诺效应。在后续的设备或结构失效可能加剧火灾情况之前，混凝土支架或防火材料已经证明能够提供灭火时间(CCPS 2003b)。利用排水沟或“液芯”渠将液体从设备或结构中引导出来，可以减少火灾损失，并将物料容纳区域远离结构和工艺区域，减少对其他区域的影响。如果这些沟渠没有被覆盖，设置三分之一的开口面积即可有效遏制并防止火灾传播[NFPA 15，图 A. 4. 4. 4]。

请注意，在确定工艺单元位置时，考虑根据风玫瑰图得出的主导风向，正如对 VCE 所讨论的，也有助于降低火灾风险。然而，大多数位置的风玫瑰图显示，在任何给定时间，风可以从任何方向吹。

一般来说，结构应具有足够的耐火性设计和建造，以保护结构、人员和设备。虽然防火不需要防爆结构，但 VCE 和粉尘爆炸通常会在同一过程中出现，因此需要防爆结构。如果没有 VCE 或粉尘爆炸的可能性，那么砖石结构是经济有效的防火屏障。减少窗户的数量有助于防止火灾蔓延，必要时，可以安装防火门。

5. 13. 1. 5　*应对有毒物质释放风险*

在考虑有毒物质释放风险时，影响工艺及结构选址的因素集中在降低对人员的风险上，与 VCE、粉尘爆炸或火灾相比，有毒物质释放更依赖于天气和地形条件。天气因素包括风速、风向、大气稳定性和温度。在某些情况下，物质燃烧时会产生有毒蒸气。不管是易燃的还是有毒物质，地表粗糙度都会对释放物的扩散产生影响。表 5. 8 对这些因素进行了总结，并在第 6 章第 6. 5. 4 节讨论工艺单元内设备布局时讨论了这些因素。

因此，根据释放的有毒物质的类型不同，驻人结构的设计和位置、驻人情况及其空气处理系统成为降低人员风险的主要因素。对参与工厂运营的现场或建筑内的工作人员采取的风险降低措施包括减少有害物质库存量和维护设备完整性。

其他缓和有毒物质释放风险的措施包括检测到外部出现有毒物质后降低建筑物的空气交换/周转率，使其能够作为急性毒物释放的合适庇护(避难)所。在进行建筑设计时，可以采取减少渗透的各种措施，包括对门、窗、门廊周围进行充分密封；对墙壁穿孔部位(如导管、管道)、紧闭的壁式百叶窗进行充分密封，以及对屋顶的穿孔部位进行密封。正确的暖通空调设计包括消除外部补偿空气，增加补偿空气自动关闭功能以防止有毒物质渗入，并将空气入口定位在更安全的位置(例如，高于地面和远离潜在释放源)。设计通常包括在建筑物外部进气处进行泄漏检测，以便于早期预警；使用炭或其他吸收剂过滤外部空气，对建筑物进行正压增压(配置失压报警，或在紧急情况下使用瓶装空气)。文献[CCPS 2012B，UFC 4-024-01]中描述了庇护所的其他建筑设计。

表 5.8 应对有毒物质释放风险考虑的结构位置因素和设计考虑

产生火灾危险的基本要素	选址和布局评价因素	工艺和建筑设计考虑
有毒物质的释放	释放物质	库存
扩散范围	释放尺寸	操作条件
无点火源	释放位置	地形
	释放状况	主导风向
	天气状况	建筑物分隔
	建筑位置	与工厂高危险区域相关的建筑位置
	建筑/空气处理系统在防止气体渗透方面的设计	气体渗透
	驻人率	空气处理系统设计
		人数

此外，在有毒物质释放时，室内和室外人员附近应配备有足够的装备，如个人防毒面具或逃生口罩，并且人员应该有能力和时间逃生或到达安全避难所。较大的工厂可能需要有多个安全避难所，以确保人们能够及时到达其中的一个。位于显著位置的风向袋可帮助人们在有害物质释放时选择最佳逃生方向。

5.13.1.6 应对多米诺效应风险

当一个工艺单元或储存区内的事故蔓延到另一个区域时，会产生多米诺效应或连锁效应，造成更多的危险物料失控，并且由于更多的有毒物质释放、更严重的火灾和爆炸(例如，火灾中的容器发生蒸汽膨胀爆炸)引起进一步的人员伤亡伤害和损坏，导致事故后果扩大。在可能的情况下，最简单的解决方案是在定位危险工艺区域时，加大潜在源和受影响目标之间的间距。请注意，主动和被动消防系统的设计必须能够承受潜在的爆炸超压，以便它们能够可操作并有助于减少随后的火灾损坏。第 6 章第 6.5.5 节提供了有关多米诺效应或连锁反应效应的其他讨论。

5.13.1.7 应对安保风险

关键响应人员或设备所在的结构(如消防站)可能面临安保威胁。可以通过一些措施将这些风险最小化，如控制进入、车辆撞击保护以及结构加强(如有必要)。与安保和可访问性相关的风险应与其他风险相平衡(CCPS 2003a、CCPS 2008c)。例如，控制对结构的进入可能会提高安保水平，但如果该结构也打算用作安全庇护所，则可能会降低安全性。

案例 5-4 说明了如何使用风险分析来指导工厂内结构的布局。

<u>案例 5-4：基于风险的评估，重新确定结构位置</u>

一家炼油厂决定新建液化石油气(LPG)处理工厂和加压液化石油气储罐。他们对拟定位置进行了分析，以确定新的液化石油气设备是否对现场和场外人员存在风险。

后果分析包括工艺单元蒸气云爆炸、闪火、池火、喷射火、球罐灾难性失效和容器

BLEVE'S(沸腾液体膨胀蒸气爆炸)。这些信息被用来定性地确定与项目相关的风险增加程度。下面是对一些评估的场景和后果的描述。

丙烯装置管道失效——这个场景假设一个4in(10cm)的孔导致丙烯释放和随后的蒸气云爆炸。虽然爆炸冲击了最近的结构，但其防爆设计足以保护人员。然而，如果释放导致喷射火，喷射火也会对该结构造成影响。此外，导致喷射火的故障预测频率通常不可忽略。因此，需要为该结构重新选择位置。

BLEVE——这个场景假设火焰直接侵袭丙烯球罐，球罐发生了BLEVE。通过计算产权边界处的热辐射水平，可以得知该场景也会对场外产生较小的影响。通过定性地判断可知，考虑球罐到社区的距离，BLEVE产生爆炸形成的场外风险很小。现场风险也被认为是很小的，因为BLEVE需要几分钟的时间才能形成，工厂人员将接受相关培训，能在球罐失效之前就疏散到安全位置。

球罐灾难性失效——该场景评估了一个丙烯球罐发生灾难性失效以及由此产生的蒸气云后果。虽然在这种情况下会形成一个非常大的可燃云团，但由于危险区完全处于1mile(1.6km)的产权边界范围内，因此不会产生预期的场外影响。但是，如果产生的蒸气云向最近的工艺区域移动[大约650ft(200m)]，则可能会导致爆炸或火灾。这种场景发生的概率被确定为非常低，间距被认为是适当的。

基于这些分析，认定丙烯装置和丙烯球罐的拟定位置不会显著增加现有的现场和场外风险，但是需要对前述受到喷射火场景影响的结构进行重新定位。

案例5-4中的教训：应使用风险分析帮助量化后果并确定潜在的预防和缓和措施。喷射火后果促使其中一个结构的重新定位。球罐失效，因其发生概率低、风险小，不作为改变布局的依据。

5.13.2 过程控制建筑

过程控制建筑内包含监控和控制工艺过程所必需的设备和办公室。如果中央控制建筑包括分析实验室或厨房，应考虑设计防火墙将这些区域与过程控制区域分开。此外，对于位于危险区域的控制建筑，不应在其上方或下方安装设备(例如，屋顶空调系统或下方的开关设备室)。对于中央控制建筑包含应急控制中心的情况，应对建筑物的位置和紧急情况下进入应急控制中心工作的人员的位置进行评估。尤其是，进入应急控制中心响应事故的人员是否必须通过事故所在区域或应急活动所在区域(例如，通过火灾或有毒物质释放影响区域)？

工厂可能存在四种类型的控制建筑：

(1) 中央控制大楼——该建筑监控着一个工厂的大部分。它的失效将导致停车或影响紧急情况下的安全停车。

(2) 多单元控制大楼——该建筑监控几个工艺单元。它的失效将导致工厂部分关闭，但不会导致整个工厂紧急情况下的关闭。

(3) 工艺单元控制大楼——该建筑专门用于一个工艺单元。其失效将导致工艺单元的关闭，但不会影响工厂内的任何其他工艺单元。

(4) 远程控制建筑——这座建筑复制了主控制室全部功能的一部分，但位于更偏远的位置(无论是出于后勤还是应急考虑)。

对于较小的工厂，主控制建筑可以仅监控单个工艺单元。在这种情况下，可将控制室视为一个单独的单元控制室，在定位该建筑物时需要考虑业务中断风险。

应将控制类建筑与设备和含有危险物质储存场所分开，如与易燃物质储存场所分开(减少火灾暴露的后果)和与有毒物质储存场所分开(减少有毒暴露的后果)。中央和多单元控制建筑应远离可能发生火灾和爆炸破坏的区域，因为控制建筑的损坏可能导致工艺单元控制的失效，进而可能导致多个工艺单元的停车。

需要对控制建筑进行安全避难性能或抗爆性能评估，或将常规控制建筑置于不需要考虑安全避难或抗爆的区域。如果建筑物位于危险区域，应通过后果影响研究或定量风险评估(QRA)进行有毒物质释放和爆炸影响分析(见第5.2节中的简要讨论)。如果控制建筑受到影响，应将缓和措施作为其设计的一部分。对于有毒物质的释放，缓和措施包括送风、空调系统增压或空调系统关闭。应急响应方案应该包括应对这些危险措施。

在布置控制建筑时，应确保相邻道路可以作为紧急通道使用；在必要的情况下，如果控制建筑布置在工厂边界附近，还要确保安保性不会受到影响。保险起见，可以实施额外的安保措施，控制工厂边界处控制建筑的人员出入。

5.13.3 简易房

简易房意在使人员可以在更靠近卸载作业的地方处理文字工作、放置分析仪器、进行轮班休息(例如，更靠近工艺单元的水化“降温”场所)，或为人员遮风挡雨。其结构可能只有三面墙和一个屋顶，没有窗户或门。由于简易房不能保护人员免受火灾、爆炸或有毒物质释放的影响，因此在工艺单元中确定其位置时应注意使其保持风险中立(即，在与危害相对距离相同的情况下，与没有简易房相比，简易房的存在不会增加人员的风险)[CCPS 2012b]。本指南附录B中规定了的基于火灾后果的安全距离。基于爆炸和有毒物质释放的安全距离应通过工厂选址研究分析确定。在危险区域附近布置这些驻人结构时，必须考虑对人员的风险。

5.13.4 防爆建筑

通过结构设计来承受爆炸荷载，同时降低结构损坏，并在爆炸发生时保护人员或设备的建筑物被称为防爆建筑物。这些建筑的设计、建造和维护必须符合基于公认良好工程实践的防爆标准和指南，以保护建筑内人员和位于爆炸超压区域内的关键设备。[2010年ASCE, UFC 3-340-02]。当风险分析确定位于爆炸区的驻人结构不足以保护人员免受爆炸危险时，要么必须对结构进行加固(改造)、重新安置人员，要么对危险源进行控制[AISC 2013、ASCE 2010、Dusenberry 2010和在第6章第6.6节有额外的讨论]请注意，标准防爆建筑结构的设计可能不会保护人员免受其他类型的危险，例如释放引起的喷射火(会对结构产生热冲击)，或在建筑物周边形成的池火灾。

5.13.5 其他建筑

对工艺单元操作不重要的建筑物可能包括行政或工程办公室、仓库和实验室。这些驻人建筑物应位于可能发生有毒物质释放、火灾或蒸气云爆炸的区域之外。在确定工艺单元与外部建筑之间距离时，应综合考虑当地建筑规范、NFPA或类似规范、标准或指南等。确定建筑物的位置时，应确保建筑物有两条紧急通道。可行时，这些路径应位于建筑物的相对两侧，且其中一条路径是远离危险源的方向。通过工厂选址研究，可确定基于潜在有毒物质释放和爆炸的安全隔离距离。如果现有建筑处于有毒物质释放或爆炸损坏风险中，则需要进一步评估，以便升级到避难所或防爆建筑。如果现有的驻人建筑物无法升级，可能需要新建筑来重新安置人员。

5.14 物料输送

根据操作的需求，原料、中间体和产品将在工厂内来回移动以及进出工厂。本节首先讨论了潜在的现场和场外物料运输问题，然后介绍了布置输送泵、管道计量站、管道、地下管道、卡车和铁路装卸架以及水上平台和码头的考虑因素。本节最后简要讨论了与其他特殊运输相关的问题。

5.14.1 现场运输问题

对于工厂内的运输路线，可通过为办公人员和危险品运输提供单独的道路来降低现场风险。这包括安排办公室人员行走路线远离危险工艺单元，以及安排危险物料运输路线远离办公室和行政大楼。从主要运输路线到安全门应设置入口，由此可将潜在危害最小化。可行时，考虑限制进入临近危险区域的现场道路。

总的来说，现场危险品运输风险管理包括以下管理方法：

- 控制工厂和物料装卸区域的入口；
- 降低工厂的限速；
- 缩短运输路线的距离；
- 选择远离人口密集或关键区域的运输路线。

在可行的情况下，设置双向紧急响应通道，并且尽量减少穿越相邻工艺单元的路线。通道不应设置在管道、设备或其他结构的下方，也应该避免堵塞情况(例如，铁路轨道上的轨道车)。工艺单元周围的通道应该可以进行紧急疏散，便于消防工作，可以用作防火道，并可增加设备组之间的间距，从而减少潜在的爆炸超压损坏。

用于大型油罐车称重、装载和卸载区域的道路不应出现急转弯，其设计应尽量减少卡车在该区域的倒车需求。虽然急转弯会给卡车和其他车辆的事故带来潜在的风险，但也存在安全权衡。辅助安全停车和急转弯防止未经授权的车辆超速进入工厂。

施工阶段应审查工厂内和周围的运输路线，因为车辆是潜在的火源。如果新项目增加了现有工厂的交通量，请考虑工厂道路上的路线和潜在交通量。路线被管理有助于通过减少相邻街区的风险，最大限度地降低事故的后果。

评估如何使用叉形起重机和叉式运货车在工厂内移动物料。这包括运输原料、产品、托盘、大型集装箱和 1t 国际标准化集装箱。

5.14.2 输送泵

输送泵容易泄漏。对于罐区，如果处理易燃液体的输送泵不在工艺单元的周边范围内，则它们应位于储罐堤防外的各自堤防内，并溢出至储罐堤防区域。这些输送泵应与主变电站和单元变电站分开，以减少潜在的火灾风险。处理剧毒物质的储罐输送泵应位于罐区围堰区域内，或在泄漏时有自己的收集区域。

5.14.3 管道计量站

管道计量和清管站可能发生泄漏。为降低风险，含有有害物质的管道计量和清管站应尽可能远离居民区、潜在火源和敏感环境区域。确保为计量站预留最小围栏区域，必须认识到一点，可能在计量站周边没有足够的空地，这些空地可以作为真发生泄漏时的缓冲区。如果危险品管道计量站位于农村地区，则必须根据释放的危险品类型，考虑检测、应急响应和社区警告规定。清管站端盖不应朝向居民区或高度敏感的设备。

5.14.4 管道

管带、管廊、管夹或管桥包括支撑输送工艺物料管道、电力导线和仪表电缆槽的结构。管道可能包含危险和非危险的工艺物料或公用设施，如冷却水和蒸汽[例如，ASME B31.3-2014]。在设计管道时，要考虑将含有不相容物料的管道进行分隔。同时还要考虑设计电缆管道或为仪表电缆提供专用管道。

工艺单元管道位于装置周边，在装置工艺设备之间传输物料。主管道用于将物料从工艺单元管道输送至储存区或公用设施区。主管道通常是高架的，但可能是水平的。主管道应位于工艺单元周边以外。此外，为了将管道易受外部影响的可能性降至最低，管道路线应尽量少地穿过主要道路，管道高度应为应急设备提供足够的净空。

请注意，如果在同一管道上设置许多管线，则会出现更高的管线密度和管线堵塞，从而增加与潜在蒸气云爆炸超压相关的后果和风险(见第6章第6.4.2部分中的讨论)。如果使用单独的管廊，事件升级的可能性和事件后恢复所需的停机时间长度都可能减少。例如，对于不相容物料，可以通过分离产品和公用设施之间的管道或通过专用管道分离混合时能发生反应的物料来降低风险。

5.14.5 地下管道

影响地下设施位置和走向的因素包括地形、地下水、现有地下设施、土壤条件和当地建筑法规。尽管工艺物料和公用设施的地下管道的布线设计可以在制定工厂的建筑布局后进行，但局部定位的特定位置要求可能需要首先考虑地下管道安装计划。在这种情况下，工艺单元和公用设施的管道设计必须符合计划。

对于绿地项目，必须为雨水、卫生间和工艺下水道考虑单独的管道和相关集水坑，以防止工艺物料与雨水或卫生间下水道系统混合。

一旦确定了地下管道设计，应考虑限制进入下面有地下管道的地面，或为地下管道的位置提供清晰的标识或警告。此外，在设计新工厂的地下系统时，考虑未来扩建的潜力。

在设计和定位地下管道时考虑这些问题：

- 地下管道不得位于结构或重要设备下方。
- 如果地下管道穿过道路、铁路或维护通道，确保管道设计能够承受车辆和设备最大预期负载。
- 更短、更直接的路线有助于减少需要检查和维护的地下管道长度。
- 开放式涵洞或管道隧道可以为检查和维护提供更便捷的通道，但是涵洞和隧道可能成为密度大于空气的气体的地下聚集区。如果使用涵洞或隧道，应评估当地下积聚的可燃蒸气被点燃时对附近工艺或驻人结构的潜在超压后果。
- 了解冬季地下管道中的物料是否可能冻结，并进行适当的管理。
- 在不干扰未来工厂扩建计划的地方设置地下管道。

5.14.6 卡车和轨道车装卸架

如果卡车和轨道车装载和卸载活动是新的或扩展的过程的一部分，那么发生泄漏事件的可能性会增加。因此，在选择装卸架位置之前，必须评估易燃、反应性或有毒物料释放的潜在扩散情况。根据装卸架的位置不同，会产生不同的现场和场外后果[例如，氯轨车释放，CSB 2005x]。

在可行的情况下，将所有液化石油气(LPG)卡车和轨道车装卸架放置在远离储罐和其他卡车或轨道车集结区的位置。装卸架间距应考虑潜装卸架发生泄漏时引起的火灾、闪火、蒸气云爆炸、BLEVEs(沸腾液体膨胀蒸汽爆炸)和有毒释放事件。在考虑增加与道路或穿过隧道的分离距离时，需要注意现场的输送管道，无论管道是在地下还是地面抑或是高架的。

确定需要哪些配套设备，包括高危物料专用采购拖车或轨道车、卡车拖车或轨道车称重标度区、特定加热或冷却站(即，针对有冻结点或稳定性问题的物料设置)以及卡车或轨道车蒸气回收系统(即，针对易挥发物料的卸载和装载作业设置)。要考虑如果存在装卸操作问题，工厂如何应对潜在油罐车通行量和厂内停车量的增加。考虑卡车转弯半径所需的空间(卡车尺寸会有差别变化)和单向路线的需求。

5.14.7 铁路

本指南定义了工厂内或工厂附近的五种铁路线(铁路)：

(1) 通往工厂的铁路干线。这条厂外线路可能是公共的或私人的，并且位于产权边界以外的场外。它可能是州内或州际铁路走廊的一部分。

(2) 现场铁路干线。这些现场线路用于现场运输或储存轨道车中的物料。

(3) 现场铁路支线。这些支线是从现场主铁路短距离的延伸到装卸码头或装卸架。

(4) 现场铁路装载架和平台。这些现场管线位于支线的末端，通常位于工艺单元的范围内。

(5) 现场铁路侧线。这些现场位置可用于放置空车或全轨车。

在可行的情况下，将现场铁路干线与工艺设备分开，并将现场支线置于工艺单元外部。轨道车装载架的位置应确保轨道车在支线上时不会阻塞紧急路线。上文第 5.14.6 部分对轨道车装卸架进行了另外的讨论。

如果铁路侧线被用于在单一位置放置装满危险品的铁路车厢，则需要应对几个问题。首先是现场危险物料的最大允许存量(大多基于法规限制)。此外，轨道车储存线的设计可能会限制易燃蒸气或可燃粉尘的扩散，从而导致 VCE 或粉尘爆炸。当轨道车是易燃物料时，必须为轨道侧线提供防火保护。尽管铁路侧线经常在工厂内，但它们可能与工厂相邻，并由其他人控制。当其他人控制轨道车储存时，必须确保侧线有足够的安全和消防措施。

对于美国工厂，油品和润滑剂(POL)轨道车装卸和储存区的设计受联邦、州和地方环保机构以及州和地方消防局[UFC 4-860-01FA]的监管。在设计 POL 设施时，应联系这些机构，以便将适当的标准和指南纳入设计中。要求可能包括将 POL 装卸和储存区完全围挡起来，在进入该区域的所有轨道上设置安全、受控的入口通道，并锁定行人和车辆大门。这些区域也应采用“停车场”型照明。

5.14.8 栈桥/突堤和顺岸式码头

在确定海上设施位置时，应考虑与海上交通相关的风险。专家应进行海洋研究，以帮助选择栈桥/突堤和顺岸式码头的位置，这其中至少要关注到以下内容：

- 海上设施来访船舶与第三方船舶之间的碰撞。
- 在进入或离港时搁浅。
- 第三方船舶撞击码头/防波堤和停泊处。
- 第三方船舶撞击在泊船舶。
- 第三方码头/防波堤和停泊处被当前海上设施来访船舶撞击。
- 撞击(靠泊过重)损坏码头/防波堤和停泊处。
- 码头/防波堤和停泊处的污染、火灾或爆炸对码头/防波堤和停泊处、陆上设施和邻近位置的影响。

- 转移作业期间的庇护所和其他潜在驻人结构的位置(见上文第 5. 13. 3 部分)。

选择位置时需要考虑的其他设计因素包括：栈桥/突堤和顺岸式码头、船舶类型和数量、拖轮、引航员、泊位数量和停泊策略。文献[NMC 2016]中提供了进行海洋研究的指导(如有必要)。

栈桥、顺岸式码头处和海岸线可能使工厂的出入控制受到挑战，包括工厂周界的长度、最低出勤人数、至工厂作业的距离，不断变化的河流水位/潮位、通航水道的开放观光这些因素。超级油轮单独考虑。

一个好的做法是通过利用不同的码头隔离不同的危险等级。例如，将液化石油气装载设施和汽油装载设施布置在不同的码头上。将处理易燃液体的码头与含有易燃物的设备以及连续点火源分开布置。布置处理有毒物质的码头时，要确保装卸时船舶周围和船舶之间的自然风能够流动。为与船舶装载相关的额外操作(设施)提供空间，如可燃物和有毒物质的蒸气回收系统。

5. 15 工艺单元

本节介绍了危险工艺单元选址时应考虑的一些布局问题。布局团队应评估工艺单元之间的距离，解决模块化问题(如适用)，并验证维护人员和应急响应人员的可达性。此外，还应考虑收货和装运作业以及任何来料加工或特殊作业的位置。

5. 15. 1 位于建筑物内的工艺单元

大多数工艺单元位于外部。在某些情况下，由于气候、毒性潜在释放、气味控制或质量控制问题要求，需要将工艺封闭在结构内(“有房间的”，见上文第 5. 5 节)。当一个流程封闭在结构内时，除了本指南中所提到的模拟以外，还需要进行其他的结果模拟。由于受限问题的加剧，位于结构内的工艺可能会产生不同的后果，并且可能需要不同的屏障(如专用通风系统或防爆板)，并且由于在结构外部会有不同的风险，结构内的工艺单元内需要满足的间距要求与外部工艺单元不同。见第 6 章第 6. 6. 5 部分中的附加讨论。

5. 15. 2 工艺单元之间的距离

由于工艺单元通常代表着非常大的资本投资，因此将危险工艺单元与其他工艺单元分开可能是合适的，以最大限度地减少单个事故造成的潜在财务损失。这种隔离可能是一种保险要求。请注意，也可以保证在工厂之间或工艺单元之间有运输危险品的特殊路线。

当相邻工艺单元存在不同类危害时，应使处理易燃物的设备远离相邻工艺单元中的设备。这种分离有助于在相邻工艺单元保持运行的情况下，最大限度地降低因当前工艺单元中的检修维护活动而产生的风险。如果工艺单元是相关关联且同时关闭，则可以缩短设备间隔距离。

在危险源和人员之间增加距离本质上是安全的，然而，人们仍然必须前往他们工作的地方。因此，在工厂内定位工艺单元时，需要解决道路、物料运输方法、车辆、电动手推车、自行车等以及行人交通问题。考虑安全和安全地将潜在危险样品从工艺区转移到质量控制实验室。靠近危险工艺单元周边的道路应限制通行，以减少车辆交通造成不受控制火源的可能性。当车辆在带有易燃物料的工艺单元内使用时，应制定特定的许可协议，例如 LFL 的测试和监控。

5.15.3 模块化

模块化施工有助于降低工程造价，提高施工效率。模块化包括预制、预装配和场外制造技术。场外制造可以在受控程度更高的条件下提供更高质量的制造。但是，工艺单元模块化可能会限制处理危险物料的设备之间的距离，并且由于操作或维护期间的可达性有限，可能会影响工厂的生命周期成本。第6章第6.6.2部分提供了模块化结构的其他细节。

5.15.4 维护可达性

工艺单元内部和周围的维护通道应允许在运行和检修期间使用移动设备和电动工具进行设备维护。在进行块布局时，考虑管道和其他结构支撑下的架空间隙。布置管道，以避免桥式吊车作业造成的潜在损坏。

考虑提供足够的起重机通道，以限制在现有管道和设备上方进行提升作业的数量。避免将设备布置在提升过程需要途经其他关键设备或结构(如控制室)上方的地方，并确保在高架起重机轨道末端提供足够的自由空间，以便将起重机停放在远离其下方任何工艺设备的地方。确保地面能支撑重型起重机。如果工厂有需要特殊重型设备的常规活动(例如催化剂、吸附剂装载等)，需要考虑为静态负载提供永久性硬支撑铺面。

请注意，室内工艺区也可能存在额外的维护可达性问题。例如，在移除管壳式换热器中的管束时，不论换热器在建筑物外部还是内部，建筑的墙壁之间都必须留有足够的空隙。

5.15.5 应急通道

工厂区块布局应至少从两个方向向工厂内的所有工艺单元区提供紧急通道，而不穿过其他工艺单元。应急通道应至少宽20ft(6m)，且不应穿过管道、设备或其他结构。通道也可作为防火屏障，通过在含有易燃物料的区域之间提供间隙，有助于减少火灾蔓延到其他区域的可能性。

5.15.6 装运或接收操作

当所有运输需求集中在一个或多个中心位置以服务整个综合体时，装载、包装和运输操作通常更经济、更高效，并且可以减小安全和健康风险。但是，有时需要在现场或工艺单元内提供装载或装运操作。以下是关于现场装运和接收操作位置要考虑的事项：

- 在工厂边界上布置装运或接收区域。
- 为工艺设备区外的卡车、叉车或轨道车提供通道。
- 确保卡车和轨道车在装卸或待命时不会阻塞操作通道、维护通道和紧急通道。
- 为卡车和其他用于装卸的车辆提供足够的空间，确保它们不会影响工艺单元中的工艺或储存设备。
- 确保铁路运输区域与现场储存罐和工艺设备之间有足够的距离。

5.15.7 特殊和外包业务

如果工厂要与特定的第三方共享厂区，那么需要解决出入口、安全和应急响应问题。如果无法使用主现场入口，并且第三方的操作符合安全位置，则工厂的总体布局可能需要考虑专用入口，以及总体布局内的间隔距离。第三方运营的例子包括工业气体制造商和公用工程资源供应商。

如果危险品要在一个单独的位置处理，例如在转移、混合、填充或重新包装操作时，也应评估单独操作的位置。如果新工厂和特殊作业地点之间需要额外的运输物流，则必须审查运输路线，以确保危险品在不同地点之间的安全运输，可能包括预先确定的指定危险运输路线。此外，如果独立地点由外部第三方管理(“外包”运营)，则第三方必须遵守危险品安全处理条例。需要向收费运营商提供所有安全信息和管理系统要求。相反，承包商也必须为新业务提供自己的安全信息。

5.16 罐区

罐区的布局需要考虑地下和地上的储罐。本节简要回顾了如果新的地下储罐将位于工厂中，必须解决的一些问题。本节的其余部分讨论了在工厂罐区区块内定位地上储罐时应考虑的区块布局问题。

5.16.1 罐区位置

如果厂区外有排放，则在河流附近布置油罐区可能会造成问题。有些情况下，河流附近的储罐发生泄漏或破裂，会导致下游城市关闭供水系统，直到有害物质被清除[例如，CSB 2009D]。许多规范、标准和法规要求罐区围堰/堤防内地面进行防渗设计，防渗方法的选择是监管部门的一个潜在研究项目。

典型的围堰设计可能并不考虑储罐灾难性破裂引起的如下现象，即释放物料会冲入围堰形成翻涌，液浪超过围堰高度。因此，这些储罐的设计应考虑潜在的危险物质溢出，并应提供额外的缓和保护措施，例如较高的围堰。众所周知，“波浪溢出”也会增加池火灾扩大的可能性。

当河流驳船卸货罐的最佳位置靠近河流时，也应认识到需要更细致的防溢保护。如果油库位于海港附近，一些公司要求双壳容器来运输危险品。

5.16.2 地下储罐

地下储罐的释放问题包括释放源、如何检测可能导致土壤或地下水污染的排放以及如何清理污染。这些“潜在危害”是图5.1所示区块布局流程图第2步的一部分。由于释放事件的三个主要来源是：(1)输送管道/软管故障；(2)未受保护的储罐和管道腐蚀；(3)溢出和过度充装，所以工厂应能够快速检测和最小化土壤和地下水的污染，并应确保在发生事故时对污染进行充分清理。地下储罐的生命周期必须解决：罐的设计、制造、安装、操作、维护和最终关闭。本出版物出版时，美国环保局已制定了地下储罐寿命周期的推荐规范和标准清单(详情请参考附录A表A-7[EPA 2015b])。

5.16.3 地上储罐

对于地上罐区，装有易燃物料的储罐通常按装有类似易燃特性物料的罐组排列。这种安排隔离和分离了风险，并可以对消防设备和系统进行优化。装有易燃物的储罐应位于潜在火源的下风处，考虑风玫瑰图和最有可能的风向，以帮助在发生泄漏时将着火风险降至最低(见第4章第4.9节)。可行时，将气态的和易燃(例如，LFG、液化天然气和液化石油气)储罐区彼此分开并和工艺单元分开。如果其中一个区域发生火灾或爆炸，可以降低额外的影响和储罐损坏的风险。

在确定储罐储存区域的位置时，应考虑储罐火灾的热辐射影响。热辐射可能会影响邻近的储罐或邻近区域。储罐之间的间隔距离取决于储罐的尺寸、类型、隔热、筑堤和内容物。额外的隔离措施适用于加压和冷冻碳氢化合物储罐。在第6章第6.4.4部分中讨论了建议的罐与罐之间的间距，并在附录B中予以提供，针对潜在的火灾情形。

提供的围堤可以收容储罐溢出物料，同时能最小化火灾蔓延到相邻储罐或区域的可能性。每个堤防区的储罐数量和堤防尺寸影响着罐区的布局和隔离距离。堤防布局的一种选择包括设计较小的堤防，这些堤防包含较小的溢出物，并且可以将较大量的溢出物引导至适当尺寸的远程蓄水区。有关堤防和远程蓄水要求的指南，请参见文献[例如，NFPA 30]。在某些情况下，法规对筑堤也有要求[例如，OSHA 1910.106]。

大型储罐会对工厂造成明显的安全风险，因为它们易于识别，通常位于现场边界的交通量较低的区域。尽管控制人员进入储罐区可能有助于降低风险，但是由于储罐的尺寸比较大，如果储罐位于工厂周边，就很难将其隐藏起来，避免其成为明显的目标。因此，具有更严重后果的储罐，如含有 LFG、LPG、液化天然气或毒素的储罐，应在考虑到综合因素(如上文所述)后，远离工厂周边。此外，含有不相容物料的储存罐应分组放置，以避免内容物意外混合。

考虑将工艺单元中的变电站、远程仪表室和控制室暴露于罐区火灾的潜在后果。

虽然工业规模的沸溢很少，但储存原油或其他具有沸溢特性产品的罐应该被识别出来。应将沸溢危险有效地传达给应急响应人员。参考灾难性沸溢事件的案例研究(第 4 章第 4.8.1 部分，案例 4-3)。

将含有易燃物料的球形、圆柱形压力储罐、冷藏罐和低温储罐与工艺单元设备和连续点火源(如火焰加热器)分开布置，将这些储罐远离点火源，置于下坡和下风位置。

对装有冷却易燃的，在环境条件下能超过闪点的液体的罐，应进行彻底的后果分析，以确定含浓度超过物料 LFL 的云的扩散距离。

堆土法(覆盖土、沙或蛭石)可用于加压储罐，以降低 BLEVE(沸腾液体膨胀蒸气爆炸)的风险。这种方法有助于减少所需的间隔距离，有助于降低“不太明显”目标的安全风险，并防止飞行碎片或抛射物危险。

当水平圆柱形容器发生故障时，可以沿着其朝向的方向发射壳端，因此不要将这些容器的纵轴指向办公室、车间、工艺单元、应急响应设备或居民区。如图 5.8 所示，容器碎片可以被抛到很远的地方。历史数据表明，在 BLEVE 中，20 美吨(≈18t)的容器碎片可被抛到 3900ft(1200m)的高度[Skandia，1985]。

[引自Baker 1983]

图 5.8　从新奥尔良市 BLEVE 事故中抛出的轨道车碎片

5.17 其他区域

本节提供了其他区域(建筑)方面的指南，这在确定工艺单元建筑时应考虑到，如火炬、工厂支持操作、废水操作、有毒和反应性化学品储存、压缩和液化气体卸载和储存、应急响应设施和消防培训区。

5.17.1 火炬

火炬的主要功能是利用燃烧将易燃、有毒或腐蚀性气体转化为无害化合物。这些火炬包括地面火炬和火炬塔。请注意，热氧化剂也可用于转化这些化合物，但热氧化剂的技术和放置限制较少。火炬用于环境控制中持续的过量气体流动，以及紧急情况下的大量气体涌动。火炬的正确位置取决于火炬类型、火炬高度、燃料负荷、烟雾、噪声、亮度以及对周围区域和设备产生的辐射热水平。

火炬和产权边界之间的间距可能由当地法规决定，包括潜在噪声或亮度水平的限制(见第4章第4.13.6部分和第4.13.7部分)。此外，热辐射距离可能影响间距。文献中提供了一些测定噪声、亮度和热辐射水平的方法[例如，API Std 521、API Std 537和API RP 756]。

火炬设计必须考虑空间的可用性、火炬气体的特性、初始投资、运营成本和任何公共关系问题。特别是，如果可以从居民区或通航水道看到火炬或听到火炬运行的声音，那么公共关系可能就会成为一个影响因素。有些火炬需要遵守限制排出速度的法规，同时有些地方也将此要求扩展到了“紧急情况”中。例如，当前美国环保局的法规包括用作挥发性有机化合物(VOC)排放控制技术的管道火炬[EPA 2015a]。

火炬塔周围的“安全隔离区”是指人员必须穿戴适当的个人防护设备(PPE)的区域，如安全帽、带袖口的长袖衬衫、工作手套、长腿裤和工作鞋。对于火炬烟囱，隔离区需要应对烟囱底部液体泄漏引起的闪火、来自火炬气中液滴的燃烧散落物以及火炬火焰熄火再重新点燃引起的爆炸。在某些情况下，可能需要额外的耐热服，例如消防隔热服(又叫作消防隔战斗服、火灾事故服或消防服)。适当的个人防护装备可以最大限度地减少皮肤直接暴露在热辐射中。

在未对风险进行评估的情况下，不要将人员和设备放置在安全隔离区。在可行的情况下，布置一个比所需最小值更大的隔离区，以适应未来由于工艺修改、增加新设备或增加火炬的要求而增加的火炬负荷。根据模拟得到的火炬周边热辐射影响图，尝试为附属火炬分液罐(可能含有易燃物料)合理定位，确保操作和维护人员能够安全操作，且能够免受热辐射伤害。

尽管隔离区通常是基于“地面”热辐射距离而设置的，在定位火炬时，仍需要考虑邻近有高处操作区域、甲板或高处逃生路径的工艺单元。辐射到这些高层区域的热流可能会损坏设备和仪器，或因高温阻止了操作或维护人员的进入。由于某些紧急火炬事件可能持续数小时或数天，因此火炬事件可能会对附近机组的运行产生不利影响。

将火炬安置在储罐和处理易燃物料的工艺设备的“上风向”，以降低释放时的着火可能性。工艺设备与火炬的距离取决于火炬高度、火炬负荷，以及允许的热辐射水平、照度水平和噪声水平。这些负荷水平对应的距离可以基于后果模拟或计算方法得到。考虑从火炬塔尖随风吹出的余烬点燃其“顺风”方向结构(如冷却塔)中物料的风险。

除火炬塔外，还应考虑地面火炬和燃烧坑。地面火炬可能被墙壁包围，这有助于减少所需的隔离区距离。燃烧坑通常需要有挖掘区或有围护的区域，以容纳液态烃。燃烧坑如果设计或维护不当，其潜在渗漏可能对地下水供应构成威胁。

案例5-5说明了选择火炬系统设计时可能出现的一些挑战。

案例5-5：不要有光亮……

在某些地方，火炬辐射热水平、噪声水平和亮度水平由标准或法规控制。在一个位于平坦、荒芜地区的石油化工厂中，辐射热和发光度都得到了调节。由于综合体周围地形开阔，因此场外辐射热不受关注。但是，在开阔的地形之外，周围人口稠密的地区海拔较高，即使在远处也能看到地面火炬。为了满足亮度限制，必须设计和建造一个高于正常墙壁的地面火炬。

案例5-5中的教训：由于区域亮度限制，即使是地面火炬也可能需要进行设计修改。

总之，将火炬放置在工艺单元上风向，以最大限度地降低工艺单元释放的易燃蒸气着火的可能性。对于火炬塔，隔离区的设置需要考虑的问题包括塔基处液体溢流引起的闪火、火炬气中液滴燃烧物散落引起的“火雨”以及火炬火焰熄灭后重新点燃引起的爆炸。如果设计成封闭式地面火炬，那么其隔离区可能会大大减小。考虑从火炬塔尖吹出余烬的风险，余烬可能点燃火炬下方的物质。不要将火炬布置在含有易燃物料的设备附近(如储罐、工艺单元和装卸架)。

5.17.2 辅助操作设施

辅助操作设施可能包括以下内容：实验室、车辆加油、车库、机械车间、电气车间、焊接车间、喷砂和材料、供应品和备件仓库。当设施包含不受控制的点火源(例如车辆交通或非本质更安全电气装置)时，将设施安置在工艺单元的“上风”位置，并确定这些辅助设施的位置可以将潜在厂内事故的后果降低到最低。

5.17.3 废水处理

通过分级处理或在工艺区域安装顶盖，可以将废水处理操作的规模最小化。例如，对工厂周边区域的自然排水系统进行改道，可能会减少风暴时的雨水处理量。考虑如何铺砌工厂道路会增加雨水径流流量，或者增加废水处理需求量。废水处理后的出水排放口应设置在渔业、娱乐和公共摄水口下游。当地的法规可能会规定热冷却水回流的位置。

废水处理设施可能存在火灾和毒害的相关问题。例如，处理设施可能使用有毒的氯，处理池中的“细菌”在厌氧消化过程中可以产生能被点燃的甲烷。将处理易燃物料的废水分离器置于远离连续点火源的位置。这种分离可以防止废水分离器的轻微火灾扩散到邻近区域。

5.17.4 有毒和反应性化学品储存

考虑工厂布局时，应评估其中有毒和反应性化学品的特性。由于有毒和反应性化学品的性质差异很大，因此应对有毒物质释放的后果进行危险或风险评估。应制定化学相互作用/反应性矩阵，以解决溢出或泄漏时的特定危害。区域设计时，应注意不相容化学品的分离布置。文献[CCPS 2003c]中更详细地描述了有关如何安全储存反应性物质的其他信息。

5.17.5 压缩和液化气储存

压缩气体和液化气体的储存和处理设施应根据良好的工程实践进行定位和安排。安全防护指南适用于压缩气体和低温流体，包括在便携式和固定式气瓶、容器和罐中安装、储存、使用和搬运它们[NFPA 55]。指南可用于储存和管理氯气(如氯气研究所)。将液氮容器放置在相对不受火灾和机械损伤的区域。如果操作涉及便携式气瓶的充装和储存，则必须将作业区域与处理易燃物品的设备分开[例如，API Std 2510、API RP 2510A 和 NFPA 58]。请注意，有些地方可能需要将压缩气体和液化气体产生装置相联合，这种情况下，要确保气体供应，并查验运输规范和规则。

5.17.6 应急响应操作

在可行的情况下，容纳人员或设备的应急响应建筑应位于潜在火灾、蒸气云爆炸损坏或暴露有毒释放区域之外。这些建筑包括消防站、医疗办公室和应急设备仓库。建筑内集合点、医疗办公室和分诊中心内的地点必须位于有助于保护人员免受有毒物质释放的位置。

5.17.7 消防培训区域

消防训练区可能是潜在的火源，并可能在邻近社区造成烟雾滋扰。消防培训区域应位于能消除此类问题的区域。

5.17.8 其他区域

工厂内可能还有其他区域，如煤堆、垃圾填埋场、剩余设备场、消防水池和设备堆放场。如果距离标准不适用于其他区域，电气或危险区域/区域分类距离可为分离提供依据，或进行危害分析以确定适当的位置(见第 6 章第 6.4.3.3 部分中的 HAC 讨论)。

排污罐可用于处理泄压和应急系统中的液体或有毒液体。尽管目前正在建造的工厂的设计减少或消除了多单元排污罐的使用，但一些较旧的工厂必须解决这些问题及其分离距离问题(案例 8-1)。

5.18 公用工程

通常，水、蒸汽、电力和空气公用工程为多个工艺单元提供或移除能量。公用工程对于工厂的安全运行可能十分关键，公用工程的失效会导致部分或全部工艺单元停车，包括引起控制工艺危害的设备失效。

表 5.9 列出了可能受公用工程缺失影响的设备类型。注意，过程危害分析(PHA)时可能会提出过程安全冗余的要求，所以一些关键公用设施可能有多条线路进入工艺单元[CCPS 2009b]。

表 5.9 公用工程失效期间可能受影响的设备

公用工程	受影响设备
电	公用工程循环泵(如制冷介质、冷却水、蒸汽、热油、燃料)、锅炉进料、冷却或者回流空冷换热器、冷却塔或者助燃空气的风机
	工艺蒸汽压缩机、仪表风、真空或制冷的压缩机
	仪表
	电动阀
仪表风	变送器和控制器(如用于流量、压力、温度、液位等)
	工艺调节阀
	报警和紧急停车系统

续表

公用工程	受影响设备
蒸汽	泵、压缩机、鼓风机、助燃空气风机，或者发电机的透平驱动器
	往复泵
	使用直接蒸汽注入的设备
	喷射器
蒸汽/加热介质	热交换器(再沸器)
	容器夹套
燃料(油、气、等)	锅炉、再沸器
	发动机驱动泵或电动发电机
	压缩机
	涡轮机
冷却水/介质	工艺或者公用工程服务冷凝器
	工艺液体冷却器、润滑油或者密封油
	旋转或往复设备、容器夹套
惰性气体	密封
	催化反应器
	仪表或者容器吹扫、惰性环境

请注意：信息编译自 API 标准 521 表 7。

将主要供应部分(例如产生蒸汽发生器所在建筑)布置在远离易遭受洪水灾害的地区以及处理易燃易爆物料的工艺单元、罐区和装卸区，以帮助减少公用工程失效的危害。同样的，定位电力变电站或者远程仪表室等公用工程时，使其远离工厂边界，有助于减少潜在的安保风险。进一步关于如何在工艺单元内确定公共工程最佳布局的讨论请参见第 6 章第 6.4.3 部分。

5.18.1 供电

和其他公用工程一样，电力也是至关重要的，因为停电和失去控制能力很快就会导致工厂运行停车。需提供措施保证减缓系统有连续的电力供应，包括设计用于火灾控制的系统。应该要考虑电源线路独立且有冗余，以将停电对工厂造成的风险降到最低。一些公司通过在管架上运行一个高于地面的电源和在地下运行另一个电源来提供冗余。请注意区分危险区域/分区适用电力设备设计需求(参见第 6 章第 6.4.3.3 部分讨论)。

在可行的情况下，电力变电站和远程仪表室不应设置在驻人建筑中，如办公室、商店、或实验室。举例说，如果这些驻人建筑物包含厨房，以往的事故经历证明，厨房火灾会烧毁建筑物，在这种情况下，即使工艺单元本身没有起火，工艺单元也会受到影响。如果无法实现单独布置，可通过防火墙使变电站与结构的其他部分进行分隔，防火墙不得设门或有公用设施槽穿过墙壁，变电站需要有独立的排水和 HVAC 系统。

5.18.1.1 变电站

对包含电力变电站的结构要采取谨慎态度，因为这些结构通常有自己的 HVAC 系统，可能成为人员躲避天气的舒适地方。变电站的设计并不是为了人员驻留。

一个主变电所将所有输入电源的配电系统安装在一个设备上。如果有火灾、爆炸或其他紧急情况时，该变电所能够提供电力以支持工厂应急系统。较大的工厂可能具有专用于一个或多个工艺单元的专用变电站。

在工厂定位主要或专用工艺单元的变电站时，应考虑以下建议：

- 把变电站与含有易燃或易爆物料的设备和/或管道分开布置。
- 如果是位于爆炸超压区的变电站，要设计抗爆炸性结构。
- 在易涝地区的变电站应提高所处位置。

5.18.1.2　户外电气开关支架

除非其他地方法规和标准陈述了更严格的定位标准，否则供给停车或紧急功能的电气开关支架应远离处理易燃物的设备、远离明火加热器(见第6章第6.4.3.2部分)和远离气体压缩机(见第6章第6.7.5部分)。所有电气开关架都应符合电气安装规范和危险分区布局标准(参见第6章第6.4.3.3部分的危险区域/分区分类讨论)。

5.18.1.3　远程仪表小屋

远程仪表小屋是包含仪表和工艺控制设备的全封闭建筑。建筑的损坏会导致它所服务的工艺单元紧急停车。确定这些仪表小屋位置的关键在于：(1)建筑是否会被工艺单元某单一事件破坏(一般只有能引起工艺单元停车的单一事件才需考虑此问题)；(2)仪表小屋损坏对其他工艺单元(前述单一事件不涉及的其他工艺单元)的破坏程度。因此，需要更关注主仪表小屋和多装置仪表小屋的布局和距离，因为仪表小屋的火灾和爆炸损坏可能引起多个工艺单元的停车。请注意，仪表小屋离工艺控制设备距离越远，运行仪表的电缆资本支出越多。

与变电站类似，远程仪表小屋应该远离含有易燃或爆炸物料的设备和管道。通常，仪表小屋不应被人员占用。要注意放置仪表的远程结构，因为这些结构通常有自己的 HVAC 系统，可能成为人员躲避恶劣天气的舒适地方。然而，如果建筑中包含仪表工程师或维修技术人员的工作站，则应作为“驻人”建筑进行评估[CCPS 2012b]。

配备有净化空气入口的远程仪表室，入口位置应适当，不能影响电气设备的危险区域/分区(参见危险区域/分区讨论，第6章第6.4.3.3部分)。其他文献提供了更多信息，[如 NFPA 496]。

5.18.2　供水

确定可能的饮用水源、锅炉给水水源、消防水源、直流冷却水系统水源和工业水源。供水方包括市政供水系统、河水和井水。入口要布置在不会轻易受到不利因素影响的地方，如事故污染、液位波动、盐含量，压力或者流量。当地法规可能会规定取水站的位置。

5.18.3　蒸汽供应

蒸汽可由公用工程、市政设施或现场操作提供。如果是现场生产蒸汽，在优化蒸汽生产和处理区域的位置，尽量减小其受到工艺单元潜在火灾爆炸的危害。蒸汽装置包括锅炉、锅炉给水储存和泵、冷凝水处理设备、锅炉排污管道、余热回收、控制系统和环境保护系统。考虑蒸汽供应相关的危害，例如锅炉爆炸的潜在后果、人员暴露在高压蒸汽中，以及对于现场生产的蒸汽，与汽轮机的潜在超速故障相关的危害。

在工厂中考虑蒸汽生产和分配系统的布局，要参考以下建议：

- 点火设备应和不相关的处理易燃品的设备分开布置，如蒸汽发生器。
- 将含有易燃液体的设备，如燃油日用罐、泵和热交换器与其他公用工程设备分隔开。

- 定位给水泵、除氧器和类似设备的位置，以提供操作和维护所需的足够的便利性。

5.18.4　废热发电设施

废热发电设施包含气涡轮发电机，其驱动利用余热蒸汽锅炉和备用燃料锅炉(如燃烧石油焦)。当确定间距时，需将废热发电设施视为公用工程单元。

在工厂内定位废热发电设施时考虑以下建议：

- 将燃烧设备和不相关的处理易燃物品的设备分隔开，如燃气涡轮发电机。
- 将包含易燃液体的设备，如燃料油日用罐、泵和热交换器和其他公用设备分隔开。
- 定位给水泵、除氧器和类似设备的位置，以提供操作和维护所需的足够的便利性。

5.18.5　燃料气和液体

如果工厂需要专用的燃料气体或液体储存，则供应物应布置在远离其他公用系统和工艺单元，以减少其对工厂的潜在易燃或爆炸风险。

5.18.6　空气压缩机

空气压缩机可以专用于支持安全运行和停车过程所需的仪表。所有空压机应布置在可能易燃风险区域的“上风向”。这减少了被污染空气进入压缩机的可能性，减少了火灾或爆炸损坏的可能性。如果氮气被用作仪表空气系统的备用气源，确保与氮气有关的窒息危险已经用室内位置的设备妥善处理。

5.18.7　公用工程冷却塔

冷却塔的设计有多种类型，包括引气通风、强制通风和自然通风(例如双曲线型)。引气通风类型在制造业中更为常见，而自然通风类型在发电行业中较为常见。

冷却塔的位置会给工厂以及邻近地区的工厂带来问题。在设计和定位冷却塔时，应注意以下问题：

- 冷却塔在工艺中至关重要(例如，保持低压力)，但是其设计不具备很好的抗爆性能。它们可能由木材、混凝土、玻璃纤维或它们的组合制成。相对较小的冲击波可以摧毁冷却塔。
- 冷却塔冷却功能的实现需要吸入空气，因此其也会吸收逸散在周边区域内的(可燃)蒸气。因此，尽管冷却塔本身是湿的，但对于木结构冷却塔来说，其仍有燃烧危险性，因此，应考虑选用能阻止火焰传播的填料。
- 当在一个区域内布置多个冷却塔时，一个冷却塔的排放气(饱含温水雾)会被吸入相邻的冷却塔。这可能会对相邻塔的冷却性能产生不利影响。冷却塔最好的组合布置方式是充分考虑主导风向、适当距离和相对方位，使得塔与塔之间的影响最小化。
- 强制通风冷却塔的位置应与主导风向垂直，以便在较热的天气下最大限度地吸收新鲜空气。这样能使冷却塔顶部排出大量的出口蒸汽，从而减少水蒸气对周围区域的影响。
- 由于冷却塔可能服务于多个工艺单元或者甚至整个工厂，冷却塔的损坏会导致高危害后果以及过长的停工期。工艺单元与冷却塔之间的距离取决于其对塔的潜在危害程度。
- 需要考虑冷却塔水处理化学品储存位置，因为可能与附近的其他工艺单元和物料有相容性危害。
- 空气压缩机、燃烧式加热器或其他在负压下运行的进气管等设备应远离冷却塔可能排放含水蒸气的区域(参阅第 6.7.6 部分中关于进气口的进一步讨论)。

- 从塔排出的含有水的空气形成了雾和云。这可能会降低能见度并阻碍现场和场外的交通。塔产生的湿气可能在较冷的气候下造成结冰条件，可能加速对附近结构和设备的外部腐蚀，并可能在附近建筑物内产生高湿度条件和气味。将冷却塔的位置布置在变电站、管道、道路和工艺设备的“下风向”。
- 如果没有正确水处理，塔的含水空气排出会包含通过冷却塔羽流传播的生物危险(如军团杆菌)。
- 考虑在冷却塔周围预留足够的区域用来容纳租用的冷却塔，以便在更换损坏或毁坏的冷却塔时，维持供水设施的运行(可能是低速运行)。租用塔可以与永久塔使用同一个冷却塔水池。

5.18.8 其他公用工程系统

其他可被视为公用工程或原料的物质包括氧气、氮气、惰性气体和小型专用热油系统。这些物质通过一个公用工程系统分布于全厂设施中，该公用工程系统可由自身公司所有或租用。当布置以上公用工程系统时，要考虑以下方面：

- 租赁公司进入企业对其公用工程系统进行日常维护和检查活动的便利性。
- 对当地公用工程进行装载、再生或清洁的位置，其与工厂内工艺单元、建筑物和道路相关。
- 公用工程位置到工厂红线的距离以及对临近社区或公司的潜在影响。
- 空气分离公用工程系统位置的特殊考虑，其对二氧化碳和烃类化合物等气体敏感。

5.19 优化工艺单元位置

位置优化依赖于公司的风险标准，基于其可以获得“成本效率”最高的工厂位置以及工厂内工艺单元位置方案。通过实施“成本-收益”分析，可以对不同风险削减策略进行比选，进而决定减小分隔间距或者增加分隔间距。“成本-收益”分析中需要考虑的成本包括有形成本(例如现金、设备、操作和维护成本)和无形成本(例如质量问题、生产率损失、违法罚款，损害公司公众形象和其他社会风险)。因为这个原因，在优化工厂内的工艺单元位置时，需要不同专业领域的专家参与。优化过程通过如下小组的合作处理并最小化风险：过程安全、环境、项目、商务、应急响应和安保。过程安全和环境小组确保危险和风险符合公司和法规要求。项目和商务小组管理预算相关的风险，包括设备和工艺单元的制造和建设、安全操作和维护。应急响应和安保小组确保通道便利性问题最小化。请注意，优化工艺单元设备间的间距的方法在第 6 章第 6.8 部分有讨论。

目标是建立一个具有成本效益的项目生命周期的工厂，从在项目开发早期处理所需的更改开始，并在完成施工时最终降低总体运营成本。一般来说，在项目开发的早期，当将单个风险作为整体评估进行处理时，总体风险会更加具有成本效益。当在项目早期提出过程安全、环境或紧急响应问题时，项目将更具成本效益的预防和减排措施。

正如在所有行业中众所周知的，在设计期间(即纸面上)进行的更改比在现场对已制造和安装的设备或结构(即地基和钢)进行的更改容易得多，而且成本效益更高。如果项目处于“快车道”上，早期的多学科参与对于降低项目的生命周期成本至关重要，这有助于避免在施工开始后直到其他小组参与才解决问题而导致的高成本变更。尽管一些公司可能有特定的内部公司指导方针来帮助管理与项目相关的风险，但资料中也提供了额外的建议[CCPS 2012a]。

由于不同小组之间存在相互竞争的目标以及承担不同的风险降低和管理活动，区块布局优化策略难以确定。例如，"优化"的工艺单元布局以减少资本成本(财务风险)可能出现以下与过程安全相关的问题：

- 由于间距有限而导致爆炸超压破坏风险更大。
- 当一个含有有害化学品的工艺单元发生事故，由于多米诺骨牌效应，事故严重性增加，传播到附近的工艺单元(保险业也称为"多米诺骨牌"或"连锁"效应，因爆炸后后续火灾造成的额外损坏，包括初始事件损害设计减小火灾后果的主动和被动消防系统)。
- 由于设计中不包括在线维护所需的设备(例如，备用安全压力阀、备用泵、在线测试所需的系统等)而导致更多的工艺停车。
- 紧急情况下疏散现场人员的疏散路线有限。
- 延长应急响应人员到达事故地点的时间。

在类似单元考虑这些因素以进行优化是可能的，但不是直接的。因此，以最小间距开发的固定规则有助于减少应该优化的参数数量。

虽然可以从参考附录 B 中给出的火灾后果表开始估计间距，但是后果模拟可以帮助确定足够的间距。例如：

- 火灾后果模拟——从火灾涉及的区域估计热效应范围(包括地形，例如区域排水，这可以减少积液池的可能)。
- 爆炸和有毒的后果模拟——估计受潜在危害的扩散和区域(例如，处理从工艺单元到工厂边界的距离；下风向浓度距离；通风安全场所；以及安全避难场所)。
- 基于该模型的财务风险分析——如果距离减小，估计财产损害的成本(包括基于财产损失程度的业务中断成本)。
- 火炬辐射热通量计算模型——根据辐射热通量或火炬安全排热通量计算确定的估算(参见案例 5-3 中的优化示例表 5.4)。

管理和最小化部分操作风险的高效益方法包括将具有相似危害的工艺单元定位在一起，将它们与工厂中的其他模块分离。事故升级是通过在工艺单元之间提供足够的距离来控制的，其中布局要有助于降低与固定保护系统、容纳系统和检测系统等设计和维护相关的成本。这些减小后果的设计是集中在更高风险的设备上，而不是整个工厂。

5.20 解决区块布局优化问题

解决区块布局优化问题取决于工厂的位置和应该解决的风险类型。一旦工厂建立，影响位置选择团队决策的因素也能够影响工厂整体运行的风险。这些包括可用的区域大小、地形、危险类型及其后果，以及工厂周围的企业或社区的类型。如果区域尺寸不足以满足区块之间的最小距离，则新的区块定位将需要额外的预防性和减缓性工程设计，以有效地降低过程安全风险。在这种情况下，可以使用屏障分析来帮助识别这些额外的控制。

因此，如果工厂选址团队在布局之前理解了所需的估计距离，则可以避免额外的昂贵研究。

5.21 继续选址和布局说明

案例5-6继续举例介绍，如第4章的案例4-13一样，通过举例说明如何使用相似风险的主要区块来确定位置3的工艺单元位置。

案例5-6：新石化工厂案例(续)

管理层批准了工厂选择团队对位置3的建议。该工厂位于工业联合园区附近，附近有工业区但没有社区。附近有一个海洋设施，该设施有一个明显的斜坡，有一个干河床，在暴雨期间会变成一股急流。另一项研究已经确定了主电力线沿南部边界线布置。

工厂设计包括以下区块：

- *工艺单元包括：*
  - *乙烯*
  - *低压聚乙烯*
  - *乙二醇*
- *其他现场区域区块包括：*
  - *中控室*
  - *冷却塔*
  - *火炬*
  - *造粒和包装*
  - *储罐区*
  - *维护和仓库*
  - *公用工程区*
  - *办公室(包括行政楼)*
  - *停车场*

正如在第1章第1.2节中描述的方法所指出的，在定位之前，需要评估地形的影响。由于位置3的斜坡影响区块布局，土木工程小组研究了如何最好地管理雨水径流和排水。他们的研究总结了以下几点建议。

- *工厂应分为三层(未开发、上部和下部)，从而允许工厂内不同分区之间有明显高度变化的区域有多样的等级分区。*
- *工艺单元应位于现有道路附近的较低高度(下层)。这允许较高高度保持原状(上层)，帮助降低处理斜坡的建设成本。*
- *应在未受影响的较高海拔和下方作业的高度之间设置导流堤，以将雨水径流引至周边排水沟，从而使通过工厂径流的水处理最小化。*

在识别了工厂的地形问题之后，布局团队处理这些区块，选择如图5.9所示下面描述的布局。注意：为了简化这个案例研究，表5.10中所示的这些区域之间的间距主要基于火灾后果(见附录B)，注意到乙二醇单元中的环氧乙烷已知有爆炸危险[Ainsworth 1991]。将储罐区和工艺单元(相对高风险区域)与公用工程(中等风险区域)和造粒和包装区域(相对低风险区域)分开。

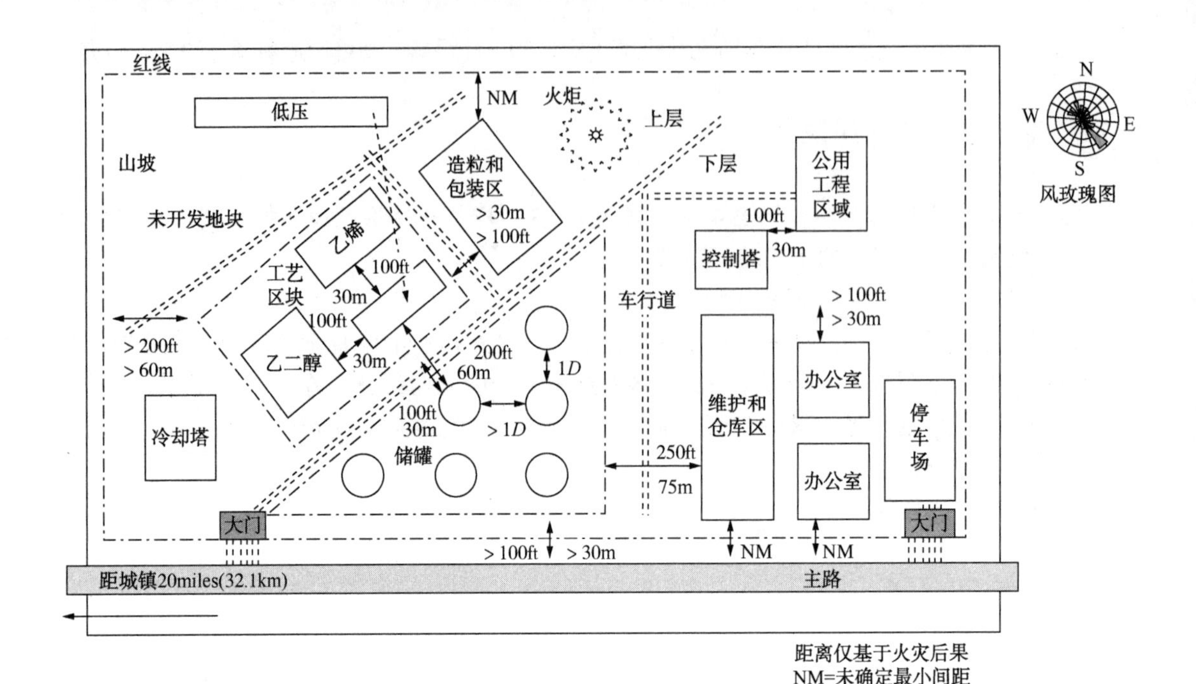

图 5.9　位置 3 工厂结构和工艺单元区块布局

- *火炬位于顶层，这样减少了成为火源的可能性(它位于可能释放源的上部以及横风向)。*
- *储罐区位于最底层，这样可能的溢出不会流到工厂的其他区域。*
- *工艺单元位于火炬和储罐区之间，通过将它们与其他区域分开，帮助降低风险。*
- *现场公用工程区域对安全停车至关重要，远离工艺单元和储罐区(请注意：南边界线较低海拔的主电力线位置有助于指示此例中公用工程位置)。*
- *一旦确定火炬辐射距离，团队将造粒和包装定位在较高海拔。*
- *冷却塔是为服务工艺单元设计的。项目工程团队建议将冷却塔区块定位在和工艺单元相连，以帮助降低采用较长的大直径管线所需的相关建设成本。通过将冷却塔定位在工艺单元的较上层，工艺单元发生泄漏对冷却塔就会产生较低的影响，并有助于降低总体建设成本。*
- *这些办公室，包括行政楼，都位于工厂东南角的下层。基于该位置的风玫瑰图，该位置主要是位于上风向，如果发生泄漏，能减少人员暴露的可能性。*
- *将维修和仓库定位在储罐区和办公室之间。*
- *中央控制建筑位于工艺单元和办公室之间(一个“中心”位置)。根据来自定量风险评估的补充信息[例如，API RP 752]，如果工艺单元发生泄漏，控制室所处的位置不会导致控制室发生结构损坏，或者控制室的人员不会暴露在有毒浓度环境下。*
- *一个工厂入口大门最初位于与主道路相邻的较低层。由于该工厂应有不止一个入口，因此设置了一个附加的门，以便为紧急响应进入和人员疏散提供更好的便利性。*

案例 5-6 的教训：这个案例是一个过度简单化的例子仅考虑火灾的后果，考虑过后确定的每一个位置都有自身面临的挑战。考虑工厂地形之后(环境和地形)，工艺区块策略应用于帮助隔离具有类似风险的主要区块。当安排具有类似风险的主要区块时，基于风玫瑰图和雨水排水的“主导风向”有助于识别潜在的风险。附录B中的表可以用来识别典型火灾案例区块之间的间距，帮助开发工厂布局初稿。如果工艺也有爆炸或有毒释放风险，附录B中初稿的距离在定稿之前需要审核区块的位置。在案例5-6，特别是潜在的爆炸超压风险可能需要更改最后边界线和区块之间的距离(如乙二醇单元和冷却塔之间)。

表5.10 位置3工艺单元区块内工厂结构布置间距汇总表(注：示例仅考虑火灾后果)

		间距(ft或m)-地坪或高层					
		工厂红线	主路(公共通道)	进出通道(围栏线内)	工艺单元边界	储罐之间	公用工程区域
1	工厂红线						
2	主路(公共通道)						
3	进出通道(围栏线内)						
4	工艺单元边界	200ft / 60m B. 1-2		50ft / 15m B. 5-1	100ft / 30m B. 1-1		
5	造粒和包装				100ft / 30m B. 1-1		
6	储罐边界(常压储存，浮动顶，>10000gal，>40000L)	100ft / 30m B. 2-1	100ft / 30m B. 2-2	50ft / 15m B. 5-1	200ft / 60m B. 2-4		
7	储罐之间(常压储存，浮动顶，>10000gal，>40000L)					1D B. 3-3	
8	控制室						100ft / 30m B. 4-6
9	维护和仓储区	NM B. 4-1			200ft / 60m B. 4-1		100ft / 30m B. 4-1
10	办公室	NM B. 4-1	NM B. 4-1		200ft / 60m B. 4-1		

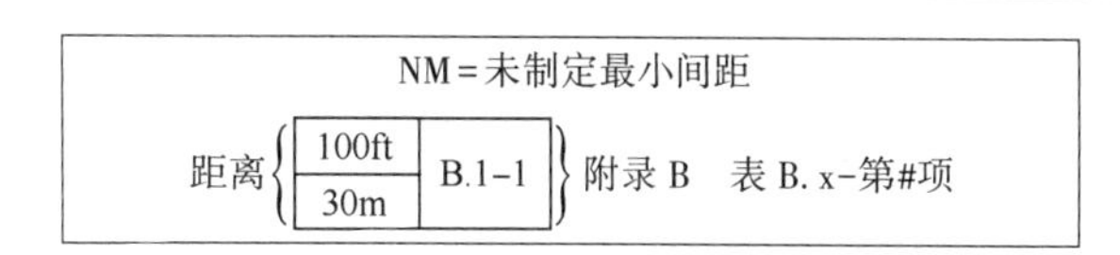

5.22 工厂内选择工艺单元布局清单

附录E包含一个清单，工艺单元布局团队可以用来评估新位置潜在的地理和环境问题。工艺单元布局团队必须识别危险的项目，这些项目一部分是基于通过初始的危害分析得到的危害和风险信息(参见附录C中提供的清单)。

5.23 小结

定位工厂内的工艺单元是一件有难度的事情。当定位工艺单元和其他工厂区块时，可以遵循特定的步骤，这样有助于评估和降低危险物质和能量的事故后果。工艺单元位置安排涉及许多相互关联的因素，涉及专业包括过程安全、环境、项目、商务、应急响应和安全等。预测工厂以及周围社区将来的变化是很重要的，因为可能现在适合，不一定适合将来。

6 工艺单元内设备布局选择

如果不对工厂内的工艺单元及其相应的设备进行战略性布局，重大损失的程度会增加[Marsh 2015]。将每个工艺单元内的设备布局视为整体风险评估的一部分进行考量，可以降低损失的严重性。因此，本章延伸了第5章的区块布局讨论，为设备布局提供了指南。设备布局团队成员应按照第4章第4.3节所述的厂址选择团队成员进行配备。

6.1 概述

本章的设备布局指南包括以下内容：

(1) 工艺危害与风险如何影响设备布局；

(2) 设备布局如何影响操作和维护的可达性；

(3) 在潜在危险区域安置人员和关键设备时，如何使用预防和缓和风险降低策略；

(4) 如何选择工艺单元内处理有害物质的设备各个独立部分之间的间距。

本章最后继续介绍选址过程中的石化设施案例，并在新选址中安排区块时参考。

附录F中的检查表可供设备布置团队在确定工艺单元内的工艺设备间距时使用，帮助他们评估和解决工艺单元内潜在的设备操作和维护可达性问题。

6.2 设备布局方法

本节中讨论的设备布局方法强调的是工艺单元区块内的设备，使用方法与在工厂内布置区块的方法类似。具体如下：

(1) 审查工艺单元的整体危害以及与区块位置相关的问题；

(2) 评估工艺单元内与设备相关的危害，基于可接受的安全距离在工艺单元边界内布置设备。

当存在泄漏风险时，在工艺单元的界区内把危险进行隔离是一项具有挑战性的工作。如前文所述，设备之间的安全距离取决于工艺危害的类型。以下描述的方法旨在帮助减轻由于设备布局而导致的潜在的现场后果，这反过来又有助于减轻潜在的场外后果。与在工厂内布置工艺区块的方法相似，工艺单元内的设备之间间距大都有助于降低工艺风险。图1.2中，工艺单元之间的安全距离被作为屏障⑦的一部分，设备布局设计——其在工艺单元内的间距被作为屏障①的一部分。因此，在对设备大小和占地面积进行估算后，可以在工艺单元的边界内战略性地布置设备，从而降低操作和维护人员以及附近设备的风险。

6.2.1 步骤

在工艺单元内布置设备的步骤基于第1章介绍的策略，与工厂内的区块布置类似(见第5章第5.2节)。

在工艺单元区块内布置设备的步骤如下：

(1) 识别有火灾、爆炸或有毒物质释放危险的工艺单元。

(2) 根据对人员、财产和环境的危害和风险，确定现场和场外后果(包括对减轻潜在后果的本质更安全设计原则的初始应用)。

(3) 确定减少暴露人员或财产风险，满足企业或行业风险标准，达到可接受风险值所需的设备分离距离，包括防火类型。

(4) 验证设备和建筑物之间的分割距离，是否可接受以及是否满足可接受距离标准；如果不可接受，跳转到第(5)步；如果可接受，则跳转到第(6)步。

(5) 当距离不可接受时，对工艺进行重新评估，寻求其他本质更安全设计，重新布置区块内的设备，或识别其他潜在的可以防止场景发生或在事故发生后可以减轻事故后果的工程和管理措施。按照需要，通过重复步骤(2)和步骤(3)，重新评估分离距离。验证设备和建筑物之间的设备分离间距是否可接受、符合距离标准。如果可接受，跳转到第(6)步；如果不可接受，则重复第(5)步。

(6) 在可行的情况下，优化工艺单元内设备之间的距离，减少单元的操作风险。

(7) 将布置结果存档。

图6.1所示的流程图对这些步骤，包括第(5)步的潜在重复可能进行了描述(类似于图5.1的流程图)。从本质上讲，区块布局和设备布置都要应用危害信息以及相应的现场和场外的后果[步骤(1)和步骤(2)]。并使用附录B中提供的火灾后果距离表辅助布置单元内的设备。然后使用其他方法，包括基于后果的评估，确定潜在的爆炸或有毒物质释放影响的区域。

正如第5章所指出的，当在工厂内布置工艺单元时，区块之间更大的分离距离有助于减轻泄漏事故的后果。距离的效力与危险事件的类型及其影响范围密切相关。设备间的分离距离，特别是：

- 当应对喷射火灾危害时，较大的设备或其他工艺之间的分离距离，可以降低周围区域在热辐射中的暴露以及热辐射的强度，从而降低对周围区域的影响[见API RP 2218中的防火指南]。
- 当应对爆炸危险时，无论是蒸气云爆炸还是粉尘爆炸，较大的设备分离距离可以降低潜在的设备拥塞密度，从而降低爆炸波的层级(在下文第6.4.1部分中将进行进一步的讨论)。设备与利益相关目标(例如，在用的建筑)之间的距离越大，爆炸冲击波的衰减就越大，从而可以降低对建筑和当地居民的潜在不良后果。
- 当应对有毒物质释放危险时，距离在减少有毒物质扩散风险方面的效力会随着工艺单元之间距离的增大而提高，然而，这使得处理有毒物质的设备间需要运行更长的管线，其中存储的有毒物质存量的增多可能会使风险增大。由于毒性云团比热辐射或爆炸波传播得更远，更大的距离可以延长释放和对周围社区的潜在暴露的滞后时间。这种滞后的延长可以容许更多的预警时间，以及为“下风向”区域人员提供更多的响应时间，从而减少伤亡。

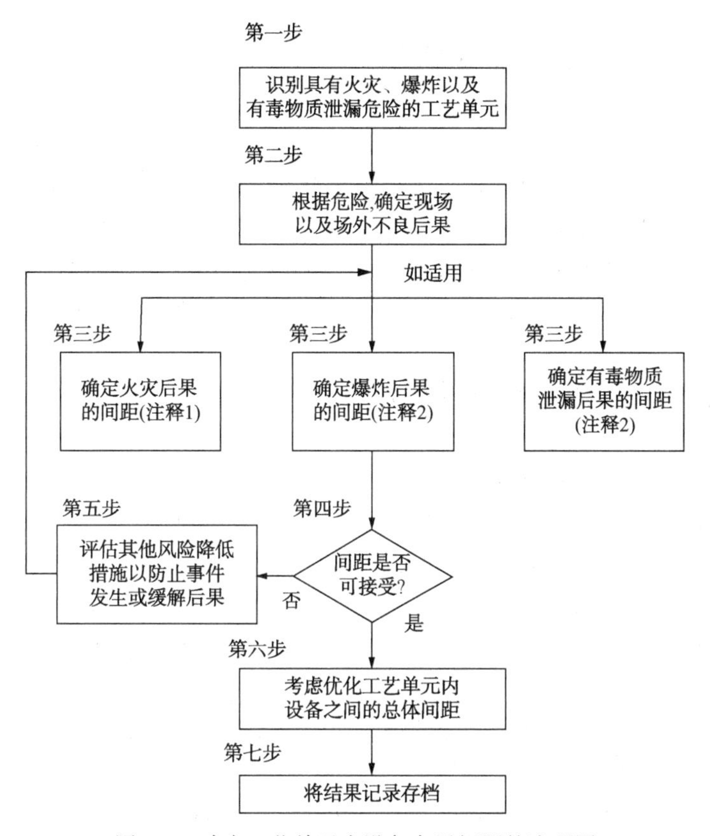

图 6.1 确定工艺单元内设备布局间距的流程图

注：

1. 附录 B 包含的距离主要是基于火灾后果。可以根据需要增加热辐射模拟。

2. 对于爆炸或有毒物质释放后果，使用基于结果或基于风险的方法进行建筑选址模拟得到的爆炸等高线图或有毒物质等高线图确定距离，如 API RP 752 所述(例如，通过风险定量评估；请注意，第 5 章中包含了关于结构和建筑位置的其他论述)。通过这种方法确定的距离可能与附录 B 确定的距离不同，后者主要适用于火灾后果。

6.2.2 设备间的分离距离

布置设备时，某一设备相对于另一设备的相对位置会对工艺单元的整体风险产生正面或负面影响。例如，表面温度高的设备在可燃气体释放过程中可能成为潜在的点火源(如内燃机、燃气涡轮机、高温管道、化学干燥器等)。此外，设备布局应解决特定的反应性危险，如可以自燃或成为静电蓄能器的物料。这些活性化学品应根据其化学性质与工艺单元进行分离。

请记住，附录 B 中提供的分离距离主要用于火灾后果，并且是基于炼油、石化、化工和保险行业的历史数据得出的。这些信息是根据积累的经验和工程判断而建立的，多年来根据增加的经验和从事故中学到的教训而不断更新。这些距离被用于工业，并收录在工业规范、惯例和保险部分中，包括但不限于 GAP 2.5.2、GAP 2.5.2A 以及《PIP PNE00003 指南》。请注意，应优先考虑适用法规、标准或当地法规要求的距离，并且可能与附录 B 中列出的距离不同。

6.3 设备布置如何与区块布局相结合

设备布置方法与第 5 章中描述的区块布局方法类似。在布置每个工艺单元内的设备时，设备布置团队应确定设备所需的区域，然后优化设备之间的分离距离，应对设备管理的危害和相关风险。整个工艺单元区域的地理位置以及操作、维护和应急响应的可达性将影响此布局。接下来的章节将继续沿用第 4 章和第 5 章中讨论的新石化工厂的例子，进行预防和缓和策略的应用、结构设计问题、设备布置问题以及设备布局优化问题的探讨。

6.4 布置设备时应采取的预防性措施

与第 5 章第 5.4 节所述的布置工艺单元时的预防措施类似，在工艺单元内布置设备时可以应用本质安全设计(ISD)原则。特别地，工艺单元内处理有害物质的设备的特定位置要比其他位置本质更安全。本节描述了一些可以在设计初期解决的拥塞和受限问题，以帮助降低过程安全风险。这些问题的重点在于减轻蒸气云爆炸、粉尘爆炸、火灾和有毒物质释放的后果。重要的是要认识到，所有这些风险降低和风险管控措施都依赖于工厂内的区块布置，以减少区块之间潜在的多米诺或连锁效应(参见第 6.5.5 部分的讨论)。与工艺单元的设备布置直接相关的问题是如何最合理地布置管道、分配公用设施以及在工艺单元内布置储罐。

6.4.1 拥塞和受限问题

设备的设计、设备之间的布置距离和设备在建构物上的位置直接影响到工艺单元的拥塞状况，拥塞会增加易燃物质释放时发生火灾或爆炸的可能性。当工艺区域处于可燃云团或扬尘范围内时，其内设备的物理布局将直接影响爆炸的结果，用两个参数来描述，即拥塞和受限[Baker 1999，CCPS 2010]。拥塞指火焰路径上的障碍物，是由一个区域内的障碍物(容器、泵或管道)的数量和间距决定。受限是指固体的表面，在一个或多个维度阻止未燃烧的灰尘或气体以及火焰锋的移动，例如实心地板、墙壁或密集排列的设备，这些设备可以有效地起到墙壁的作用。例如，当燃烧发生在甲板下面时，工艺结构中的实心甲板可以避免火焰向上延伸，从而消除了一个维度的扩展。

紧密排列，间隙很小的设备被认为是拥塞。拥塞增加了泄漏的可燃蒸气聚集，造成浓度高于物质燃烧下限(LFL)的可能性。在拥塞区域发生点火时，可燃蒸气可能导致爆炸，并生成破坏性爆炸负载荷。另一方面，当火焰前锋简单地通过可燃混合物传播而不发生破坏性的超压时，就会发生爆燃，通常是由拥塞区域外的云团燃烧造成的。当存在如容器壁、管道壁等的障碍物，或任何限制可燃物质及其火焰前锋扩散的结构墙面和天花板时，发生爆炸和超压冲击波的可能性会增大。

此外，拥塞和受限会还会加大可燃粉尘爆炸的可能性。虽然未扰动的粉尘可以积聚而不构成爆炸危险，但一旦可燃粉尘在密闭区域的空气中悬浮，爆炸的可能性就会增大。当悬浮的粉尘云物质浓度超过其最小爆炸浓度(MEC)，且氧浓度大于极限氧浓度(LOC)，在一定程度的堵塞下云团被点燃，就会发生粉尘爆炸(参见帝国糖业调查，案例 8-15)。

当工艺单元内的自由空间内存在足够的拥塞和/或堵塞时，空间内的可燃蒸气或可燃粉尘云一旦被点燃就可能发展为爆炸，有能力的学科专家可以通过易燃物质释放模拟定位其中的潜在爆炸地点(PES)(Alderman 2012 年)。因此，了解设备之间的布置间距如何影响过程安全风险是非常重要的。其目标是限制拥塞/受限区域的数量，减少处理易燃物质的设备之间以及易燃物质释放后可能飘移/扩散到的邻近区域发生爆炸事故的可能性。

虽然本指南关注的是在发生泄漏和被点燃时会引起火灾和爆炸的易燃物质，但在建筑物内的设备设计和布局中应注意处理窒息物的受限情况。在受限空间工作时，窒息是潜在的危险之一。当气体或蒸气取代了空气中的氧气，人员就会发生窒息，导致昏迷或死亡。大多数窒息物只有在浓度高到足以将空气中的氧气浓度(通常为 21%)降低到危险水平时才对人体有害。窒息物中的氮气和二氧化碳是没有气味的，因此当人员在不了解危害气体时的情况下进入相应区域时，就会造成伤亡。如果区域内存在潜在的一氧化碳(CO)来源(一种没有气味的有毒气体，可能会致命)，那么该区域还应该监测一氧化碳的浓度。因此，每个工厂都应该制定并实施安全工作规程，其中包括“受限空间进入”规程和其他标准安全工作规程，如呼吸防护、动火作业许可、电气隔离规程(如上锁/挂牌等)以及坠落防护规程。

为了将工艺单元中可能出现设备拥塞的潜在区域进行可视化，包括构成封闭区域的结构和建筑物，可以使用比例模型或计算机辅助设计(CAD)模型来生成提议设备和建筑布局的三维视图。利用这些模型，可以快速评估在工艺单元中设备的空间布局，确定物质泄漏时可能出现严重设备拥塞和潜在障碍的区域。此外，操作、维护和应急人员可以在施工前查看该三维布置图，确定可达性问题。拥挤的设备会限制可达性，为工艺操作、设备维护和应急响应带来更多困难。请注意，每个单元区域内工艺设备数量的增加，在影响拥挤设备的事故发生时，可能会造成更大的财产损失。图 6.2 给出了一个 CAD 仿真视图的示例。

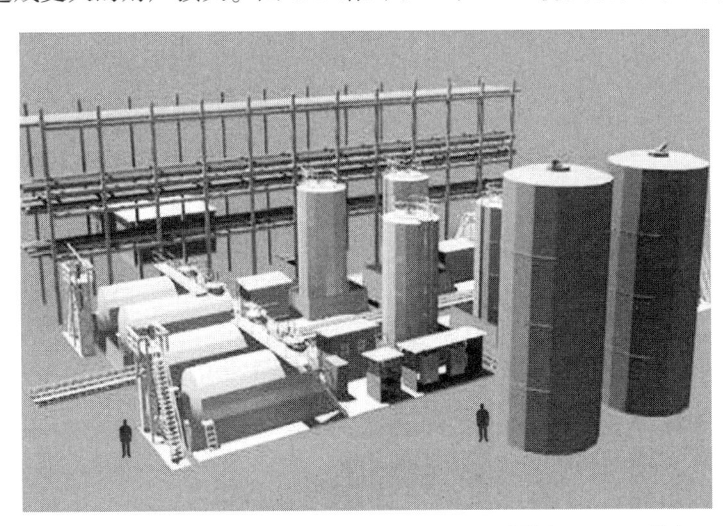

[引自 BakerRisk®]

图 6.2 计算机辅助设计(CAD)描绘工艺单元内设备拟布局的图像

一旦在 CAD 仿真程序包中的工厂平面图上建好设备布局，就可以直观地分析潜在拥塞和封闭区域的水平和垂直视图。

6.4.2 管廊布置

管廊(又称管廊或管带)是支撑管道、电源线和仪表电缆托盘的结构。这些管廊可位于高处或地面上。位于工艺单元边界之外的管廊主要用于将物料运送至存储区域(或从存储区域运送出)、其他工艺单元或公用工程区域。公用工程的主管廊通常叫作公用工程集管。工艺单元的管廊，位于工艺单元边界以内的，其用途是从主管廊将物料运送到工艺单元设备，以及在工艺单元设备之间运送物料。

图 6.3 所示为带有位于高架艺单元管廊的传统泵排管道布置[Alderman 2012]。由于其设备布置有些拥挤，管道又位于泵的正上方，当上方管道发生易燃物质泄漏时，被正下方的泵点火的后果和风险可能会增大。图 6.4 所示为采用架空管道输送易燃物质的情况下，改进的工艺单元泵排/管廊布置。

[引自 Alderman 2012]

图 6.3　采用架空管道输送物料时，传统的泵排/管道布置

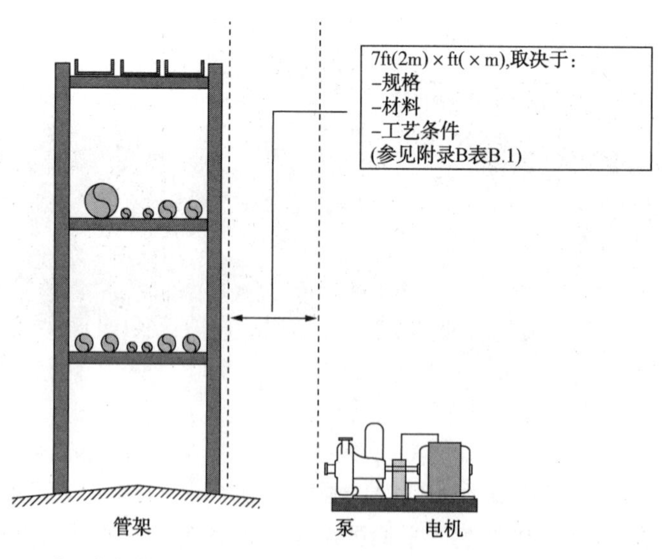

图 6.4　采用高架管道输送易燃物料时，更安全的工艺单元泵排/管道布置

由于工艺单元管廊位于工艺单元内，管道及其相关设备(如阀门和控制装置)增大了相应设备的密度，从而减少了设备之间的净间距。如上所述，增大的设备密度会限制可达性，为操作、维护或紧急响应带来更多困难。此外，由于密度的加大和紧急情况下消防用水的可达性受限，波及拥挤管廊的事故可能会造成更大的财产损失。

在管道内输送易燃物质时，附录 B 中所述的特定防火间距是以主管廊内的焊接管道为基础的。但是，如果主管廊的管段包含多个法兰、工艺控制阀站、通风口、排水管或其他释放源，则在确定间距时，应将主管道视为工艺区管廊。请注意，管廊下地面应该沿轴向凸起铺设(倾斜)，以便泄漏及溢流的物料迅速离开管廊底部。需要了解的是，管廊下地面的倾斜设计是管廊耐火涂料只需考虑地面以上 30ft(9m)的常见原因。

当管道中含有异氰酸甲酯(MIC)、氯或乙炔等高危险性或强反应性的化学物质时，应确定设备和工艺单元之间的安全管道路线。例如，处理高腐蚀性物质(如盐酸水溶液)的管道应布置在底部管架层，以防在发生泄漏时对其他管道和电缆造成损坏。

管廊不应布置在可能对应急响应设备(包括消防泵)构成风险位置，也不应布置在可能遭到吊车作业破坏的地方。在可行的情况下，考虑在不同的管廊中运送不兼容的物质，以减少物料之间无意的相互作用的可能性。

[FM Global 12-2，NFPA 67，以及 Grossel 2002 等]文献中提供了含有可燃蒸气混合物的管道的防爆指南，有助于帮助预防和防止管道内可燃气体点火和燃烧引起的爆燃或爆炸造成的损害。本指南包括工程设计和管理控制，旨在：①防止、控制、抑制爆炸和/或泄爆；②避免爆燃-爆轰转变(DDT)；③预防和遏制爆轰；④尽量减少爆炸造成的损失。

6.4.3 在工艺单元内分配公用工程

工艺单元的公用工程可以是工艺单元内包含的专用系统，如热油系统或从公用事业分接的整个厂区范围内的分配网络，如电力或蒸汽总管。在第 5 章第 5.18 节讨论了公用工程的故障对工艺单元安全停车(包括将工艺置于安全状态)有何影响。重点是要将关键设备、电缆托盘以及与公用工程供应相关的管道(如电气开关架或仪表空气管道等)布置在不易受火灾、爆炸或潜在安全风险影响的路径上。本节提供了一些用于分配来自这些公用工程的能源的设备布局指南：惰性气体、加热炉和危险区域或地带划分——HAC(即配电)。

6.4.3.1 惰性气体

附录 B 中没有规定处理惰性物质(不易燃、不可燃、非反应性或无毒)的设备的分离距离，如氩气、氮气或压缩空气。然而，当在确定这些公用工程的发电和分布时，应考虑如何最好得提供维护可达性，哪些设备对于应急响应或安全停车(或切换至安全状态)至关重要，它们的复位成本是多少，以及它们的故障会导致多久的操作停工时间(即业务中断的成本是多少)。评估惰性气体在设备于极端压力或温度条件(如真空或低温气体)下运行的危险性，以及它们在结构内成为窒息源的可能性(参见上文第 6.4.1 节中的封闭性讨论)。

6.4.3.2 加热炉

加热炉是一个持续的点火源。将它们布置在潜在可燃蒸气泄漏源(如通风口)的上风向和危险区域之外，以最大限度地降低发生火灾和爆炸的可能性。值得注意的是，在装置边界的角落布置加热炉可以更好地提供应急消防响应的可达性(即，从两边)，同时与处理危险物质的工艺单元设备之间产生更大的、本质更安全的间距。如果在加热炉上使用消防蒸汽系统，则系统的阀门位置也应位于安全的、可接近的位置(参见第 6.6.4 节中采用 3D 模型进行的可达性讨论)。室外的加热炉应遵循附录 B 表中规定的间距。如果将加热炉布置在离建筑物很近的地方、封闭的建筑内(小型锅炉、热油加热器)或小巷中，会造成额外的危险和风险。附录 B 表中规定的用于火灾后果的分离距离是针对室外工艺，不能用于封闭空间内的小型锅炉或热油加热器。

6.4.3.3 危险区域或分区划分

对于使用易燃气体、易燃蒸气或可燃粉尘，且能在空气中达到可点燃浓度的石油、化工或其他类型工厂，每个工厂都需要处理和控制潜在点火源。点火源包括但不限于配电、静电、电火花、明火以及高温设备表面温度。

设备相关的潜在点火源的合理设计和安装始于工艺单元的危险区域/分区划分(HAC)。美国职业安全与健康管理局(OSHA)法规 29 CFR 1910.307 以及欧洲 ATEX 1999/92/EC 和 2014/34/EU 是要求设施提供这种电气危险区域或分区划分证明的立法文件。通常通过应用已发布规范、标准和指南中确立的规则，并以危险区域/分区图的形式记录调查结果来完成分类[例如，API RP 500/505、BS EN 60079、EI/IP 15、FM Global 5-1、IEC 60079-10 系列、NFPA 70、NFPA 497、NFPA 499 以及 UK HSE 2004]。图 6.5 展示了一个 3D 工厂布置图的危险区域/分区划分图示例。

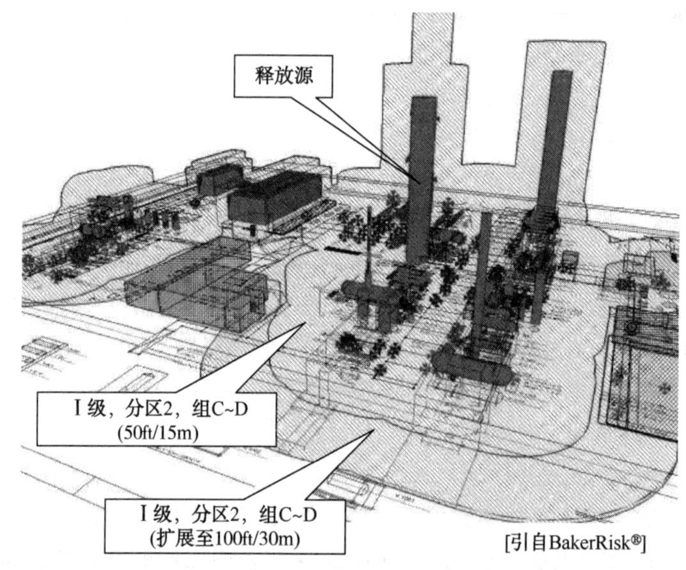

图 6.5 使用 3D 工厂平面图进行的危险区域/地带划分实例

接地(阵列、接地棒、避雷器等)的后期改造可能是很昂贵的，因此应包含在单元布局的讨论中。如有需要，在单元布局设计时考虑等电位连接问题，以确保设备的布局能保证连接连续性。

确定电气区域划分时，应考虑沟渠、下水道和冷却水系统意外输送易燃物质的情况。例如，在热交换器的管道泄漏场景中，易燃物质可能进入冷却水系统，从而可能被输送到冷却塔。因此，冷却塔也需进行区域划分，因为易燃物质会在塔的填料中脱气或蒸发，并产生易燃的蒸气云。

此外，在划定区域内作业时，必须制定和实施管理控制措施控制其他潜在点火源的使用，如动火作业许可证。在识别潜在点火源时，应该将非电气火源如加热炉(明火)也纳入风险分析中。

为减少公用设施的潜在故障，建议采用的其他电气设备布置原则包括：

- 工艺单元变电站应远离处理易燃物质的工艺设备。
- 配电室不应位于控制室的上方或下方。

- 开关柜应满足危险区域电气分类要求，如果可行，支持停车或紧急功能的电气开关柜应与处理易燃物质的设备、加热炉或气体压缩机分离。

好的与公用工程相关的工厂布局实践包括不得将暖通空调控制机组 HVAC 布置在控制楼屋顶上，除非控制楼屋顶配备独立支撑，以及防止远程仪表小屋由于其内部环境会根据气候情况调节，在炎热季节成为“驻人”的建筑物。在第 5 章第 5.18.1 部分讨论了在工厂中为电气公用工程选择位置的问题。

变压器采用易燃液体进行冷却，并且伴有由于高能电弧的可能性而存在的潜在点火源，因此变压器具有火灾危险，应将其远离相邻变压器、关键建筑物和其他易损设备。分离距离应根据变压器中所含的油量以及是否存在防火屏障来确定。其他的变压器特定参考资料请参阅文献[FM Global 5-4、GAP 5.9.2 和 NFPA 850]。

6.4.4 储罐布置

如果边界内存在盛放有害物质的中间罐和储罐，应考虑限制这些储罐的数量和规格，使其远离工艺设备。在确定这些储罐之间及其与工艺单元中的其他设备之间的间距时，将体积较小的储罐按照为“工艺容器”进行评估(例如体积小于 10000gal 或 38000L 的塔或桶)。较大的储罐应遵循附录 B 中提供的火灾场景分离距离指南。地下储罐指南参见第 5 章第 5.16.2 节。

6.5 布置设备时采取的缓和措施

本节提供了有助于减轻蒸气云爆炸、粉尘爆炸、火灾和有毒物质释放后果的措施指南。与第 5 章第 5.5 节中布置工艺单元的缓和性指南相似，本节讨论了增大处理危险物质设备之间的距离怎样帮助减少多米诺效应。本节内容包括应用本质更安全设计，并在最后介绍了用于减轻泄漏后果的特定布局缓和工程设计。

6.5.1 降低蒸气云爆炸(VCE)的后果

存在蒸气云爆炸超压可能性的工艺具有更高的人员伤害和财产损失风险。如第 6.4.1 节所述，爆炸的作用受可燃蒸气或可燃粉尘云团所在区域的拥塞和受限状态的影响。因此，通过恰当进行设备布局和设计(即加大间距)，可以减少蒸气/粉尘被点燃(爆炸)的后果。紧密布置的设备和管道以及阻挡面的存在(如实心甲板)，可能会增加蒸气云爆炸的严重性。相反，无阻挡面的宽间距设备和管道会产生较少的湍流，有助于易燃物质的扩散，通常产生的爆炸荷载较低。

当存在蒸气云爆炸的可能时，应考虑如下设备布局设计：

- 缩窄设备区块，以更利于实现“自由”通风[例如，通过减小宽度(相对于其长度)来改变长宽比]。
- 将可能发生易燃物质泄漏的设备布置在区块外边界附近，尽可能使蒸气云远离区块内受限度或阻塞度较高的区域。
- 将工艺单元内的工艺设备组分隔开(例如专用泵组、一组交换器或一组小型容器)。对于大型垂直和水平容器之间的间隔距离，经验法则是每个容器之间以及容器于墙壁之间的间距应大于其直径。
- 避免相同的物体紧密布置，如热交换器组和泵组，因为这会加重拥塞。

- 避免狭长的半封闭空间（如两侧设备间隔很近，且上方管道近乎实体墙的一条走廊）。这种几何结构会增大蒸气云爆炸的强度。
- 在可行的情况下，用金属格栅或轻质金属板替代实体甲板。如果无法避免实体甲板的使用，则将甲板升高至蒸气云可能积聚在其下方高度的至少两倍。根据经验，45ft（约 15m）的甲板高度足以满足大多数应用。
- 尽量减少对防风雨措施的使用，如为压缩机、泵等设置房屋，这会增加受限度。如确有必要，应加大设备到墙体的距离，以帮助减少受限度，提供通风条件。对于比空气重的气体（如液化石油气）的泄漏，考虑将防风雨设施的下部敞开，针对比空气轻的气体（如氢气和甲烷）的泄漏，考虑将其上部敞开。
- 布置堆叠管道，如多层或平行管道，在管道层之间以及管道之间设置更大的间距，以在管道之间留出更大的无障碍区域。如果两个区域之间的间距是拥挤的，经验法则是为堆叠管道向上和横向留出超过 15ft（4.6m）的空旷空间。
- 将空冷式换热器布置在四周都允许有较大开口的区域，以帮助减少受限度和湍流。根据经验法则，将它们提升到潜在蒸气云高度的三倍以上，以便在膨胀的云团（燃烧时）和空气翅片向上牵引引起的湍流之间提供更多的分离空间。

如表 5.6 所汇总的，在应对蒸气云爆炸风险时，结构布置因素和设计考量有助于减轻爆炸后果。包括将人员或关键设备所在的建筑布置在远离受爆炸影响的超压区域的位置，以及将位于危险区域的结构和建筑物设计为能够承受爆炸冲击波。在可行的情况下，不要对含有可燃、易燃或爆炸性物质的工艺单元或装置部分进行封闭。但是，如果采用了围护结构，可以通过考虑限损结构（即 NFPA 68），采用恰当的电气区域/地带划分，评估设计用于扩散/稀释易燃泄漏物的通风系统来减少其内部的封闭性。上文第 6.4.3.3 部分对用于控制点火源的危险区域/地带划分进行了更详细的讨论。

6.5.2 减轻粉尘爆炸的后果

与上文讨论的蒸气云爆炸的后果相似，可能因粉尘爆炸产生超压的工艺同样存在更大的人员伤害和财产损失风险。如果粉尘在密闭的围护结构（如建筑物、房间、容器或工艺设备）内散布且被点燃，所产生的压力上升可能足以充满密闭空间，导致爆炸。“粉尘爆炸五角形”中的五个因素为：氧气、热（点火源）、燃料（可燃粉尘）、悬浮以及受限（OSHA SHIB，NFPA 652）。五角形的这些因素缺少任何一个，都不会发生可燃性粉尘爆炸。这与下文第 6.5.3 节中讨论的火灾四面体的缺失因素相似。NFPA 652“可燃粉尘基本原理标准”认为在应对可燃粉尘时，需要确定存在的危害。NFPA 652 主要建议进行粉尘危害评估（DHA），系统地评估可能导致可燃粉尘燃烧/爆炸危险的条件和工艺偏差。

[NFPA 652]文献中的指南包括以下减轻后果（损害控制）的措施，以减轻识别出的可燃性火灾和爆炸危险。

- 应用防爆系统（如使用 NFPA 69）；
- 分离可燃粉尘危害（设置间距进行隔离）；
- 隔离可燃粉尘危害（设置屏障进行隔离）；
- 对建筑物、房间或区域采用限损结构（如爆燃通风）设计；
- 为建筑物或设备设计减压通风装置（如使用 NFPA 69）；
- 设置火花/余烬探测系统以及灭火器或灭火系统。

此外，[NFPA 652]文献中的指南还包括以下粉尘控制措施，以帮助减轻后果。因为想要降低灾难性(即二次)粉尘爆炸的可能性，还应降低可燃粉尘积聚的可能性。

- 工程控制措施包括：
  - 尽量减少从工艺设备或通风系统中逸出的粉尘；
  - 使用集尘系统和过滤器；
  - 设计能够减少粉尘积聚并方便清洁的表面；
  - 设计应对积尘暗区的检查方案；
  - 将泄压系统的排放口(例如，爆燃通风口)布置在远离人员通道和粉尘危险区域(即“安全位置”)的位置；
  - 使设备设计满足危险区域/分区划分标准，包括控制潜在火源(见上文第6.4.3.3部分中的讨论)等。
- 管理控制措施包括：
  - 制定并实施有害粉尘检查、测试、总务(清洁)和控制方案(最好以书面形式呈现，固定频率和方法)；
  - 使用不会产生粉尘云团的清洁方法；
  - 只使用经批准可以除尘用的真空吸尘器；
  - 变更管理；
  - 培训以提高可燃性粉尘危害意识；
  - 潜在点火源的预防性维护(如轴承、摩擦面)等。

6.5.3 减轻火灾后果

尽管与蒸气云爆炸相比，具有潜在火灾危害的工艺人身伤害风险较小，但它们具有财产损失的可能性。因此，控制工艺单元内的潜在火源有助于降低火灾的可能性(参见第6.4.3.3部分对危险区域划分的讨论)。有些工艺、设备和建筑布局设计(包括防火屏障)的其他良好实践也可用于减轻火灾的后果，包括应用本质安全设计减少易燃物质的数量(减少火灾规模，缩短持续时间)，并制定设备完整性方案防止泄漏。

如表5.7所述，影响火灾后果的结构位置和设计因素包括易燃物质的储存方式、易燃液体从释放点排放的方式以及形成液体的方式。特别值得注意的是，当易燃液体被储存在闪点以下时，在发生易燃液体泄漏之后会有更多的应急响应时间，包括在物质到达其闪点之前应用消防泡沫。虽然在常温储存和冷藏储存设计之间存在权衡，但是冷藏储存在发生泄漏时拥有更多的响应时间，可能比在常温储罐中储存易燃物本质更安全。

在这一点上值得注意的是，在布置含有可燃或易燃物质的设备时，还应考虑一些基本的防火措施。这些方法的基础是消除火灾三角形中的一种要素，在最近变成了采用火灾四面体，消除多余的燃料——“不受抑制的连锁反应”[Ferguson 2005，NFPA 2016]。火灾三角形确定了火灾的三个要素：燃料(会燃烧的东西)、热量(足以使燃料燃烧)、空气(氧气)，三个要素同时存就会导致火灾，由于设备布置缺陷导致的多余燃料源的位置也会影响火灾的严重性。火焰会一直燃烧，直到一个或多个元素被消除，因此传统的灭火方法是消除燃料、热量或氧气。然而，连锁反应为燃料增加了热量，从而加入了气体燃料来维持火焰，延续火灾。因此，在任何减轻火灾后果的策略中，首要任务是消除火灾三角形或四面体的一个或多个要素。

6.5.4　减轻中毒后果

有毒物质释放的后果取决于有毒物质的类型、释放后如何扩散以及人员在潜在扩散区域内的方位。驻人建筑物可能有特殊的空气处理设计，这样人员就可以通过留在建筑物内，受建筑物的遮蔽而得到保护——安全庇护所[CCPS 2012b，UFC 4-024-01]。危险工艺还可以设计将处理有毒物质的设备封闭起来，防止泄漏扩散到环境中。除非有毒物质同时还是易燃物质(例如氨)，否则单纯地减轻中毒后果不需要对潜在的点火源进行同样严格的控制。表5.8总结了针对有毒释放风险的驻人建筑的设计因素。

6.5.5　减少多米诺效应

当工艺单元内一件设备的事故影响到装置内的其他设备时，工艺单元内会发生多米诺效应或连锁效应，可能会导致更多泄漏和更严重的后果。减少区块之间多米诺效应的类似方法同样适用于工艺单元内的设备。这些方法包括减少工艺设备"块"之间的潜在多米诺效应、应用设备之间50ft(15m)间距的指导原则确定"防火带"火灾危险地带以及爆炸危险对相邻单元设备的冲击不超过3psig(0.2bar)的工艺设备之间的距离[GAP 2.5.2]。其他有助于减少工艺单元内多米诺效应的方法包括：

- 为含有危险物质的设备布置更大的间距。
- 在可能受到任何类型热辐射影响的设备之间安装防火墙。
- 将处理相似危险物质的设备(如处理易燃物质的泵)布置到具有额外缓和保护措施的特定区域，例如应对潜在易燃物质泄漏的通用消防系统(消防设备应能够承受初始事故，如爆炸超压)。
- 使用焊接管配件以减少或消除法兰泄漏以及后续引发的火灾。
- 在工艺单元内不同子工艺之间留出适当尺寸的通道。
- 扩大危险区域/地带划分边界距离，以更好地控制潜在的点火源。
- 准备足够的排水设施和容器，以控制后续的易燃液体泄漏。确保溢出物集液池和消防水集水池的尺寸足够大。
- 设置部分开放的建筑物，用于封闭工艺设备，保护周围区域不受飞溅碎片的影响。

6.5.6　通过工程设计减轻后果

本节描述了针对布局的缓和性工程设计，例如紧急停车或隔离阀、雨淋系统、大气通风口和泄压通风口、洗涤器和集水箱、消防栓和监控器以及消防泵。这些工程设计可用于减轻泄漏的后果。

6.5.6.1　紧急停车或隔离阀

紧急停车或隔离阀(ESV、EIV)的设计意图为在泄漏事件(如管道、法兰和泵密封泄漏)发生后隔离易燃或有毒物质源。从而通过停止向释放点供应危险物质，减轻火灾或有毒物质释放的后果。这些阀门应该设计为可以从位于光线充足、可接近且无危险的位置的"远程"站点进行启动(例如，沿着人员疏散路线)。对于工艺单元，隔离阀操作站应布置在工艺单元周界附近；对于特定设备，隔离阀操作站应布置在受释放影响的区域之外。如果对危险物质的隔离会产生其他危险，如加压工艺，则可使用关闭阀将物质转移到减压的、安全的位置。安装在易受火灾影响区域的自动关闭阀必须进行防火保护，并且必须设计的在需要时能够正常工作(即"失效保护")。请注意，过多的隔离阀也可能会导致操作困难。关于隔离阀的设计和选择的其他指导请参阅文献[API RP 553、英国HSE 444和NFPA 58{液化石油气专用}]。

6.5.6.2 雨淋系统和自动喷水灭火系统

雨淋系统和自动喷水灭火系统的主要目的是控制火灾可能迅速蔓延区域的火灾，帮助减轻其后果。雨淋系统可用于冷却表面，防止结构变形或倒塌，保护储罐、容器和工艺管线；以及用于制造可吸收有毒物质释放的水幕。由于易燃液体可漂浮在喷淋水上，可能需要增加消防径流容器或更大的集水池[参见 API RP 2218 的防火指南]。

固定系统可以设计为空的管道系统(带有开放式喷嘴或喷头的“雨淋”或泡沫系统)，或者在喷头或喷嘴处填充水或其他灭火剂(例如，填充的“湿式”或“干式”化学系统)。干式管道系统安装在水对受保护空间构成危险的地方，例如电气设备，或环境温度可能较低，足以冻结湿式系统中的水，从而使湿式系统无法运行的地方。

雨淋或喷淋启动阀可以手动触发或通过与喷嘴或喷头安装在相同区域的火灾探测系统[例如，通过烟雾、热、紫外线(UV)或红外线(IR)检测]触发，从而同时通过系统所有的喷嘴或喷头排放水。泡沫水灭火系统用于控制和/或扑灭需要窒息剂和冷却剂的火灾。这些系统采用空气-泡沫浓缩物，在排放时以受控速率引入水中。文献[BS EN 12845、FM Global 2-0、FM Global 4-0、FM Global 5-48 和 NFPA 13]提供了有关火灾探测、雨淋和喷淋灭火系统的设计和选择的其他指导。

喷淋或其他消防系统应该尽量减少地上管道，在必要时候，地上管道的设计和布置应尽量减少在任何潜在破坏性爆炸超压区域的暴露。在承受爆炸超压的区域，消防水管不应使用沟槽式管接头。有关消防系统的其他信息，请参见文献[FM Global 7-14]。

手动雨淋启动阀必须布置在可能受影响的危险区域之外，包括火灾或爆炸的潜在热辐射或超压。通常情况下，该位置在靠近工艺单元边界的地方，位于方便、照明良好且易于接近的区域(即在预期的疏散通道或应急响应通道上)。雨淋阀室或阀门橇的设计必须能够保护阀门免受腐蚀(即天气)、危害(即火灾产生的热辐射或爆炸产生的超压)或布置在不受危险影响的区域。请注意，一般财产保险指南是将雨淋阀室布置工艺单元周界的边缘，远离火灾危险，但是如果实际不可行，则与其进行消防保护的设备之间应至少保持 50ft(15m)的距离。

6.5.6.3 大气通风孔和泄压孔

通风系统、净化系统、排污系统、火炬系统以及泄放系统通往大气的排放点排放易燃物质可能会对排放点处的人员和设备造成意外的火灾和爆炸危险。这些易燃物质必须排放到“安全位置”。这些排放点不应布置在可能对人员构成危害的区域或直接朝向这些区域，如人行道或平台或建筑物暖通空调入口附近。

通过后果模拟可以确定与排气口的安全距离，在垂直排气系统中采用鹅颈管或水平排气孔的设计防止雨水积聚会对其排气的效力产生不利影响。水平或鹅颈排气口的使用应与垂直排气口的扩散影响范围相平衡。有关通风和压力保护系统的定义、设计和选择指南，请参阅文献[例如，ANSI/UL 142，ANSI/UL 58，API STD 521，API STD 650，API STD 2000，NFPA 56，NFPA 68，OSHA 1910.106，和 UK HSE 176]。下文第 6.6.5.4 节提供了其他防爆通风系统(例如，防爆板或其他限损结构)的设计和位置的另外指导。

超压事件的发生可能有多种原因，包括失控的反应、容器或管道过热(例如，火灾期间)、易燃环境内点火源的引入，或后续会堵塞产品流的下游事故。因此，对具有潜在超压场景的系统提供超压保护，可以防止系统压力超过工艺设备和管道的设计压力。泄压系统中设计的爆破片和泄压阀应将压力泄放到安全区域[参考泄压系统设计信息(例如，API STD 520 第二部分，API STD 521，DIERS 2015，以及 FM Global 12-43)]。

在引入燃气之前，通过引入惰性气体吹扫，可以将燃气系统中的空气排出。曾经发生过燃气系统的易燃物质未吹扫和排放至安全位置而启动，导致了事故[CSB 2009a，CSB 2010]。其排放位置的安全性应通过扩散模型进行验证。

尽管储罐中的压力可能会因各种原因发生变化，但消防规范要求通常主要关注产品转移(即添加或除去液体)和火灾暴露。根据消防规范要求，用于储存易燃液体的储罐必须限制可能威胁储罐结构完整性的内部压力和真空条件。

6.5.6.4　洗涤罐和收集罐

蒸气收集和管道系统用于收集工艺容器中的蒸气，将其引导至环境控制设备，如洗涤罐、焚烧炉或火炬。收集罐用于收集气流中夹带的液体和液滴。在确定间距时，将含有易燃物质的洗涤罐和收集罐作为工艺容器处理。

6.5.6.5　消防栓和消防炮

为了帮助减小火灾规模，减轻火灾后果，应同时对消防栓和消防炮进行战略性的布置。消防龙头或消防栓为消防员提供灭火水源。消防炮、雨淋枪和高压水炮是用于手动消防或自动消防系统的大容量水枪。此外，消防炮通常被设计用来喷射从上游管道注入的泡沫。

由于消防软管的长度通常为 200ft(60m)长，因此工艺单元消防栓应布置在距离不超过 200ft(60m)的地方。工艺单元消防栓一般布置在装置通道或装置边界上。罐区的每个象限中应至少布置一个消防栓，消防栓的最大间距不得超过 250ft(75m)。此外，将罐区消防栓布置在储罐上的每个泡沫消防车连接点旁是一个很好的做法，以便减小消防栓和泡沫消防车之间的距离。罐区的常见做法包括在较大的储罐附近布置大容量的消防栓集管，因为大型储罐时需要大量的水来使用消防泡沫和冷却外壳[例如，规格为 5000+gal/min(≈19000L/min)]。

消防炮应布置在消防评估指定的位置。通常情况下，消防炮位于距离它们所保护的火灾危险区域 50ft(15m)的地方。如果大型设备阻碍了其喷射消防用水的范围，则可能需要增设额外的消防炮。如图 6.2 所示，使用三维比例模型或三维 CAD 图纸可以最好地可视化障碍物。如有必要，可能需要高架消防炮来填补工艺单元内覆盖范围的空隙。

6.5.6.6　消防泵

消防泵用于向消防栓或消防炮提供消防用水，在紧急情况下必须功能良好。因此，要将消防泵及其动力源布置在远离潜在火灾或爆炸影响以及易受洪水影响的区域。

6.6　关键结构和在用结构设计

本节讨论在处理危险物质和能源的工厂中可能影响过程安全风险的结构内的一些拥塞和封闭问题。此外，本节还讨论了在结构内安置人员和设备时与结构有关的具体设计问题，提供关于模块化单元、单层和多层结构、部分封闭结构、封闭式工艺单元、防爆建筑物、设有防爆内墙的建筑物和设有爆炸通风口的建筑物(防爆板或限损结构)的指导。请注意，结构布置以应对爆炸、火灾和有毒物质释放对人员和关键设备构成的风险在第 5 章第 5.13 节进行了讨论。

6.6.1 将本质更安全设计(ISD)原则应用于结构布置

在布置区块时，用于帮助减轻爆炸、火灾和有毒物质释放对人员和财产构成的危害的本质更安全设计原则同样适用于工艺单元内结构的布置(见第5章第5.4节)。包括将结构布置在受危险影响的区域之外，或者通过结构设计来减轻后果。通过增大结构间距可以减少结构之间的拥塞。其他适用的本质更安全设计原则包括布置危险液体存储位置，使溢出物可以从在用的建筑物或支持关键设备的构筑物中排出，以及将非必要的操作、维护和支持人员从位于危险区域的结构中撤离，进行重新布置。

6.6.2 模块化单元的设计问题

模块化施工可以通过降低项目施工成本来提高施工效率(第5章第5.15.3节)。然而，如果模块化被用于工艺的部分或用于工艺单元中的结构，它们可能造成封闭和可达性问题，这些问题需要妥善解决。如果模块化被用于工艺的部分或用于工艺单元中的结构，则应该解决与它们在工艺单元区块中的位置相关的风险。在工艺单元区块中布置模块时，考虑操作期间、维护期间或响应紧急情况时人员到模块的可达性。

案例6-1说明了为什么在为新工厂选址时，必须权衡过程风险、可用土地面积、与模块化设计相关的资本成本以及应急响应者的可达性。

案例6-1：我们使装置适合！

某炼油厂建于20世纪60年代早期，基于创新的模块化设计方法。该工厂被设计成一个"完全一体化"的炼油厂，将管道长度和炼油厂的土地需求降到最低。因为可用土地面积有限，并且紧凑的设计满足了公司最小化资本投资的需要，所以对新的炼油厂直接应用了该方法。在运行十年之后，紧贴在空冷换热器下方处理易燃物质的泵着火了。由于可达性受限，消防工作效率低下，火势迅速升级，超出了消防员的控制能力。整个工艺单元严重受损，没有再进行重建，公司也关闭了炼油厂。

从案例6-1中获取的教训：如果在过程危害和其他限制因素(如可用土地面积、建设成本和应急响应人员的可达性)之间没有适当的平衡，可能无法充分解决整体业务中断的风险。特别是在这个案例中，一体化的拥塞使得更多的设备被布置在危险区域，使消防员无法救火，导致了整个工厂关闭。尽管这一事件发生在20世纪60年代，但是今天的企业在应对与任何新工厂或扩建相关的整体风险时，也不应忘记这一点。在满足项目潜在的资本成本、施工进度的同时，要与潜在的过程安全风险达成平衡。

另一个模块化设备设计的选项是橇装化设计。模块化设计方法允许工艺单元在场外进行制造和施工，将橇装的工艺单元从制造地点运至现场，然后在现场进行最后几步连接。节省了在现场安装设备的时间和金钱。橇装设计的安全和环境挑战包括每个模块的总体宽度和长度，这限制了设备之间的最大距离。这一点，加上这些滑块经常彼此重叠的因素，会产生一个与理想的单立面结构相反的过程单元(参见下文第6.6.3节)。潜在的解决方案包括遵循布局和分离距离指导原则，使用风险分析来考虑替代方案，并在必要时提供额外的保护层。

6.6.3 单层和多层结构的设计问题

结构可以在地面上(单级)建造，也可以根据需要建造多层。由于高层可能造成可达性问题，因此最好在平坦的地面(即在单层结构中)上布置尽可能多的设备。单层结构有利于紧急疏散和消防。当场地空间不足以在地面层铺设设备和建筑物时，就需要采用多层结构。附录B中规定的消防间距为设备之间的地面层或水平面距离，如图5.3所示(例如，$z=0$)。

因此，当设备位于多层时，垂直距离应以人员疏散、安全以及消防可达性为基础。

当一些工艺单元具有重力进料或设备紧密相连需要(例如，塔上的回流交换器)时，设备将被布置在地面层以上。高架设备必须设计排水系统，可以容纳和转移任何泄漏物，防止其在设备下方汇聚，并防止泄漏或溢出物落到低层设备上。此外，高层的设备必须便于操作和维修人员使用，并且必须设计为可远程隔离。不幸的是，已发生了太多的事故，这些事故中，无法从释放源处切断泄漏，直到释放源上一级的所有库存量清空。

6.6.4 部分封闭结构的设计问题

部分封闭结构造成的拥塞和限制问题介于布置在开放结构中的设备问题(第 6.6.3 部分)和布置在封闭结构内的设备问题(第 6.6.5 部分)之间。潜在爆炸地点需要通过扩散模拟逐个确定并且最好使用如图 6.2 所示的三维比例模型或三维 CAD 绘图进行可视化。

如果部分封闭结构包含易燃物质，则可能需要通过本质安全设备强制对流，作为其“通风”设计的一部分。空气流动应该被设计成模拟自然空气流动，以保持浓度低于潜在的危险水平(例如，每小时 3~6 次空气交换)。

可以选择实心楼板，以防止位于较低层的主要设备，例如大型泵、压缩机、反应器，以及含有高于自燃温度的物质的设备发生潜在的火灾时上升并伤害在较高楼层工作的人员。如果选择实心楼板以防止易燃物质从上层不受控制地排放，则可能需要额外的防火措施来应对潜在的池内火灾，并且增加的封闭性风险必须与爆炸、超压事件的可能性相平衡。一些设计考虑减少上层封闭性，包括在上层使用开放式光栅(考虑上层人员可能遭受的潜在火灾)，将排水盘直接置于设备下方，或将润滑油控制台直接布置在大型旋转设备之下。

6.6.5 封闭结构的设计问题

由于工厂所在地的气候(如严寒温度或高湿度)或由于物质的毒性，工艺单元可能需要完全封闭在建筑物或结构中。附录 B 表中为火灾后果列出的间隔距离是针对位于室外的工艺单元，因此不能用于封闭的工艺单元。此外，由于对可燃蒸气或可燃灰尘的限制、潜在的设备拥塞、紧急疏散/逃生路线有限，消防通道受限，封闭过程固有的爆炸风险会增大。本节讨论一些与蒸气云爆炸模拟、可燃粉尘、通风系统设计、爆炸通风系统设计以及内墙设计相关的封闭结构设计问题。

6.6.5.1 封闭结构设计：模拟蒸气云爆炸

虽然无法使用本指南中附录 B 的表格确定封闭结构内设备的设计间距，但是为了更好地理解这种爆炸的潜在可能性和后果，人们对封闭建筑内工艺单元的蒸气云爆炸进行了模拟。封闭建筑和/或设备的一些防爆方法与前文提到的用于室外工艺的防爆方法类似。这些方法包括：控制点火源(即危险区域/分区划分)、控制氧化剂和可燃物浓度、预爆燃检测、爆燃压力封隔、主动和被动爆炸抑制、主动和被动隔离以及爆炸通风(见 6.6.5.4 部分的通风设计讨论)。

封闭结构内的爆炸模拟需要了解易燃物质的爆炸下限(LFL)和建筑的通风系统。物质的爆炸下限用于确定需要释放多少物质才会使其成为可燃的，类似于蒸气云爆炸(VCE)模型。但是要使用结构内的空气交换/换气率代替气象数据。结构内的空气流动取决于通风系统的供气、排气的设计以及整个封闭空间的空气交换/换气率是否平衡。有许多方法可以模拟封闭空间内可燃云的发展过程，从简化的混合模型到复杂的计算流体动力学(CFD)方法。蒸气云爆炸模拟一般根据释放开始到点火之间的时间、释放速率、空气交换/换气速率、达到爆炸下限以上浓度的混合程度，考虑所计算的填充体积的不同“填充场景”。此外，室内爆炸的模拟也更加复杂，有两个重要机制使得模拟更加困难：①爆炸通风口、窗户或其他面板打开之前；②爆炸通风口、窗户或其他面板打开之后。文献[Hermann 2009、NFPA 68 和 Woodward 2000]提供了对封闭结构内的潜在爆炸超压进行模拟的指导。

6.6.5.2　封闭结构设计：控制可燃粉尘

粉尘爆炸安全最重要的要素之一是通过良好的内务管理措施防止粉尘在设备外部积聚。任何时候，如果存在可燃性粉尘堆积，浓度超过其最低爆炸浓度(Minimum Explosible Concentration(MEC))时，就存在粉尘爆炸危险。在有限体积内积聚的非常薄的灰尘，如果分散的话，就会被点燃。对于具有可燃颗粒固体(如灰尘、纤维、絮状物、薄片、碎屑和块状物)爆炸可能的封闭结构，如果底层油漆的颜色无法辨识，则可能存在危险(即，“积聚灰尘的表面颜色应易于辨别”[NFPA 652])。

与室内可燃物的管理类似，文献中提供了应对粉尘爆炸危险的安全措施，以防止和减轻处理可燃粉尘的工厂中与粉尘爆炸相关的火焰前缘和超压[Barton 2002，Kirby 2005，Hermann 2009，Perry 2011，ATEX 2014/34/EU 和 NFPA 652]。这些安全措施包括：

- 分离和隔离设备(即，在有粉尘危险的工艺与其他操作之间设置间距)；
- 防止灰尘积聚(即，良好的内务管理)；
- 实施局部除尘系统(例如，在料斗或转运站处)；
- 控制点火源；
- 实施爆炸通风和防护。

6.6.5.3　封闭结构设计：通风系统

通风系统有助于降低构成空气传播浓度问题的物质的风险，无论这些物质是易燃物、粉尘、反应性物质还是有毒物质。当对封闭结构内的爆炸进行模拟时(如上文第 6.6.5.1 节所述)，采用可燃物质的可燃极限指导结构通风系统的设计。

通风系统设备包括通风罩、管道、风扇和空气过滤器。此外，通风系统必须采用兼容材料建造，并且所有暴露在易燃物或粉尘爆炸危险中的设备必须防爆(即，它们符合危险区域电气分类标准；见第 6.4.3.3 节中关于 HAC 的讨论)。有关处理有毒和反应性物质的设备的安全设计的更多信息，请参见文献[CCOHS 2015，CCPS 1995c，CCPS 2012a 和 NFPA 652]。

6.6.5.4　封闭结构设计：爆炸泄压口

当围墙存在可燃/爆炸性混合物的可能性时，爆炸通风设计可用于帮助释放围墙内产生的压力，并以可控方式引导与爆炸相关的火焰前沿和超压。当采用防泄爆作为缓和技术时，应考虑通过释放化学“窒息”剂来抑制潜在爆炸的防爆系统，以及防止爆炸通过管道系统传播并扩散到整个工厂或其他设备上的防爆隔离设计。请注意，防爆系统通常是一种特定于设备的策略，防止火焰前缘传播，因此，对于像工艺建筑的大型封闭性结构来说，可能是不切实际的。文献[NFPA 68，NFPA 69]和文献[NFPA 652，Zalosh 2008]提供了有关爆炸泄压结构设计方案和粉尘防爆炸泄压设计的指导。

爆炸泄压口是在封闭的壁面上专门设计的脆弱面板，用于在内部发生爆炸时提前释放能量。防爆板和/或泄压墙被设计成结构中最薄弱的部分，从而有助于减少内部产生爆炸超压，保护围墙的其余部分。爆炸泄压口设计中的重要参数包括物质的爆炸特性、壳体强度和泄放导管设计。

第 6.5.6.3 部分中描述了针对设备的特定超压泄放系统(如泄压系统)，而泄压墙/面板为针对封闭构筑物的特定设计。对于结构来说，泄压墙的强度应该能够承受特定环境条件(例如当地风荷载要求)；比泄压墙更坚固的墙壁应该能够承受假定的爆炸场景。这种类型的设计被称为限损结构(PF Global 1-44)。

此外，防爆板必须泄放至“安全位置”，以降低对人员和其他结构的风险。安全爆炸泄放口位置的设计自 19 世纪 80 年代就已经出现，如图 6.6 所示，杜邦军火工厂的三面石墙设计在建造时将较弱的顶板朝向河流。(希望插图中描绘的渔夫在一个本质安全的地点捕鱼。)

如果工厂计划在设有爆炸通风口的建筑物或结构旁边建造新的建筑物或结构，必须设置安全距离，以确保在事故发生时面板或碎片不会散射以及危及其他结构或设备上。一些规范可能要求与防爆墙保持明确的以及严格限制的出入距离[例如，NFPA 30，NFPA 58，NFPA 68 和 NFPA 61]。尽管每个位置都需要根据具体情况进行评估，但爆炸泄压口的位置应优先高于地面，这样在事故发生时，人员不会在无意中靠近泄压口。如果新结构建在旧结构旁边，则设计有爆炸泄压口的旧结构场地可能需要实施额外的缓和措施，以应对这一潜在问题[Hermann 2009]。

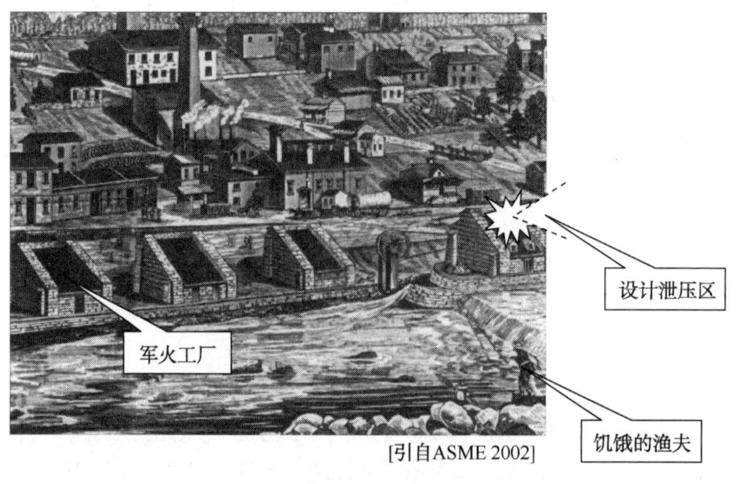

图 6.6 杜邦布兰迪万河军火工厂

6.6.5.5 封闭结构设计：防爆内墙

多层建筑采用防爆内墙设计以防止建筑连续倒塌。从历史上看，当冲击波冲击建筑物时，因为建筑物连续倒塌所造成的死亡人数最多，如上文第 5 章表 5.5 所示的建筑物损坏等级(BDL)图表所述。内墙设计必须能够限制爆炸的影响和飞溅的碎片，以减少对内部人员的伤害，并且必须限制可能阻碍应急响应人员进入的坠落碎片。当爆炸发生时，对建筑物的影响序列为，首先冲击波击破窗户，冲击外墙柱，迫使建筑物的楼板上升，然后在屋顶产生向下的压力，在建筑物的四周产生向内的压力[Hinman 2011]。下文第 6.6.6 部分对防爆建筑的设计问题进行了进一步讨论，减轻建筑连续倒塌的文献中提供了另外的指导[AISC 2013，DOD 2009，GSA 2003，ISC 2010，UFC 4-023-03]。

6.6.6 防爆建筑的设计问题

在结构设计上能够承受爆炸产生的载荷，同时限制结构损伤的建筑物被称为抗爆建筑物。模块化防爆建筑通常用于控制室，并且位于超压区域。如前文所述，模块化施工有助于通过降低项目的施工成本，提高施工效率，但可能会造成封闭性和可达性问题，在工艺单元中布置这些模块时，需要处理这些问题工艺单元。如果必须要有这些建筑，它们应该布置在封闭区域的边缘。文献[例如，API RP 752，CCPS 2012b 和 PIP STC01018]中提供了针对防爆建筑的其他设计信息。

6.7 设备

本节提供了一些说明如何通过在工艺单元边界范围内识别设备的本质更安全位置来降低部分过程安全风险的指导。特别针对容器、反应器、泵、气体压缩机和膨胀机、带进气口的设备、换热器和空气冷却换热器，讨论了良好的、本质更安全的设备布局位置。

在所有情况下处理操作和维修通道时，必须考虑接近问题。因此，设备的布置应确保操作和维修人员在操作或维修期间履行其正常职责时能够接近设备。根据设备类型及其预期的操作和维护工作，应该为每一项工作预留足够方便的间隙。考虑将泵、重型阀门和其他设备布置在地面或安全升降可接近的区域。因此，设备不应布置在需要吊装在其他关键设备或建筑物(如控制室)上方的区域。如果使用吊车轨道，应在轨道末端留出足够的空间，以便在起重机停放时能够远离下方的任何工艺设备。如果是多条生产线(使用相同原料和类似产品的多个并行工艺)并行运行，则应在生产线之间留出足够的间距，以便在一条生产线进行维护时能够安全、独立地停机，且相邻生产线可以继续运行。

6.7.1 将本质更安全设计(ISD)原则应用于设备布局

在进行结构布置时，ISD 原则的应用可以帮助减少爆炸、火灾和有毒物质释放对人员和财产的危害，这同样适用于对工艺单元内设备的布置。当确定设备之间的距离时，第 2 章第 2.2.1 部分中介绍的本质更安全设计(ISD)原则可作为屏障①的一部分(见图 1.2)。可选用的方案包括：通过设备优化设计减轻和缓和后果；减少设备内的大容量储存空间；将其他设备布置在危险影响区之外；通过增大设备布置间距减少拥塞；优化设计液流管路使其远离集液池容器，以防止泄漏物在设备附近或设备下方积聚。当在工艺单元边界内布置具有相似危害的设备时(即集约化)，将高风险设备与其他设备分开布置，可以实现操作、维护和消防设计的整合，可能有助于降低工厂整体风险。消防设备应进行良好设计，使其可以在任何情况下承受初始事件造成的潜在破坏(如爆炸超压)，并应制定设备完好性方案，对其进行定期检查、测试，以及进行功能验证。

6.7.2 容器

当在工艺单元内布置设备工艺单元时，应将可能意外泄漏大量易燃液体的容器或设备放置在合适的位置，使溢出的液体可以从远离设备的地方排出。否则，泄漏的液体在工艺设备下方形成液池，池火会导致设备损坏和停机。通过将与容器无关的明火加热炉和再沸器进行分隔，可以从该区域清除泄漏的其他潜在点火源。不合理的设备布置例子包括在电源或控制电缆干线下方、主管道下方和空冷式换热器下方设置溢油集水池(见第 6.7.8 部分)。值得注意的是，在将主管道远离这些容器时，同时可以减少拥塞，提高消防人员的可达性。

6.7.3 反应器

处理高危险性、反应性或有毒物质的反应器应邻近放置，以帮助减少设备之间的管道长度和管道内存量。此外，当间隔距离减小时，反应器区域的消防系统可能需要扩大。

6.7.4 泵

已知泵密封会增加潜在泄漏，因此处理易燃物质的泵在发生泄漏后更可能发生火灾和蒸气云爆炸。当物质在其闪点以上或在高压力下进行操作时，减压时会使其迅速雾化或蒸发，增加被点燃的可能性。可通过使用完整性更高的密封件(例如，具有主动监测功能并对第一个密封失效自动响应的双密封件)，可以减少密封泄漏事件发生的可能性，而具有自动隔离和雨淋功能的局部碳氢化合物探测器可用于帮助减少后果。对于在接近闪点的条件下处理的物质，一个好的做法是按照物质在其闪点以上的条件确定分隔距离。与上文提到的处理易燃物质的容器类似，泵不应位于输送易燃物质的管道下方、电源或控制电缆干线下方或空冷式换热器下方(图 6.3 所示为不良的易燃或易燃物质的泵布局)。易燃物质的输送泵应布置在罐堤外，并与点火源，如变电站等分开。对于输送自燃物质或高于自燃温度的物质的泵，可能需要更大的间距或额外的保护层。

案例 6-2 说明了保护或分配关键电缆槽，使其远离输送易燃物质的泵可能发生局部火灾的区域的重要性。

案例 6-2：局部泵着火，工艺单元停车

用于输送易燃物质的泵布置在位于有限空间的工艺过程的工艺单元管道下方。由于管道是运行电力和仪表控制线路的方便通道，因此在管道中加设了为机组供电的防火电缆。其中一个泵发生泄漏被点燃，引起火灾。应急响应人员发现泵的隔离阀在火灾范围内，并且无法远程关闭。大火燃烧了一个多小时才被扑灭。尽管电缆的防火性能达到了设计的 30min，帮助操作人员安全关闭装置，但是管道中的电力和仪表电缆被烧毁，导致了长时间的停工。

案例 6-2 中的教训：尽管电力和仪表电缆防火达到了其设计要求，为机组安全停机提供了条件，但火灾持续了 30min 以上，并破坏了泵正上方的电缆。应该具有更好的消防设计和应急响应系统，如可以远程操作的泵隔离、泵排雨淋系统，以及将关键电缆布置在远离潜在火源的地方，都可以防止长时间停工。

6.7.5 气体压缩机和膨胀机

在确定分隔距离时，应将蒸汽或电机驱动的可燃气体压缩机与处理可燃物质的泵等同处理。这些气体压缩机应位于“下风”位置，并与明火加热炉分离，且不应位于设备下方。压缩机的吸气分液罐、中冷器和中冷器蓄能器的位置应确保应急响应人员和维护人员的可达性不受限制。

案例 6-3 说明了为什么在布置设备时也要考虑转动设备的方位。

案例 6-3：有动量就会移动

一个装有大型飞轮的发动机驱动压缩机位于含有剧毒化学品的油箱附近。飞轮与轴的连接失效，飞轮松动，滚向油箱。幸运的是，当飞轮撞到一个设计用来限制油箱附近车辆通行的钢柱时停止了滚动。

案例 6-3 中的教训：为确保相邻设备不受转动设备机械故障的影响，在转动设备周围设置障碍物或将转动设备定向，以使飞行部件不会造成额外的损坏，增加风险。

6.7.6 带进风口的设备

如果在布置设备时未考虑潜在来源的方位和主要风向，则进气口可能会吸入有毒或易燃气体。可能因供气受到污染而产生潜在不利影响的设备包括：

- 炉子和锅炉；

- 空气压缩机和鼓风机；
- 建筑用暖通空调设备；
- 空气分离装置；
- 惰性气体发生器；
- 内燃机和涡轮机；
- 加压建筑(即，针对电气分区/区域分类)。

为了防止危险事件的发生，可在设备进气处安装一个可触发设备安全停机和应急响应的有毒或易燃气体检测系统，包括提高进气高度的设计，以最大限度地降低将吸入的重于空气的气体泄漏到工艺区的可能性。这些进风口应布置在划分的危险区域之外。文献[FM Global 5-49]中提供了更多的气体检测信息。

由于这些设备是在负压下运行，因此它们的进气口还应远离冷却塔可能排放含水蒸气的区域。

6.7.7 换热器

管壳式换热器的位置和布置应确保操作和维护人员有足够的通道，并为盲板操作和管束拆除留出空间。如果换热器内易燃液体温度高于其自燃温度，不要在其上方布置设备，堆叠式布置换热器除外。

6.7.8 空气冷却式换热器

上升气流空冷换热器将空气吸入冷却器，也可能将热量和火焰引向相同的方向。火灾对冷却器的额外热量输入可能导致其他设备的高温和超压。此外，聚焦翅片热传递效能的冶金工艺通常也会使翅片更易发生热损伤。不要将含有易燃物(或加热到自燃温度以上的可燃物)的设备布置在空气冷却式换热器下方，例如容器、泵和换热器。包含多个法兰和阀门的控制站不应布置在与明火加热炉等潜在的点火源隔离的空冷换热器下方。

6.8 解决设备布局优化问题

如第5章所述，设备布置优化取决于公司的风险标准，来确定最“成本效益”的布置。运用成本效益分析对比风险降低方案，包括有形成本(如资金、设备、运营和维护成本)以及无形成本(如质量问题、生产力损失、立法罚款、对公司公众形象的负面影响以及其他社会风险)。因此，设备布局优化的策略也很难确定。例如，在工艺单元内“优化”设备布局以最小化资本成本可能会出现以下问题：

- 由于工艺单元内封闭性或拥塞程度的增加，爆炸危险增加；
- 工艺单元内应急响应的可达性较差，例如应急喷淋通道受阻或疏散路线受限；
- 操作或维护的可达性较差；
- 必须满足的可达性规范，如应急喷淋间的距离。

与第5章第5.19节中描述的区块布局优化方法类似，设备各部件之间的间隔距离可结合附录B(火灾)中表格以及后果模拟(火灾、爆炸和有毒物质释放)的结果确定。尽管附录B中的表格可能无法提供准确的分析性的答案，但这些表格是利用其中汇总的经验起草工艺单元内设备布局的一种工艺单元方法。同样，要注意确保附录B中的表格用于主要基于火灾后果的距离。

一种优化具有易燃危险的设备分隔距离的方法，着重于采用定量泄漏扩散模型预测从潜在释放点到某一位置的易燃物质浓度。例如，公司可以确定其可接受的有毒、易燃或超压范围，然后根据模拟的距离重新布置结构和设备，以优化布局。该方法可与扩散模型一起用于确定有毒物质影响带，例如根据有毒物质浓度确定致死水平、根据燃烧极限确定燃烧的可能性，以及利用爆炸模型确定超压影响范围(例如超压对人员的致命程度和对建筑物的破坏程度)。

6.9 继续选址和布局说明

案例 6-4 沿用了案例 4-13 中引入并在案例 5-6(布置工艺单元，图 5.9)中继续使用的新石化工厂案例工艺单元，说明如何使用具有类似风险的设备来确定位置 3 中设备的分隔距离。

如图 6.7 所示，乙烯工艺单元分为三个不同的区域：低温单元、裂解炉单元和产品单元。在此位置，设备布置团队对裂解炉装置工艺设备的类型和尺寸都有很好的了解。

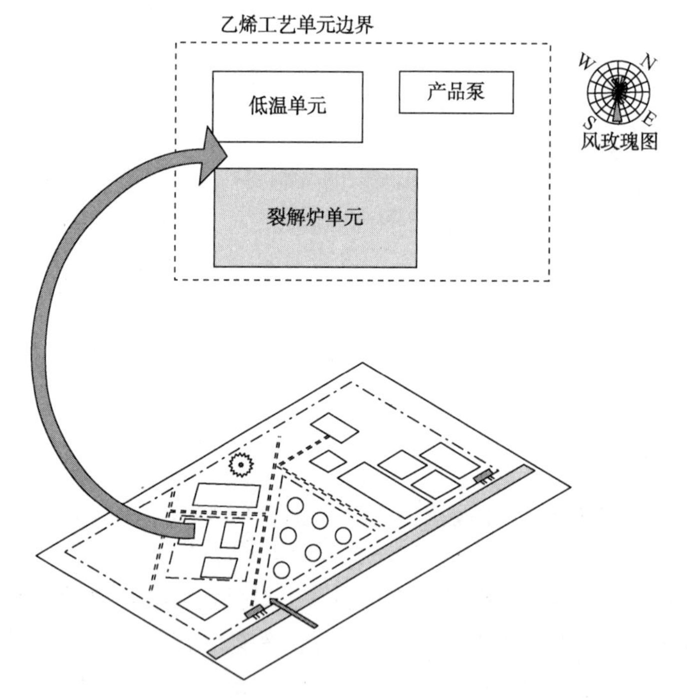

图 6.7 位置 3 的乙烯装置工艺单元区块布局

案例 6-4：新石化工厂案例(续)

供应乙烯工艺的烃类原料流可包括乙烷、丙烷或丁烷。这些原料流通过裂解炉的管道，被炉中燃烧的燃气加热。在管道中注入蒸汽控制产量和帮助防止结焦。

原料在高温作用下会导致原料部分转化为乙烯和氢气。从裂解炉出来之后，工艺流被裂解气体压缩机压缩至更高的压力，然后送至低温单元进行分离和净化。该工艺的主要产品是乙烯和丙烯。

裂解炉装置主要设备如下：

- *一台过热器；*

- 五台乙烯裂解炉(A~E);
- 两台裂解气压缩机;
- 处理高温高压烃类的泵;
- 锅炉给水泵;
- 淬火工艺设备，包括换热器;
- 装置管道;
- 数个消防喷淋系统。

设备布局在仅考虑火灾后果的情况下，首先从附录B表格中提供的推荐距离着手。基于这些距离，裂解炉单元布局如图6.8所示，推荐距离汇总见表6.1。确定距离时要考虑以下布局问题:

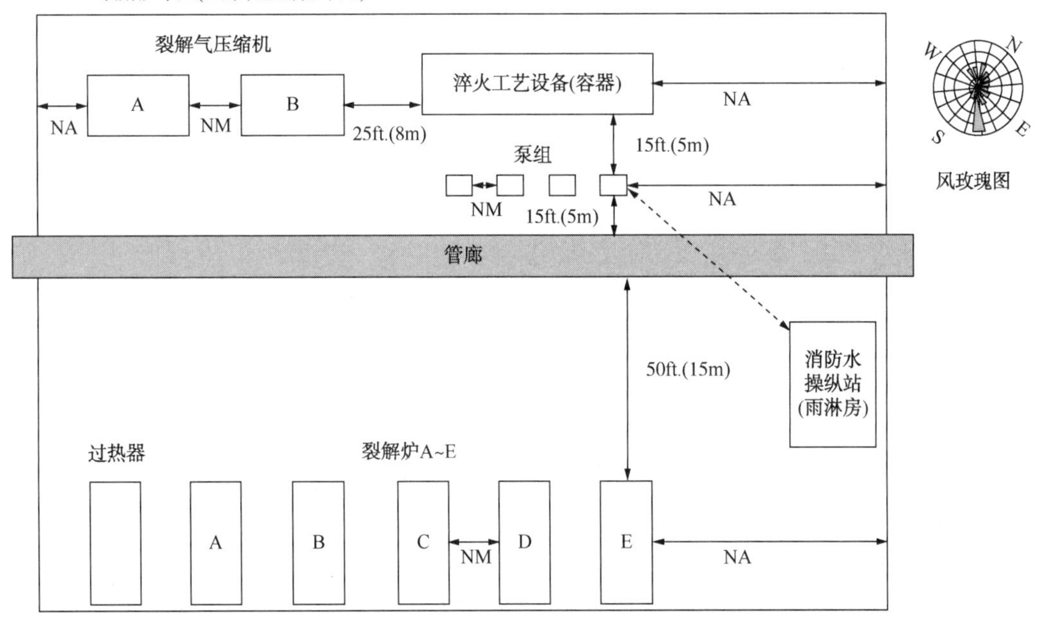

图6.8　3号位置裂解炉单元设备布局

- 过热器和五个乙烯裂解炉(潜在点火源)布置在一起，位于工艺单元的上风侧，并与管道分离。
- 由于两台裂解气压缩机是易燃易爆物质的潜在释放点，因此它们布置在装置中炉子的相反方向，下风侧，最大限度地增加了它们的分隔距离，并且布置在潜在点火源的下风向。
- 将其置于潜在火源的下风位置。
- 泵按其风险等级分组，在高温和高压下处理烃类的泵为一组，锅炉给水泵在另一组。两组泵均沿通道成排布置，以便在泵扬程维护期间(如需要)可接近。
- 淬火过程中的容器也成组布置在一起，位于炉子的下风侧，其换热器的布置要留出在维修期间拉动管束的空间。
- 处理易燃物的泵组布置在装置管道的旁边。管道是防火的，并设有消防喷淋系统进行保护，减少后果并隔离泵的火灾。淬火区的空冷换热器不在这些泵的上方。

- *所有消防喷淋系统操纵站集中排布在单元边界处(控制室方向)。这将操纵点置于火灾危险区域之外，易于接近，并将其置于紧急情况下可能的行走路径上。*

案例6-4中的经验教训：应在布局开始前了解物质类型、相关危害及其工艺条件(即温度和压力)，这些因素会影响距离。首先评估主导风向，以帮助确定潜在火源以及在工艺单元“相反”侧处理易燃物质设备的位置。将类似风险分组在一起的策略(泵、炉)有助于布局设计，并优化对该区域的利用。

表6.1　3号位置裂解炉设备布置距离总结(注：插图仅考虑火灾后果)

		距离(ft 或 m)-地面高度或斜坡							
		裂解气压缩机		淬火工艺设备(容器)		泵		管廊	
		1		2		3		4	
1	裂解气压缩机								
2	淬火工艺设备(容器)	25ft 8m	B. 1-16						
3	泵			15ft 5m	B. 1-17				
4	管廊					15ft 5m	B. 1-22		
5	裂解炉							50ft 15m	B. 1-22

距离{ 15ft / 5m | B.1-17 } 附录B　表B. x-第#列

6.10　工艺单元内确定设备布置检查表

附录F是根据初步危害分析危害和风险信息(参见附录C中提供的检查表)建立的，旨在帮助设备布局团队确定工艺单元内的工艺设备之间的距离。该团队必须了解设备是如何设计、操作和维护的，这样在工厂开始运行时，现场的设备布局就不会产生操作和维护的可达性问题。

6.11　小结

本章提供了确定工艺单元内设备之间距离的方法指导工艺单元。首选为预防措施，如减少潜在的设备拥塞和封闭、布置管道、分配公用设施和确定储罐位置，但也可以采用缓和措施。这些缓和措施有助于减轻爆炸、火灾、有毒物质释放和多米诺骨牌效应的后果。工程保障设计也可用于减轻后果。一旦解决了结构和建筑物之间的结构设计问题(如使用模块化单元、单层或多层结构、部分封闭或完全封闭结构以及防爆建筑)，就可以指导设备布置问题和优化设备布局。

7 变更管理

工厂的变更管理(MOC)系统旨在识别工艺、设备或相关辅助作业的计划变更对安全和健康的影响。MOC 系统还识别人员(如员工、承包商和供应商)的变更，帮助确保有能力的人员正确理解并管理过程安全风险及其相关的行政和工程管控措施。在提出新工艺、对工艺进行变更或扩展时，由于潜在爆炸、火灾和毒物释放对驻人建筑或关键设备所在位置的危害会发生变化，人员和设备的风险会受到影响。MOC 系统应包含进行识别、审查和更新(如需要)变更对选址和布局影响的步骤，确保持续满足公司的风险标准。

在某些情况下，工厂布局已经确定，或安装的缓和系统是基于较低工艺危害和风险确定的，因此，既有的间隔距离(危害单元之间)，以及(或)已安装缓和系统的能力可能不能充分应对人员、设备或结构所面临的新的危害及风险。MOC 审查提供了重新验证工厂与其相邻工厂的间距、工厂内工艺单元的间距、工艺单元内设备的间距和已安装缓和系统能力的框架程序。当间隔距离和/或缓和系统被识别并被纳入分析流程时，针对选址和布局变更的 MOC 过程应能够提供合理规避风险举措。

7.1 概述

本章只关注工厂变更管理系统的部分内容，即评估在现有工厂中新建、临时改建或扩建工艺过程中对选址和布局方面的潜在影响。图 7.1 展示了变更管理方法以及变更对选址和布局产生的影响。

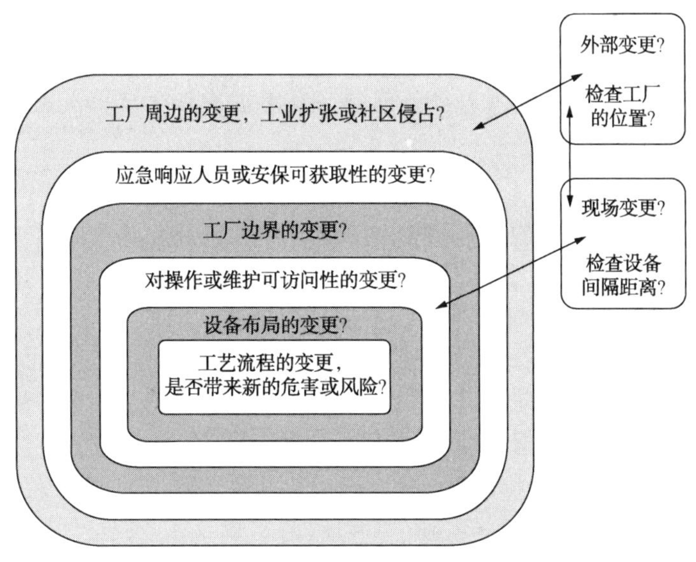

图 7.1 变更管理时的一种选址和布局方法

现场和场外变更都可能影响工厂工艺单元、工艺单元内设备的可接受位置和单元设备间距。关于开发、实施和维护有效的变更管理系统的内容不在本指南范围内，相关内容可参见文献[CCPS 2007a、CCPS 2007b、CCPS 2008c 和 CCPS 2011a]。

必须评估变更方案对现场人员和设备以及工厂周边社区和区域的潜在影响。尽管临时活动有一个确定的持续时间，并且得到了受影响方的同意(比如，工程、运营和维护)，但对工作人员来说，最高风险时间之一在于同时操作(SimOps)。当其他单元处于实时操作状态时，大修前、中、后期均应进行有效的沟通。第5章第5.6.2节提供了关于同时操作相关的内容，案例8-1描述了BP得克萨斯城事故，在该事故中，临时拖车违规停放在了危险区域。

另一个在有效变更管理系统中通常未得到解决的难题是超出公司控制范围内的变更对工厂的影响，诸如社区侵占或相邻工厂变更带来额外风险。公司管控范围之外的变更包括工业扩张、社区侵占或新的立法要求。

这些变更可能要求重新评估现有工厂的过程安全相关风险，及对现有工厂的应急响应计划和安全措施的潜在影响。在某些情况下，这些外部变更可能要求对工艺单元的设计或防护措施进行额外升级，以应对工厂周边社区增加的风险。

案例7-1说明了选址和布局问题如何影响工厂风险评估，由于扩建项目产生相关的危害，要求工艺设计和工程技术措施变更——屏障变更。

案例7-1：选址和布局问题引起的扩建设计变更

一家生产树脂的公司正在考虑增加一种工艺过程，该工艺过程使用氢氟酸(HF)作为原料。氢氟酸通过机动轨道车进入工厂，进入工厂后，需要对轨道车进行卸载和清洁。最初的危害审查识别了在轨道车卸载或清洁期间发生氢氟酸泄漏的潜在事件。

该公司为了更好地认识风险，对事故进行了后果分析。扩散分析表明，在卸车压力和温度下的中等尺寸泄漏会对卸车区域和周边区域产生影响。由于清洗操作的压力较低，清洁过程中可能泄漏出的氢氟酸量小得多，因此对火车的清洗不太关注。

针对选址和布局的分析表明，考虑到工厂位置和规模，增加拟建氢氟酸卸车区与潜在受影响区域的间距的做法并不可行。但如果氢氟酸卸车和清洁可以改成密闭操作的设计，则可能降低风险。因此，对卸车和清洁操作进行了更新设计，新设计包含一个密闭结构、HF探测器、温度和通风控制、放空洗涤器和一个雨淋系统，该设计可以满足公司风险允许水平。

案例7-1中的经验教训：工艺变更包括原料种类、工艺条件以及用于处理原料的设备类型的变更。本案例研究中增加了氢氟酸，该变更表明当引入危险原料或作业时，可能对工厂选址和布局风险产生重大影响。在此情况下，需要重新评估工艺变更相关的危险和风险，并在新工艺的设计中增加额外的保护层，以消减新增的风险(最终保持风险处于合理水平)。

此时值得注意的是，可以使用以下CCPS基于风险的过程安全(RBPS)系统帮助管理设备的完整性风险：变更管理和操作准备(阶段1、阶段2、阶段3、阶段4、阶段5、阶段6和阶段7)；符合标准、过程知识和管理；危害识别和风险分析(第1阶段)；承包商管理(第2及第3阶段)；操作程序和安全工作实践(第4阶段)；以及资产完整性和可靠性(第5阶段)[CCPS 2007a，SEPEDA 2010年]。

7.2 解决周边社区和工业扩张问题

大量文献证明，印度博帕尔工厂周边的社区扩张对1984年有毒气体甲基异氰酸酯泄漏造成的人员死亡和伤害起到了重要作用[Atherton 2008, Kletz 2009，见案例8-9]。大约30年后的2014年，当储存的硝酸铵爆炸时，得克萨斯州的西部化肥公司周边的土地侵占也对周边人员伤亡和财产损失产生了重要影响[CSB 2016, Pearce 2015，见案例8-11]。将处理或加工危险物质的工厂安置在远离周边社区的地方，从本质上来说是更安全的，可以降低周边人员暴露风险。在可行的情况下，购买新工厂周围靠近社区的额外土地并将其划为缓冲区，是一种有效手段。该工厂占地以外的土地缓冲区可能有助于管理周边“邻居”的增长或扩张问题，有助于将周边潜在风险降至最低。

然而，了解目前社区侵占和工业扩张的问题或感知将来政府关于这些问题的规则和立法是很重要的。下面有一个把工业区建在远离居民区的良好实践，世界上部分地区已经在实施区域划分的相关规章制度，将工业区与住宅区分离(如中国香港、新加坡、泰国和美国休斯敦的船只航道)。当工业开发商、监管机构或项目所在地的社区面临将来的侵占问题时，可以识别因潜在的住宅侵占而产生的变更管理问题。

7.3 选址和布局变更管理方法

图7.1中所示的选址和布局方法提供了一个框架，用于在执行这些审查时解决超出建筑边界的变更。提出的问题可能包括：

- 周边的工厂是否改变流程，这可能会造成额外风险，或者增加了他们工厂可能发生事故的后果严重性(和风险)?
- 工厂附近土地的分区条例是否发生了变化?
- 如果外部应急响应人员是工厂应急响应计划的一部分，那么周边的变更是否影响了他们的响应能力或可达性?
- 如果特殊的安全措施已到位，这些措施是否能够应对周边变更?

案例7-2说明了当一个周边工厂改变其工艺，或在工厂选址和开发后增加了危害和风险暴露时，会产生问题。

案例7-2：这个资产很好，但是相邻工厂改变了他们的风险

考虑一个新的、相对无害化学品和仓储作业的候选地点，很容易选中一个周边没有任何重大危害化学品或工艺的现有基础设施。初步调查结果表明，该场址对拟建装置和将来的扩建计划有足够的空间，因此常规的工厂设计就足够了。

后来，在工厂的发展过程中，该厂发现相邻工厂计划在厂界区附近安装一个大型环氧乙烷罐。环氧乙烷是有毒的，而且比大多数化学品更糟糕的是，它有产生高度爆炸危害的倾向。因此，公司必须重新评估新建项目的选址，并考虑新危害的存在，这带来了新的过程安全风险。对该厂常规工厂设计进行新的风险分析导致了工厂升级的巨大成本，并要求该公司修改其应急响应条款。

案例7-2中的教训：尽管在选择工厂位置时难以理解和预测相邻工厂的潜在影响，但是本案例展示了一个基于现有原始信息的场景，该场景显著改变了与新位置相关的成本。因此，选址评估应尽可能考虑并预测邻近工厂可能发生变更的潜在影响，了解邻近工厂当前的运营情况以及未来的扩建计划。

7.4 维持工厂在生命周期内的完整性

生命周期中工厂的完整性受到其工艺单元和相关设备生命周期的影响。如前所述，设备包括设备设计的工程安全措施、基本过程控制系统内的关键报警、独立的安全仪表系统、主动和被动物理保护屏障以及应急响应固有的消防系统。这些屏障如图 1.2 所示，显示了现场和周边屏障的选址和布局问题。因此，在设备使用寿命期间，关注和维持设备的完整性有助于降低与工艺单元相关的风险，最终降低工厂的风险。

此时，了解设备完整性维护系统的主要目标将有助于维护工厂的完整性：确保在工厂使用寿命期间制定并实施维护程序，以维持设备的适用性[CCPS 2007a，Klein 2017]。维护程序包括检查、测试和预防性维护(ITPM)程序、基于风险的检验(RBI)程序、以可靠性为中心的维护(RCM)和设备质量保证程序。特别是，生命周期的维护阶段必须解决人员能力和素质、执行维护任务的适当工具、设备设计和维修中的适当施工材料、在设备生命周期的所有阶段遵守工程设计规范和实践、执行设备和管道预防性和预测性维护实践，确保设备生命周期所有阶段的质量控制。

设备生命周期的八个阶段是：

(1) 设计；

(2) 制造；

(3) 安装；

(4) 调试；

(5) 运行；

(6) 维护；

(7) 变更；

(8) 退役(参见第 2 章第 2.2 节和图 2.2 中的生命周期讨论)。

有时制造阶段和安装阶段都被合并到“建造”阶段，在项目从工程阶段移交至运营(“运行准备就绪”如图 2.1 所示)之前，还有一个固有的调试阶段。退役阶段可能包括从设备上移除所有物料，永久性地将设备与其他工艺和公用设施断开，以及移除工艺管道、设备和相关支撑结构。

图 7.2 中所示的设备生命周期各阶段同样适用于工艺单元及工厂。

对于设备及其工程保护措施的变更管理，其良好的操作纪律(第 7 阶段)包括在审查早期所面临潜在的选址和布局问题，并将有效的变更管理程序应用于其他阶段，如下所示：

第 1 阶段：设计

安全保护措施设计和位置的变更必须参考并使用可接受的选址、布局距离以及良好的工程实践。请注意，设计寿命相对较短(如两年)的设施与设计寿命较长(如 15 年)的具有类似危害的设施相比，会有不同的选址和布局问题。

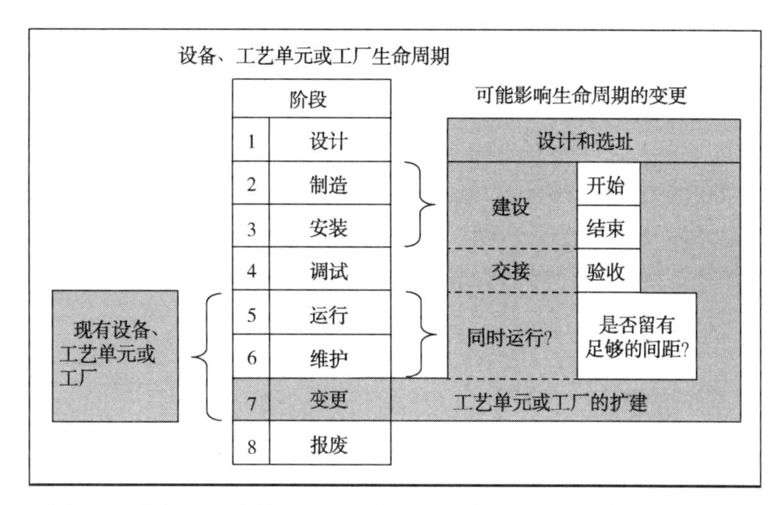

图 7.2 设备、工艺单元及工厂全生命周期中的选址及布局变更管理

第 2 和第 3 阶段：制造和安装(建造)

设备的新位置或变更后的位置必须解决潜在的选址和布局问题，并满足工程设计中规定的制造和安装要求。

第 4 阶段：调试

当工程部将变更后的工艺或设备移交给运行部门时，该阶段可能有特定的术语(即美国 OSHA 术语为“启动前安全审查——PSSR”)。无论是执行大的或是小的变更，这是所有工艺和设备变更的固有阶段。

第 5 阶段：运行

变更必须解决负责操作流程的人员的潜在可达性问题，并确保不超过安全操作限值。

第 6 阶段：维护

变更必须解决维护人员的潜在可达性问题，并确保测试和检查得到安排和执行。工厂既有加工设备也有防护设备，因此需要一个测试和检查程序来保持设备的完整性并延长设备的使用寿命。

第 7 阶段：变更

必须有一个系统来管理所有阶段的变更(本章的主题)。

第 8 阶段：退役

当停用加工设备或防护设备时，变更必须解决潜在的选址和布局问题。当工厂、工艺单元或特定设备在其使用寿命结束时，或当旧型号设备和相关零部件不再制造时，必须明确退役步骤。退役协议必须说明设备是否长期闲置、是否只是简单地就地废弃(例如，通过移除相关管道与运行单元物理隔离)，或是否已从工厂中完全移除。如果在以后考虑使用临时建筑或拖车，则应针对潜在的拥挤问题处理现场已废弃设备。

请注意，在每个阶段的某一点上，组织中所有层级的人员都会直接或间接地影响设备的完整性：

- 领导层必须在所有阶段提供支持，包括足够数量的训练有素和合格的人员、足够的维护工具、更换的零部件和物料，以及在设备出现缺陷时解决这些问题。
- 工程人员必须解决与工艺和设备设计相关的危害和风险。

- 采购和施工人员必须确保制造和安装过程符合设备的设计规范。
- 操作人员必须在其安全操作范围内操作设备。
- 维护人员必须执行设备的预防性维护检查和测试，以延长设备的使用寿命，并根据检查、测试结果，采取应对措施。

文献[CCPS 2008c、CCPS 2011b、Klein 2011a 和 Vaughen 2011b]中提供了有关良好操作行为、良好操作纪律以及用于在工艺和工厂寿命内维持设备变更管理的良好实践的其他信息。如果每个人都有正确执行任务的操作纪律，那么设备应不会突然失效，导致过程安全事故。

7.5 管理现有工厂的扩建

在施工、维护或退役阶段，如果现有工厂的其他部分仍在运行，则可能需要解决现有工厂运行与扩建同时进行(SimOps)的选址和布局问题(见第5章第5.6.2部分)。在变更管理评审期间，可以增加一个步骤来评估运行与扩建同时进行相关的问题，通过该步骤验证这些活动之间的足够距离(见图7.2)。施工有明确的开始和停止日期，并有一个验证步骤，以确保设备正确安装在布局设计中规定的位置[CCPS 2007b、CCPS 2008c 和 Garland 2012]。在使用模块化设计(包括结构和建筑物)增加含易燃物质的工艺时，必须解决施工期间的堵塞和限制问题，确保潜在的物质泄漏事故严重性不会随着爆炸风险的增加而加剧[CCPS 2012b]。

7.6 管理现有工厂的收购

在收购现有工厂时，必须评估现有设备的位置及其在工艺单元内的布局、工艺单元在工厂内的布局以及工厂距离相邻工厂或公共区域的相对位置，以确保有足够的间隔距离，可以满足采购公司的风险承受能力水平。现有工厂的布局可能是基于不太严重的危害和风险，也可能是在建造和布局前使用先前可接受的容忍风险水平，或者可能是在未解决潜在选址和布局问题的情况下建造的。因此，与人员、设备和结构的间距可能不够，买方需要解决当前风险容忍水平与现有风险水平之间的差距。

现有工厂的选址和布局审查应评估与间隔距离相关的风险，并根据需要提出解决方案，以满足公司的风险容忍水平。一些现有的选址和布局风险问题(包括潜在解决方案)可能包括:

- 潜在危险物质清单，即:
  - 减少大量不必要的危险化学品存量。
- 爆炸可能性，即:
  - 减少拥塞和受限;
  - 处理可燃固体时，减少粉尘的积聚;
  - 增加泄压系统和防爆板。
- 潜在火灾，即:
  - 将易燃液体排放至安全聚集区;

  ◦ 增加消防系统。
- 有毒物质释放的可能性，即：
  ◦ 封闭关键设备或工艺；
  ◦ 建立就地避难建筑；
  ◦ 增加雨淋系统或水幕。

第 5 章第 5.13 节对使用中的关键结构布局问题进行了更加详尽的讨论，以帮助降低潜在事故发生的可能性或后果严重性。

7.7 通过定期审查监控变更

根据最佳实践和政府规定，必须建立定期审查或审计工厂管理变更(MOC)系统的流程[CCPS 2011a]。MOC 审查/审计过程应确保对工厂选址评价的代表性样本进行检查，以检查假设和结论是否适当。在审查/审计过程中，还应对变更的工厂进行抽样检查，以确定未触发工厂选址审查，但可能对工厂选址产生影响的变更(例如，确保不打算使用的建筑物不会驻人)。

在定期审查/审计中应评估的一些项目包括：

- 确保选址和布局文件反映了由变更引起的足够间隔距离的重新验证(例如，设备之间、工艺单元之间或工厂与相邻工厂或社区之间)。
- 确保变更也考虑了运行、维护和应急可达性问题(例如，识别之前可能未得到解决的现有风险问题)。
- 确保建筑物的"驻人"或"未驻人"状态准确无误。例如，新的或改进的远程仪表室通常是有温度控制的建筑物(即设有空调)，但通常设计为无人使用。如果有证据表明这些建筑物有人居住，则必须在工厂选址研究中将其重新评估为"驻人"。
- 确保为不符合公司选址标准的建筑物制定缓和方案。缓和方案可能涉及人员搬迁，将人员出现率降到最低程度、对建筑物进行安全防护或加固。方案中还必须包括缓和措施的实施日程。

其他变更管理活动，如确保受选址和布局变更影响的运行、维护和合同人员在实施前已获知变更，包括对受变更影响的更新程序和实践的培训，应在变更管理关闭前成为工厂变更管理系统的一部分[CCPS 2008c，Garland 2012]。

案例 7-3 说明了在现有工厂扩建运行时可能出现的潜在扩建问题和设计选择。为了便于说明，从附录 B 中的表格中选择间隔距离(即仅用于火灾后果)及 NFPA 400 所注明的过氧化物储存地点。

案例 7-3：管理现有工厂的扩建项目

一家公司计划提高图 7.3 所示的旧的现有工艺单元的树脂生产能力。目前采用的催化剂为Ⅱ级有机过氧化物，其储存厂房为按照当前催化剂与反应器厂房间距建设的独立的、无消防喷淋的过氧化物仓库，最大存储量为 2000 磅(918kg)。(注意，储存大量其他过氧化物可能需要更大的最小间距和其他保护措施[NFPA 400])拟扩建的范围内包括两个新反应器、两个新冷却塔、对现有催化剂储存厂房的增设，以及对催化剂制备厂房的扩建。

设计审查和初步过程危害分析的结果识别出选址和布局问题，现有间距不满足要求，不

符合附录B中列出的火灾后果间距。当前间距如图7.3所示。基于这些距离，扩展项目团队必须解决每个问题，以确保最终扩展计划与可接受的距离一致。

项目组对扩建项目原始范围和设计进行了分析并提出了解决这些问题需要进行的变更，最终选址和布局建议如图7.4所示。这些变化包括将反应器建筑向南延伸，修改催化剂配方(有机过氧化物的变化)，以及设计更好的催化剂装填程序操作(导致危险区域/区域分类发生变化)。扩建项目组还建议将控制室东移，将催化剂制备楼及其扩建工程北移，并将现有催化剂储存楼连同催化剂储存室一起移到工厂的另一栋楼(有可用的储存空间)。

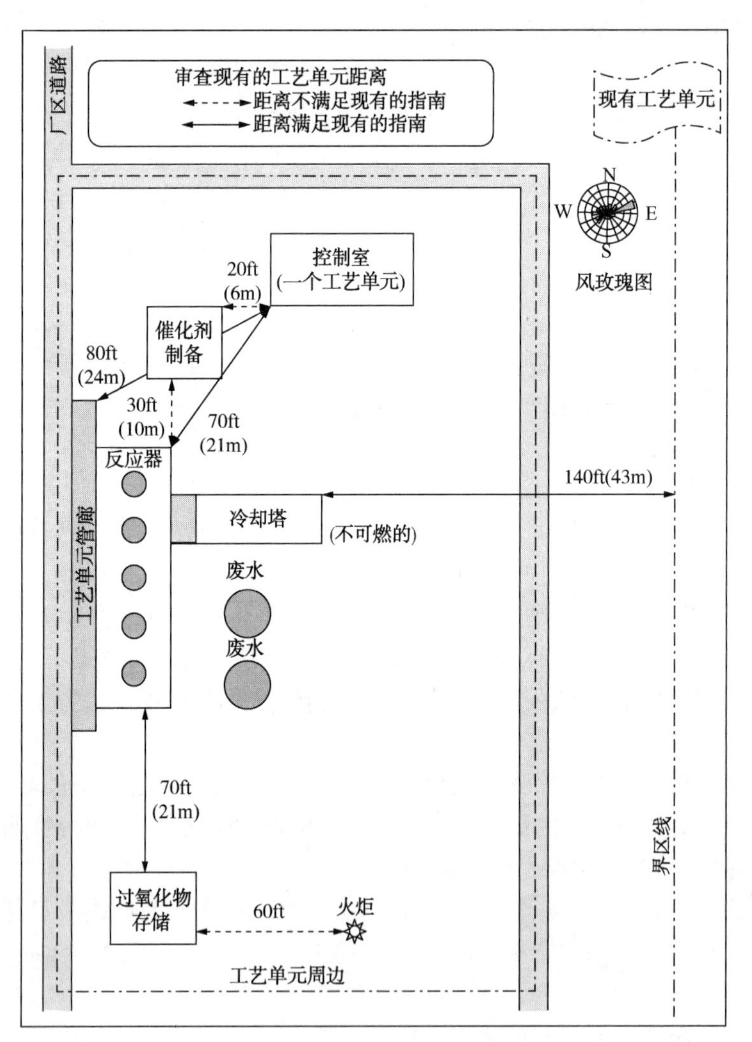

图7.3　现有工艺单元的间隔距离

案例7-3中的经验教训：设计审查和对现有工艺变更的初步危害分析可用于识别与现有工厂间距的差距和潜在可达性限制的问题。这有助于确保在施工和运行前确定设备和建筑物之间的理想布局距离。在这种情况下，可以将本质更安全设计应用到催化剂制备、储存相关方面上，并且可以设计新的工程控制设施或措施来帮助减少其他过程安全风险。表7.1为扩建项目团队审查前后的总结，表7.2提供了拟扩建项目与现有工厂的间距！

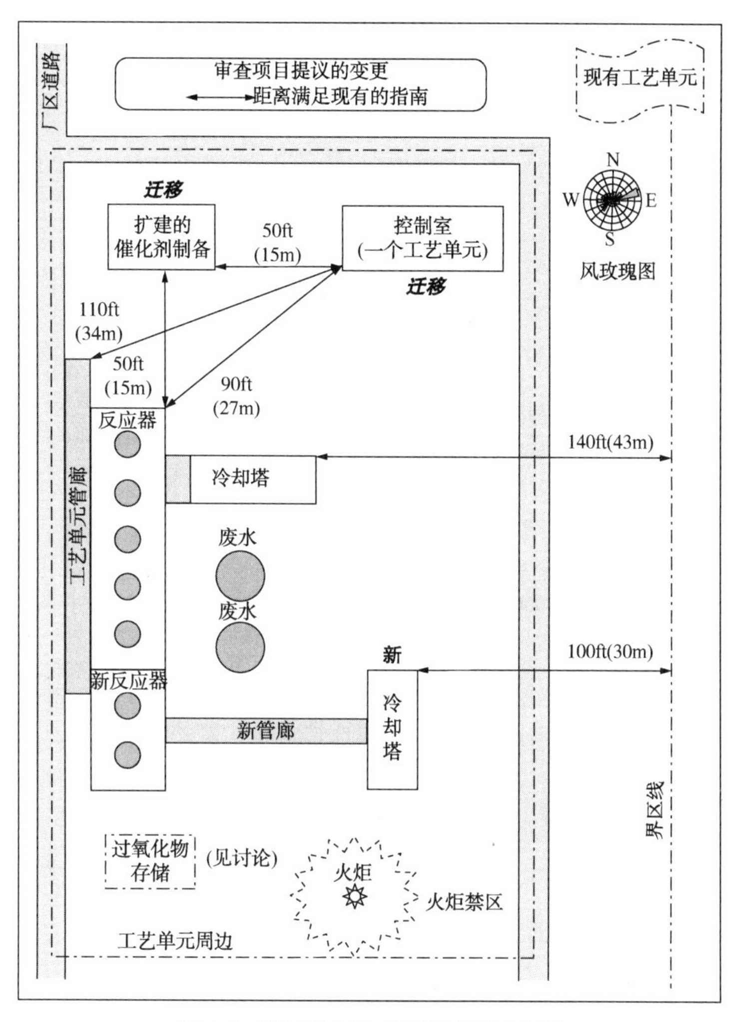

图 7.4　现有工厂扩建工程的拟定布局

表 7.1　扩建工程实例中的选址和布局问题及应对

扩建工程实施前 扩建工程范围内，对现有布局识别出的间距问题	**扩建工程实施后** 应对扩建项目布局问题的方案
范围：新增两个反应器	
反应器厂房向东扩建将侵占工艺单元的维护通道	扩建项目组将反应器厂房向南扩建
反应器厂房向南扩建是一种选择方案，但是应急火炬产生的辐射热风险尚未确定	对扩建的工艺应急火炬负荷和辐射热进行研究确定，其辐射热危害不显著，不会影响反应器厂房向南扩建。但是，扩建项目组还是增加了一层额外的保护层，将反应器厂房的屋顶材料改为了镀锌或涂漆钢，以减少长期暴露在应急火炬辐射热中而造成的潜在损害
范围：扩建催化剂制备厂房［根据 API 500］	
催化剂制备过程需要打开、关闭含有易燃液体的容器。该过程要求建筑物及其设备设计为电气分区 I 类 1 区。用现有工艺扩建催化剂制备厂房需要扩大催化剂制备厂房周围的分级区域	扩建项目团队提高了催化剂溶液制备过程的自动化程度，将扩建催化剂制备大楼内的区域电气分类降低到 I 类 2 区

续表

扩建工程实施前 扩建工程范围内，对现有布局识别出的间距问题	扩建工程实施后 应对扩建项目布局问题的方案
当前控制大楼位于非分级区域。扩建项目的危险区域分级区将延伸至控制楼的当前位置	即使由于催化剂制备工艺的变更降低了危险区域级别，扩建项目的电气分类区域仍会延伸至控制楼的当前位置。因此，扩建项目组建议将控制楼向东移动，使其保持在非分级区域
此外，控制楼和催化剂制备厂房的当前间距不符合当前防火间距标准(附录 B)	控制楼向东移动以满足当前的距离要求
范围：扩展过氧化物储存建筑[根据 NFPA 400]	
根据现有工艺中使用的催化剂配方，现有反应器厂房和催化剂储存厂房之间的间隔距离足够。(>50ft；>15m)	通过本质更安全的设计分析，扩建项目组确定了一种不同的催化剂配方，该工艺使用Ⅳ级(低反应性)过氧化物。通过在过氧化物储存厂房中添加自动喷水灭火系统并减少过氧化物危害分级，可获得所需的过氧化物储存和扩建反应器厂房的安全间距(即无限)
如果不进行应急火炬辐射分析，则过氧化物储存厂房的位置不满足与应急火炬系统的最小间距 500ft(150m)的要求(附录 B)	扩建后的工艺应急火炬负荷和辐射热研究确定存在中等辐射热危害，不会影响过氧化物储存厂房的扩建。尽管扩建项目组确定了不同的催化剂配方，并建议在储存厂房中增加自动喷水灭火系统，但随后的成本效益分析表明，将过氧化物放置在工厂的另一个建筑内可以降低过氧化物储存的风险
范围：增设新冷却塔	
新的冷却塔及其管道的位置干扰了工艺单元的运行和维修通道	冷却塔位于南部，因此新的管架不会影响工艺单元的进出通道
现有管沟已达满负荷，无法容纳扩建工程的新冷却塔配管	扩建项目组对管架的支撑结构进行了过剩的设计，为以后的扩建做好准备
如果不进行应急火炬辐射分析，冷却塔的位置不会符合与紧急火炬系统的最小间距 500ft(150m)的要求(附录 B)	与反应器厂房和过氧化物储存厂房的结果类似，扩建项目组的评估表明，中度热危害不会影响冷却塔扩建的位置

表 7.2　拟扩建项目与现有工厂布局距离比较实例

				现有布局		提议布局	
距离自	距离到	附录 B 表	指南/ft(m)	现有/ft(m)	可接受距离?	未来/ft(m)	可接受距离?
管廊	控制室(一个工艺单元)	B. 4-8	30(10)	80(24)	是	110(34)	是
反应器(工艺设备)	催化剂准备(过氧化物处理)	NFPA 400	50(15)(Note)	30(10)	否	50(15)	是
反应器(工艺设备)	控制室(一个工艺单元)	B. 4-8	50(15)	70(21)	是	90(27)	是
反应器(工艺设备)	过氧化物存储(第Ⅰ类到第Ⅳ类)	NFPA 400	50(15)(注)	70(21)	是	70(21)	是
催化剂准备(过氧化物处理)	控制室(一个工艺单元)	NFPA 400	50(15)(注)	20(6)	否	50(15)	是
冷却塔	边界线	B. 1-12	10(3)	140(43)	是	140(43)	是
新冷却塔	边界线	B. 1-12	10(3)	不适用	不适用	100(30)	是
高架火炬	过氧化物存储(第Ⅰ类到第Ⅳ类)	B. 7-1	500(150)(不计算)	60(18)(不计算)	否	60(18)(With Calcs.)	是

注：对于当前过氧化物的间距，指南为 50ft(15m)；拟用过氧化物的间距，指南为 UNL(“无限制”)。

尽管过氧化物储存厂房带有喷水灭火系统并使用了新的Ⅳ级过氧化物，“符合”指南间距的要求，扩建团队仍建议将储存厂房移至工厂的另一个厂房。当然还可以考虑其他保护措施，包括提高过氧化物厂房屋顶的耐热性；增加喷水灭火系统；或将厂房用作过氧化物的二级(也更近)储存地点，在需要时可将其直接转移到催化剂制备厂房。因此，接收和储存过氧化物的主要地点将位于工厂中的另一个厂房。

7.8 解决扩建期间识别的选址和布局问题

在工厂管理扩建项目时，案例7-3中提供的插图表明，一些项目可能会发现现有的间距不符合建议的间距要求。因此，扩建项目必须在项目早期识别并解决潜在的选址和布局问题。扩建项目团队应负责解决现有问题，要么创建一个单独的项目来解决这些问题，要么将其解决方案纳入扩建项目的范围，认识到任何一种途径都会增加原始扩建项目的成本预算。在这两种情况下，工厂选址问题的识别和缓和措施应在扩建项目的过程危害分析中进行记录。

7.9 小结

变更管理这一章讨论了现场和周边变更如何影响选址和布局的风险场景。周边变更包括社区侵占和工厂扩建。现场变更包括管理现有工厂的扩建。买方应了解工厂的当前状态，并确定其选址和布局是否符合当前的法规政策和行业最佳实践。如果购买的工厂不符合当前预期的间距要求，则必须调整这些差距。在任何情况下，用于监测工厂过程安全风险降低和管理工作健康状况的过程安全系统也必须通过定期审查来监测和解决现场和周边的潜在选址和布局问题。

8 案例分析

本章精选了一些历史案例来说明对选址和布局进行风险管理的必要性，同时也列举了企业未对选址和布局进行有效风险管理可能出现的后果。这些历史案例既有实际发生过的事故，也有演示场景。表 8.1 中列出了本章使用的历史案例的概览。

此外，Marsh[Marsh 2014]还提供了油气行业中一些财产损失严重并导致工厂和周边社区人员疏散的历史案例。重温事故，Marsh 指出这些企业本该通过选址和布局原则，如优化布局、合理分离和工艺隔离等，将风险降到最低。

Marsh 认为，工厂的寿命对发生事故后工厂的重建成本具有很大的影响。由于大多企业都是成熟的企业，设备普遍老化，全球炼油企业的整体风险不断增加，而项目升级和扩建会加剧工厂的复杂性，导致“更高度的价值集中”(设备密集布置会导致事故时更多的设备损坏)。另一方面，随着时代的发展，现今人们已设计出很多更加先进的炼油装置单元，并对它们的布局进行优化，大大降低了事故扩大风险。如果这类工厂发生事故，它们的重建成本就相对较低。

此外，Marsh 指出“本文中列出的事故任何损失都不应被视为‘黑天鹅’事件”(请参考第 3 章第 3.3.6 节中关于“ 高后果、低频率”事件的讨论)。企业中的各“危险过程”十分复杂，为更有效地管理风险，企业的各层级人员都应该理解各“过程安全制度”之间的相互关联。[Leveson 2011，Murphy 2012，Vaughen 2012 2b，Murphy 2014，Klein 2017]。Marsh 还指出，需要建立有效的流程对老化工厂进行管理，进而有效地管理风险。

表 8.1 选址和布局的历史案例概览

第 8 章历史案例			案例主题					
			选址管理			技术管理		变更管理
			厂内		社区			
			人的不安全行为	物的不安全状态	侵入	失控反应		
						储存	反应器	
历史案例		选址和布局问题						
8-1	2005 年，英国石油公司(BP)美国得克萨斯州炼油厂爆炸事故	非操作人员问题	1					
8-2	1988 年，美国太平洋工程和生产公司爆炸事故	大量活性化学物质的表现		1	1	1		
8-3	2006 年，丹佛斯市化工厂爆炸事故	受限蒸气和场外损坏的影响		易燃物	1			1
8-4	1984 年，墨西哥国家石油公司液化石油气公司储运站事故	LPG 罐潜在选址发生 BLEVE 爆炸		液化石油气				

续表

第8章历史案例			案例主题					
			选址管理			技术管理		变更管理
			厂内		社区	失控反应		
			人的不安全行为	物的不安全状态	侵入	储存	反应器	
历史案例		选址和布局问题						
8-5	2007年，美国西弗吉尼亚州根特市便利商店事故	碳氢化合物储存地点		丙烯				
8-6	19世纪80年代，美国得克萨斯州蒙贝尔维多起事故	对现有社区的影响		液化天然气				
8-7	2007年，美国得克萨斯州森雷市瓦莱罗麦基炼油厂事故	考虑喷射火后果		丙烷				
8-8	2005年，美国密苏里州圣路易斯普拉克塞尔事故	液化石油气储罐的环境影响和扩大		汽缸				
8-9	1984年，印度帕博尔事故	社区应对可能性			1	1	1	1
8-10	2012年，委内瑞拉阿穆艾炼油厂爆炸事故	社区应对可能性			1			
8-11	2013年，美国得克萨斯州西化肥公司爆炸事故	社区应对可能性			1			1
8-12	一个化学综合体的说明	高反应性化学物质可能性	1				1	
8-13	1999年，美国汉诺威概念科学公司爆炸事故	高反应性化学物质可能性					1	
8-14	2007年，美国佛罗里达州杰克逊维尔T2实验室公司爆炸事故	高反应性化学物质可能性	1				1	
8-15	2008年，美国温特沃斯港帝国糖业公司糖粉尘火灾爆炸事故	除尘/设备布置		粉剂				1

案例8-1：考虑非操作人员的工作台

2005年，英国石油公司(BP)美国得克萨斯州得克萨斯市炼油厂爆炸事故

参考文献：Broadribb 2006，Baker 2007，CSB 2007

事故简介：

2005年3月23日，炼油厂异构化(ISOM)装置在开车过程中，残余液精馏塔过量溢出，导致其排污罐发生易燃物质释放并点火。这起着火爆炸事故造成15人死亡、170多人受伤。

所有死亡人员都集中在异构化(ISOM)装置附近的一辆未关闭引擎的拖车附近或装置附近区域，如图8.1所示。此外，还发布了一项就地避难令，要求周围社区的4.3万人在事故期间待在室内。爆炸甚至还破坏了距离炼油厂0.75mile(1.2km)远的房屋。

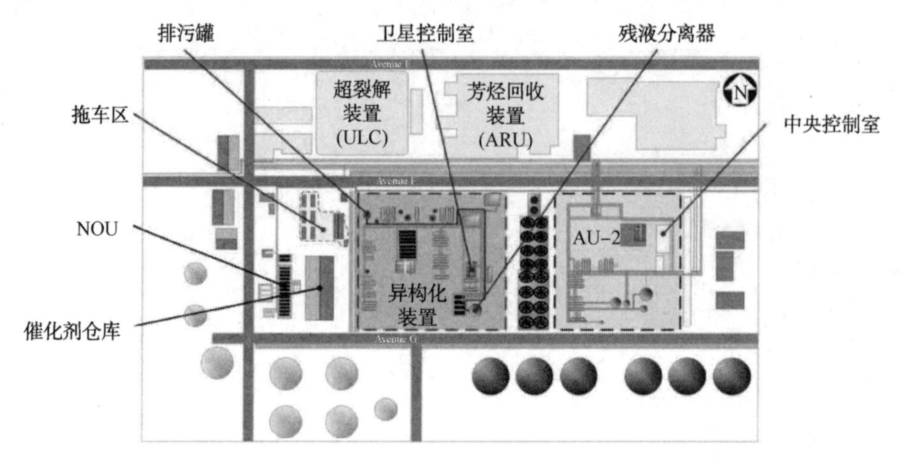

[引自CSB 2007]

图8.1　得克萨斯市异构化(ISOM)装置周边区域布局图

在开车启动之前和启动过程中，有几个过程安全制度和程序在管理过程安全风险方面都没有发挥作用，从而导致事故扩大。事故涉及的制度和程序包括：

- 变更管理(MOC)程序：

2004年9月，在异构化(ISOM)装置西侧安装了一辆双倍宽的拖车，并启动了MOC程序，该程序包括了对该拖车选址的风险评估。尽管在事故发生前，该拖车并没有获批准可入驻人员，但实际上自2004年10月下旬至11月上旬期间就开始有员工进驻其中。随后，在ISOM的西侧又安装了其他几辆拖车，但并没有启动对应的MOC程序。在开车期间，人们聚集在那辆双倍宽拖车内召开周转会，距离ISOM装置及排污罐大约150ft(45m)的距离。

- 开车前安全检查(PSSR)和开车过程审查制度：

在开车启动之前，残液精馏塔配套仪表没有检查。尽管精馏塔液位上升触发了高液位报警(报警液位设置为72%)，并得到了夜班操作人员的确认，但冗余设置的硬连线高液位报警(报警液位设置为78%)并没有被成功触发。既没有工作指令要求修复出现故障的高液位报警器(冗余)，也没有要求告知下一班白班操作人员该报警器故障。没有进行作业前安全审查，该装置就被重新启动了。

- 应急响应程序：

尽管目击者看到蒸气和液体从烟囱顶部冒出大约20ft(6m)“就像一个喷泉”流淌下来，在排污罐底部的周围形成液池，但疏散警报并没有响起。该区域几名工作人员看到有蒸气从液池中蒸发出来，在蒸气被点燃前迅速撤离了。

事故教训：

虽然事故是由于多个过程安全制度的长时间失效引起的，但许多人聚集在临时拖车内或其周围的情况大大增加了事故的后果严重程度。这些拖车被不恰当地放置在离危险源太近的地方。为降低危险区域附近工作人员的风险，应考虑：

(1) 临时建筑拟选地址周围区域的一切危险源。应审查所有易燃和有毒物质在正常和异常情况下的各种容纳失效场景。

(2) 将临时建筑物选址在边远位置。人们不必接近生产装置。如果无法避免靠近生产装置，临时建筑的设计应考虑防爆和防火要求、建筑气密性(存在毒性物质时考虑)，以及供热通风和空气调节。

(3) 开车启动时在工艺单元周边划定人员禁区的必要性。装置在开车启动等临时操作时，发生事故的可能性更大。开车启动期间，应将邻近区域所有非必要人员和车辆撤出。

案例8-2：大量活性化学物质储存位置的考虑

1988 年，美国内华达州汉德森市太平洋工程和生产公司(PEPCON)爆炸事故

参考文献：Reed 1988，Watson 2013，Wikipedia 2015a

事故简介：

1988 年，美国太平洋工程和生产公司(以下简称 PEPCON)位于内华达州汉德森市的一家高氯酸铵工厂发生了一起火灾爆炸事故，该爆炸事故是历史上最大的工业爆炸之一(见图 8.2)。

[图片引自 Watson 2013]

图 8.2 PEPCON 初始爆炸后的图像

高氯酸铵是用于固体火箭助推器的氧化剂。PEPCON 爆炸事件发生在 1986 年“挑战者”号航天飞机灾难发生两年后，由于美国宇航局停止了航天飞机助推器生产，PEPCON 公司因此造成了大量高氯酸铵库存。然而，莫顿聚硫橡胶公司(Morton Thiokol)让 PEPCON 公司继续生产高氯酸铵，以待宇航局再次恢复助推器生产。在发生火灾爆炸时，PEPCON 公司已储存了超过 1000 万磅(4500t)的高氯酸铵。

在 PEPCON 事故发生以前，高氯酸铵被归类为氧化剂。所有关于有害物质分类应实施的各类运输及安全测试均已实施，这些工作大多由军方完成。然而，并没有针对该物质的可爆炸采取任何防范措施。

PEPCON 工厂位于拉斯维加斯外的沙漠地带，除了一个与 PEPCON 毗邻的棉花糖厂外，

它与周围其他工厂之间的分隔距离都比较远。虽然这种大距离并不是为减少事故对厂外设施影响而专门规划的，但事实证明，在事故发生时，较大的间距确实能有效降低对厂区外设施的伤害。

PEPCON 工厂经历了“邻里侵占”。在距离 PEPCON 几英里(几千米)的地方，当时正在开发一个新的住宅区。整个小区都建好了，原计划开售的日期正是爆炸发生后的第一个或者第二个周末。值得庆幸的是，所有新房子都是空着的。

关于这次事故的原因以及为什么高氯酸铵火灾难以扑灭存在争议。高氯酸铵本身很难燃烧，且很容易用水熄灭。PEPCON 工厂建在一条 16in(41cm)的天然气管道上，这条管线被发现在一个焊缝处存在一个裂纹。高氯酸铵在任何燃料的存在下都会引起非常大的火灾。PEPCON 的员工没有能够用水成功扑灭初期火灾，这是很少发生的。有观点认为是天然气泄漏为事故提供了燃料。从选址的角度来看，将氧化剂处理单元选址在天然气管道上方不是一个好选择。

最后一次爆炸能量约为 200 万磅(900t)TNT 当量。附近的房屋受到了严重破坏，大面积的窗户破碎，屋顶龙骨破碎。如果该地区有人居住，就会造成伤害事故。PEPCON 工厂基本上被夷为平地。棉花糖厂虽然还在，但也受到了严重破坏。事故造成 2 人死亡，其中一人是 PEPCON 工厂经理，他在初期火灾发生后即下达了疏散命令，他本人仍留在工厂管理大楼呼叫应急人员。工厂经理做出的一个关键决定是员工不能使用汽车进行疏散，员工接到的指令是要求步行撤离到沙漠，事实证明步行撤离要快得多，这次迅速撤离挽救了很多生命。

事故教训：

必须了解工厂选址的地点特征以及化学物质的危险特性。具有潜在相互反应的物质应在工厂中隔离存放，以防发生混装。尽管 PEPCON 事故是由于多个过程安全制度长期失效导致的，但氧化剂装置不该建在天然气管道的上方。认识到厂外目标受损的潜在风险，以及将工厂选址在偏远位置仅仅是一个好的开头。确保公众无法侵入工厂边界(及风险影响范围)，才能确保厂外目标受损风险得到管控。

案例 8-3：考虑受限蒸气和场外损坏的影响

2006 年，美国马萨诸塞州丹佛斯市化工厂爆炸事故

参考文献：CSB 2008a

事故简介：

2006 年 11 月 22 日黎明，在美国的丹佛斯市，CAI/Arnel 油墨和特种涂料化工厂发生了一起爆炸事故。该工厂储存了大量易燃物料，包括乙醇、庚烷、溶剂、树脂和硝基纤维素等。地上和地下的储罐用于储存、调和、加热，最终形成成品。

爆炸发生前的下午，生产员工开始生产常规批次的油墨溶剂(一种溶剂混合物，液态，含有着色剂或其他添加剂的树脂)。超过 2000gal(7570L)的高度易燃的庚烷和乙醇被转移到

其中一个混合罐中，通过打开蒸汽阀加热并开启搅拌器搅拌混合液。混合罐被封闭在一个建筑物内，顶部装有一个舱盖，但其并不能阻止蒸汽逸出。在正常工作时间大楼会开启主动通风，但为降低对工厂周边邻居的噪声影响，通风系统会在一天工作结束时关闭。

事故发生当晚，蒸汽阀门因疏忽未关，开了整整一夜，甚至在物料达到了预定温度之后仍在加热。庚烷/乙醇混合物一直持续加热了一整晚，气体泄入整个厂房(不通风)封闭空间。最终，可燃气/空气混合物的浓度高于化学计量比但低于燃烧上限(UFL)，遇到不明点火源导致着火爆炸。

该起爆炸摧毁了储罐所在的建筑物，严重破坏了附近几十个住户和工厂，也震碎了远在2mile(3.2km)房子的玻璃。爆炸还点燃了现场其他易燃物质，爆炸后的大火持续燃烧了17h，彻底摧毁了整个工厂。在周边社区，至少有10名居民因割伤或擦伤住院治疗，主要是由于玻璃刺伤。共有24所房屋和6家企业被毁而无法修复，其中距离爆炸源头最近的仅有100ft(30m)。0.5mile(0.8km)半径内的300多名居民被疏散，在房屋重建或修复过程中，许多人几个月都无法返回家园。爆炸后工厂的图像，如图8.3所示。

(注意房屋及商务楼与被毁建筑物的距离)[引自CSB 2008a]

图8.3 丹弗斯爆炸后毁坏情况的鸟瞰图

事故教训：

地区的逐渐发展变化常导致住宅或商业建筑扩张到工厂的边界。由于对地方法规应用的松懈或不一致性，定期的过程风险审查常常被忽视，使得当地居民处于高风险当中。

虽然丹弗斯事件是由多个过程安全制度长期失效导致的，但如此严重的事故后果归因于数十年来工厂储存和使用化学品种类的变更(更不稳定)、化学品数量的大量增加以及工厂边界附近住宅和商贸企业的建设。

工厂管理部门没有进行过程危害分析或类似的系统审查来确保易燃液体的处理得到了安全的设计且能够被安全地操作。过程控制都是手动操作，易受人为因素的影响。蒸汽阀门关闭、建筑物排风扇开启、室内蒸气浓度报警均没有设置自动过程控制。操作人员没有书面程序或检查表来确保易燃液体的安全处置。

该工厂在建筑物内储存易燃液体没有得到消防部门的许可审批，所用的储存方法不符合美国职业安全与健康管理局(OSHA)和当地消防法规要求。

案例 8-4：液化石油气储存选址应考虑 BLEVE 潜在风险

1984 年，墨西哥国家石油公司液化石油气公司储运站事故

参考文献：Mannan 2004，Atherton 2008

事故简介：

1984 年 11 月 19 日约 5 时 35 分，在墨西哥城圣胡安区郊外，国家石油公司墨西哥石油公司(PEMEX)的液化石油气储运站发生一场大火，并带来一系列灾难性的爆炸。

三家炼油厂每天向工厂供应液化石油气。当时约 250mile(400km)外的一家炼油厂正在向装置充装物料。2 个大球罐和 48 个卧式圆筒形储罐已充装了 90%，另 4 个小球罐已成半满状态。

在控制室和管道泵站都发现了压力下降，原因是在球罐和卧罐之间一个直径 8in(20cm)的管线发生破裂。但不幸的是，操作人员并未能确定压力下降的原因。

液化石油气持续泄漏了约 5~10min，形成了大范围蒸气云，估计覆盖范围为 650ft×500ft×10ft(≈200m×150m×2m)。蒸气云漂移至一个火炬烟囱后被点燃，爆炸引起强烈的地面震动，并引发了数起火灾。事故发生后，工厂操作人员尝试处理泄出的液化石油气，采取了多项应急行动。在事故后期，成功启动了紧急停车系统。

在第一次释放大约 15min 后，发生了第一次沸腾液体扩展蒸气云爆炸(BLEVE)。在接下来的一个半小时里，发生了一系列的 BLEVE 爆炸。据说，液化石油气像雨一样落下来，覆盖在液体表面被点燃。这次爆炸被墨西哥大学的地震仪记录了下来。

这次事故造成 650 人死亡，6400 多人受伤，储运站周边社区的许多房屋被摧毁(见图 8.4)。

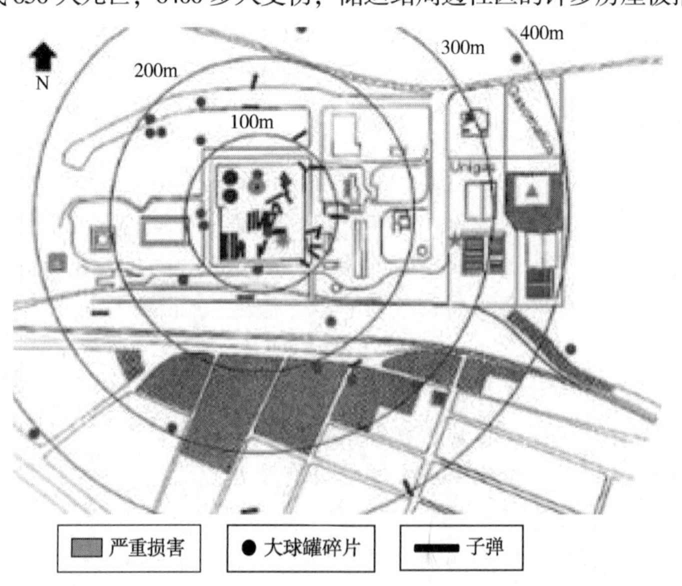

[引自 Mannan 2004]

图 8.4　PEMEX 液化石油气工厂周围的区域规划图及受影响区域

事故教训：

液化石油气储运站有发生 BLEVE 的潜在风险，可能会影响到很远的距离。虽然 PEMEX 事故的发生是由于多个过程安全制度长期失效引起的，但下面提到了一些注意事项可帮助降低 LPG 容器的选址和布局风险。

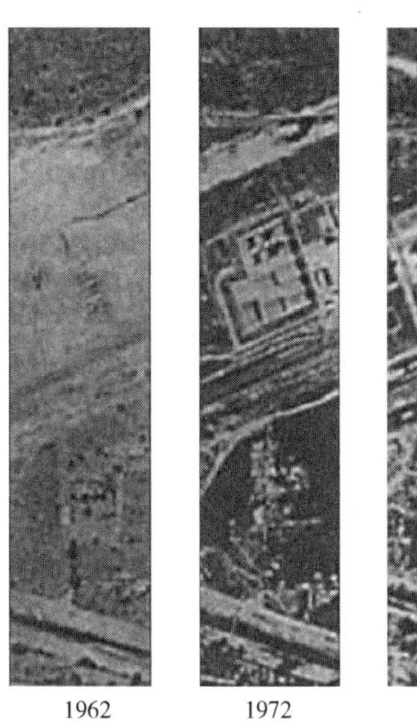

[引自Mannan 2004]

图 8.5 PEMEX 液化石油气工厂周围的社区扩张图

考虑收购周边区域，为有危险物料和危险生产过程的工厂以及工厂周边形成一个缓冲区，从而预防将来发生邻里侵占。在 PEMEX 公司建设时，周边并没有人员居住(见图 8.5)。如果 PEMEX 在当初选址时购置了比实际所需更大的土地面积，那么液化石油气储运站和周围社区之间可能已经有了足够的缓冲区。

在对工厂设备进行布局时，要考虑所有可能发生的可信事故场景。PEMEX 的许多液化石油气储罐靠得很近。如果为储罐区储罐之间留有更大的区域，设置更好的 LPG 排污系统以及溢出物容纳系统，这起事故的后果可能会大大降低(例如，发生 BLEVE 的可能性会减少，液化石油气泄漏的量会减少)。更好的通道状况会使得火灾控制和泄漏物容纳更加容易进行，而这意味着更大的工厂占地面积或在可使用面积上设置较少的储罐。可以通过潜在事故后果的量级来管理一个区域的液化石油气储罐的数量。

考虑圆筒形易燃物料储罐排列的方向性。因为这类储罐在发生 BLEVE 时会发生轴向或环向的失效，圆筒形储罐的封头等碎片会沿着储罐的轴线方向“发射”出去，如果发射方向下游是其他含有有害物质的储罐，碎片对其的冲击会使事故升级扩大。这种多米诺效应在 PEMEX 事故中十分明显，一些球罐受损的原因可能是由于卧式储罐爆炸飞来的碎片。图 8.4 中也显示了卧式储罐端部指向球罐。

考虑工厂的危害，并确保提供足够的消防措施。

案例 8-5：考虑烃类储罐的选址

2007 年，美国西弗吉尼亚州根特市便利商店事故

参考文献：NY Times 2007，CSB 2008b，PPGA 2009

事故简介：

2007 年 1 月 30 日，西弗吉尼亚州根特的一家便利商店发生爆炸，起因是紧邻便利店的一个丙烷罐发生泄漏。当时丙烷罐停止使用，剩余液体被转移到一个新罐。现有储罐早在

13年前就安装在了便利店后面，这样的布局违反了西弗吉尼亚州和美国职业安全与健康管理局(OSHA)的规定，而且油品转移作业是由一位经验不足的技术人员进行的。

丙烷罐的液体提取阀门被错误地开启，导致液体丙烷从罐中泄漏。泄漏的丙烷产生了可燃蒸气云，其中一部分通过屋顶的通风口渗透进入商店。技术人员联系了他的主管，然后在释放大约15min后拨打了报警电话911。紧急救援人员赶到后命令商店关门，但商店的员工都留在建筑物内，没有撤离。

商店内的丙烷蒸气云随后被点燃。当蒸气云爆炸发生时，执行操作的技术人员、另外一个技术人员和两名消防应急人员都在油罐附近。爆炸发生时，紧急救援人员正在便利店附近疏散员工。蒸气云爆炸摧毁了商店，如图8.6所示。

事故造成4人死亡，6人受伤，便利店完全被毁，便利店附近的车辆被毁。

[引自NY Times 2007，CSB 2008b]

图8.6　爆炸后便利店的照片

事故教训：

尽管多个过程安全制度的长期失效是导致这起便利店事故的原因，但是选址和布局问题若能得到解决，也会帮助预防或减少事故后果，包括：

(1) 正确布局烃类储罐。被移除的丙烷罐位于便利店附近，违反了行业指南和监管要求。这个布局很容易让泄漏的丙烷扩散到便利店。足够的间隔距离可以防止商店内发生爆炸，也可以防止可燃蒸气云被点燃。该储罐在这个位置已经服役十多年了。

(2) 就丙烷或其他烃类储罐的危害识别和泄漏后的应急响应技术等对人员进行培训。实施液体转移的技术人员不了解相关的危险，未能意识到出现的现象已经表明液体提取阀出现了故障，也不知道油品泄漏的正确应对方法。如果技术人员知道发生了什么，液体丙烷的泄漏可能会被停止和控制住，或者该区域的人(包括便利店内的人)可能会得到警示和疏散。

(3) 应对第一响应人员进行训练，使其能够辨识丙烷或其他烃类储罐泄漏有关的危害，并做出反应。第一响应人员关闭了商店，但没有按照国家认可的准则撤离该区域。如果他们充分了解这一危险，并立即撤离该地区，可能就不会有人员伤亡。

案例 8-6：工厂布局时应考虑社区的影响

19 世纪 80 年代，美国得克萨斯州蒙贝尔维多起事故
参考文献：Warren 1992，Applebome 1998，UK HSE 2008

事故简介：

休斯敦东北部大约 30mile(≈50km)的得克萨斯州蒙特贝尔维有一个盐丘地下储气设施，与 1916 年 4 月发现的巴伯斯山油田很近。盐丘直径约 1mile(1.6km)，比周围地面高出 50ft(15m)。从 20 世纪 50 年代开始，盐丘开始了大规模的工业扩张，居民们在盐丘顶部建造了一个社区。蒙大拿州贝尔维厄山有近 150 个水溶开采盐穴，为当地炼油厂储存大量液化丙烷气体，共约储存 $75\sim300\times10^{12}$bbl($9\sim36\times10^{12}m^3$)的烃类产品，使其成为世界上最大的石化产品和挥发性烃类储藏地。

1980，在当年 9 月对地下泄漏的情况进行处理后(包括设置应急井释放盐丘内的超量压力)，一些可燃气体混合物扩散到了该区域内一座房子的地基内，并于 10 月 3 日由电气设备的火花(被认为是洗碗机)点燃，引发爆炸。在接下来的几天里，蒙贝尔维厄山的其他地方也出现了天然气泄漏，迫使 75 个家庭背井离乡近 6 个月[UK HSE 2008]。1980 年的爆炸之后，1984 年该地区发生了许多其他与瓦斯有关的事故(爆炸和火灾造成几百万美元的财产损失，1985 年又发生了一次爆炸和火灾，造成 2 人死亡，该镇 2000 多名居民全部撤离)。

“自 1840 年以来，巴伯斯山作为一个社区和小镇，已经被彻底摧毁”，名叫查尔斯戴尔(Charles D. Dyer)的一名教师如是说，他的一片 23 英亩的牧场位于盐丘底部，被石油化工厂重重包围，他说，“我的孩子有权拥有这片土地，有权拥有一座城镇，有权在这里生活。我们没有影响公司，他们影响了我们。”[Applebome 1998]

在这些事故的推动下，一地下储气井周边 800ft(245m)范围内的 200 多名居民和几家教堂接受了收购，作为最终与九人工业财团和解的一部分。

事故教训：

在确定工厂布局时，在决定最终布局之前，必须评估对现有社区的事故后果影响。正如蒙特贝尔维尤社区所讲述的那样，当行业财团与社区达成重新安置受影响的居民和企业时，公司的运营成本就增加了。

案例 8-7：考虑喷射火的后果

2007 年，美国得克萨斯州森雷市瓦莱罗麦基炼油厂事故
参考文献：CSB 2008c

事故简介：

2007 年 2 月 16 日，在瓦莱罗麦基炼油厂的丙烷脱沥青装置(PDA)中工作的工厂员工和

承包商听到“砰”的一声，并看到类似蒸汽的物质从靠近1号萃取塔地面的控制站喷出。工作人员很快确定是丙烷气体泄漏，并下令该区域的工人撤离。

从高压系统中逸出的丙烷形成了蒸气云并向下风向的锅炉房移动，在那里蒸气云很可能会被点燃，然后火焰回火到泄漏源。监控录像(图8.7)显示，火焰冲击1号萃取塔周围的管道，导致更多的丙烷释放，火势迅速蔓延。

[引自CSB 2008c]

图8.7　火焰在瓦莱罗1号萃取器管道上燃烧

由于萃取器(500psig，3447kPa)的高压，东/西(E-W)管廊架上的钢支撑柱受到喷射火的冲击，其范围和强度超出了美国石油学会(API)标准中关于LPG存储释放的考虑范围。由于没有防火保温材料防护，管架立柱在火灾作用下发生弯曲，进一步导致管架倒塌，造成多条管线损坏。液化石油气产品从破损的管线中泄漏出来(图8.8)，导致火灾迅速蔓延，对周围设备造成损坏，如2号冷却塔、4号石脑油塔等。

[引自CSB 2008c]

图8.8　瓦莱罗事故发生后的管桥

尽管没有人员死亡，也没有工厂以外人员受伤的报道，但有部分瓦莱罗员工和应急响应人员在事故中被烧伤或受轻伤，其中一名受伤的承包商在事故发生后一年多的时间里仍在接受治疗。

事故教训：

高压释放、蒸气云接近火源、造成的喷射火、喷射火正面灼烧没有防火涂层的管廊支架……，这一切加剧了事故的严重程度。正如上述事故中液化石油气加压释放的情形，喷射火直接冲击附近的结构会导致其剧烈而迅速地升温，进而导致未受保护的钢结构失效，当管廊失效垮塌并释放更多危险物质时，就引起了多米诺效应。采用隔热材料涂覆钢结构会减缓钢的温升，进行延缓后续的钢结构失效。如果在布置工艺单元和设备时，增大易燃物料处理设备和锅炉房之间的距离，蒸气云被点火及后续多米诺效应发生的可能性都会降低。

案例 8-8：考虑液化石油气存储中的环境影响及后果扩大

2005 年，美国密苏里州圣路易斯普拉克塞尔事故
参考文献：CSB 2006 年

事故简介：

丙烯可以以加压液化的方式储存在立式钢瓶中，然后作为气体商品出售给工业企业。工业气体的储存和分配工厂中，钢瓶通常按大类集中存放。基于选址和便于操作的考虑，这些存储区域通常在户外，可能采用装架储存或非装架储存的方式。

2005 年 6 月 24 日下午，在密苏里州圣路易斯市的一个户外工业气体配送中心内，一丙烯钢瓶的安全阀在外界环境高温(97°F，36°C)和强烈日照的作用下发生起跳，释放增加的内部压力。释放出的丙烯在扩散过程中遇到点火源发生回燃，在安全阀出口形成喷射火。喷射火释放的热量使得钢瓶内的压力始终保持在高位，安全阀一直处于打开状态，喷射火一直持续。下午 3 时 20 分左右，一名操作人员看到大约 10ft(3m)高的火焰从钢瓶中喷出，启动了火警警报，工人和客户撤离。

这些钢瓶以钢瓶组的形式紧密排列，因此最初的火灾产生热量导致相邻钢瓶的压力上升，导致泄压阀开启，为火灾增加了更多的燃料。随着火灾的蔓延和加剧，泄压阀无法控制钢瓶温度的上升，过高的温度降低了金属强度至临界失效点，泄压阀在设定泄放压力下发生失效，进一步引发钢瓶失效，导致了沸腾液体扩展蒸气云爆炸(BLEVEs)，钢瓶被喷射到工厂的其他区域，使得火灾发生蔓延。安保监控视频显示，火灾发生 4min 后，大部分可燃气瓶区域发生火灾，产生连续爆炸。

圣路易斯消防队赶到现场，在火灾发生大约 5h 后扑灭了大火。在这次事故中，数十个气瓶和爆炸碎片散落到附周边社区，散落在人行道、庭院、停车场，甚至滚到汽车下面。破坏范围从场地延伸至 800ft(245m)(见图 8.9)，包括烧毁的建筑(空的)、烧毁的汽车、破碎的窗户，和一个 3ft(1m)直径的住宅建筑洞。现场，大火几乎烧毁了大约 8000 个可燃气瓶，并对生产、办公和存储区域造成了火灾损害(以及相应的水质污染)。

虽然这次火灾没有造成人员伤亡，但火灾影响了大约 1/3mile(0.5km)宽 1mile(1.6km)长的区域。

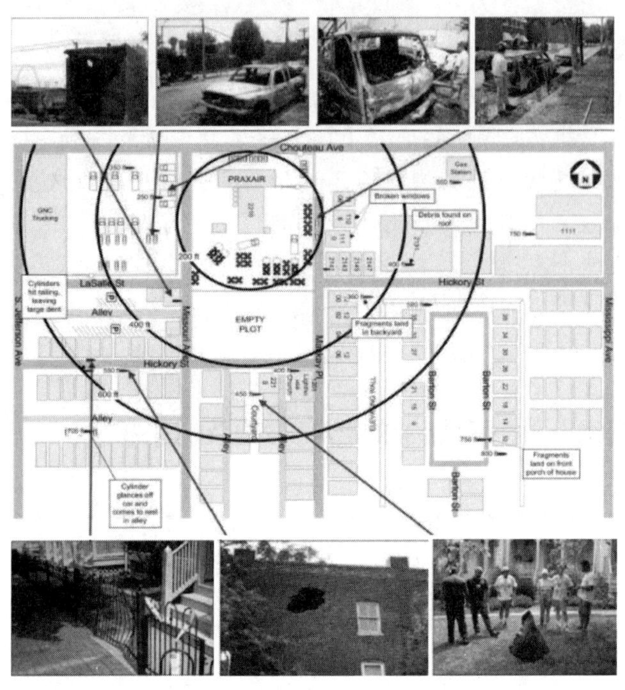

[引自 CSB 2006]

图 8.9　圣路易斯普拉克塞尔的厂外影响范围

事故教训：

易燃气瓶可能会引起火灾、爆炸或 BLEVE，其影响会扩散到社区。虽然这起事故是由多个过程安全制度长时间失效所引起的，但是这些教训是适用的：

- 考虑环境高温和的强烈阳光暴晒对易燃物储罐的影响。
- 考虑易燃物储存地点的潜在多米诺效应，确保储罐没有布置得过于靠近。
- 在为危险工艺过程和危险物质选址时，考虑其与居民区之间的间隔距离。
- 消防员应对此类事件时可能会面临风险。考虑固定式消防设施，如使用消防炮或雨淋系统来冷却钢瓶。
- 在此类事故中，考虑使用防火屏障或防火墙减少火蔓延的可能性以及限制或阻挡碎片/气瓶。
- 气体检测和通风等技术措施能够有效降低该类事件的可能性，其特别适合于室内储存区域，尽管如此，这类措施对室外储存区域也有作用。

案例 8-9：在工厂布局时考虑潜在社区侵占

1984 年，印度博帕尔事故

参考文献：Atherton 2008，Kletz 2009，CCPS 2003d，Mannan 2004，Vaughen 2015

事故简介：

关于博帕尔事故悲剧有许多资料可供参考，如下是对这起惨剧的一些描述：

1984 年 12 月 3 日，印度中部中央邦的博帕尔发生了化学工业历史上最严重的灾难。

"一家异氰酸甲酯(MIC)化工厂泄漏，它被用作制造杀虫剂卡伯利的中间体，扩散到装置边界以外，导致 2000 多人中毒死亡。官方的数字是 2153 人，但一些非官方的估计要高得多。此外，大约 20 万人受伤。大多数死者和伤者都住在工厂附近的贫民区。"[Kletz 2009]。

"这种气体毒性很强，会导致细胞窒息和迅速死亡。MIC 在水和氧化铁的存在下反应强烈，并产生热量。如果热量足够多，可能产生[剧毒]蒸气……"[CCPS 2003d]。

"这一事件对博帕尔来说是一场灾难……对牲畜和农作物造成了重大损失……(十多年后)到了 1994 年，仍有 5 万多人部分或完全残疾。"[Atherton 2008]

事故教训：

尽管博帕尔悲剧的发生是由于多个过程安全制度长期失效引起的，但在事故发生时，工厂周边棚户区的增长显著增加了死亡人数。通过收购和围住工厂周围额外的土地以防止社区侵占，这样就能减轻有毒物质释对周围社区的影响。

案例 8-10：非工作人员接近炼油厂作业

2012 年，委内瑞拉阿穆艾炼油厂爆炸事故

参考文献：PDVSA 2013，Pearson 2013

事故简介：

委内瑞拉国家石油公司(PDVSA)在帕拉瓜纳半岛(位于阿鲁巴以南)运营着两家炼油厂。炼油厂每天加工的原油接近 100×10^4bl($12\times10^4m^3$)。2012 年 8 月 24 日午夜左右，阿穆艾炼油厂的两个轻质烯烃储罐附近开始出现大泄漏。烯烃的流动记录显示为"迅速下降到零"，其中一个储存球罐的液位显示下降。公司事故调查报告中预测的云范围如图 8.10 所示。泄漏持续了大约一个小时，发生了蒸气云爆炸。

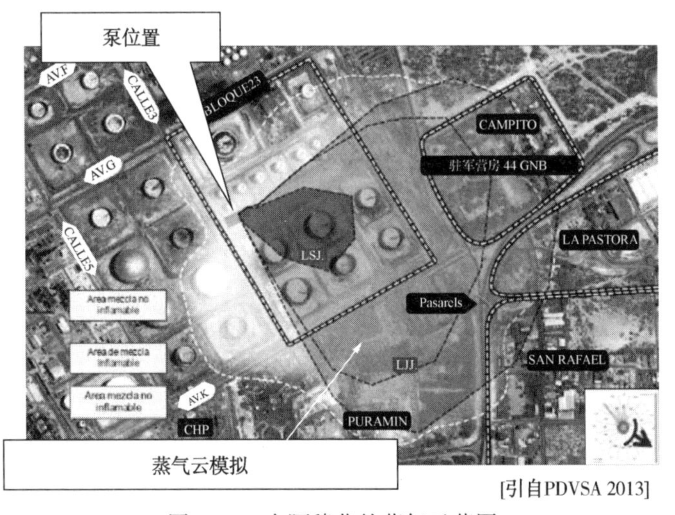

图 8.10 在阿穆艾的蒸气云范围

事故造成数10人死亡，135人受伤。其中一名遇难者是PDVSA公司的一名员工。其余受害者(24人死亡)是在油罐区附近的国民警卫队安置处(图中为“驻军营房”)，另有11名伤亡者是和国民警卫队同一大院的家属。还有其他几起居民死亡事件。

这场灾难的根本原因尚存争议。在一个烯烃输送泵上似乎有几个松动的螺栓，推测这是泄漏源。公司认为螺栓松动的原因是被蓄意破坏。对于泄漏为何持续了这么长时间，公司没有给出明确解释；但可以肯定的是，泄漏发生在夜间导致了应急响应的延迟。

事故教训：

不管事故原因是什么，或者对气体泄漏的反应滞后，简单的事实仍然是，允许危险设施附近存在住宅/营地。烯烃的质量足够大，以至于在接近地面处扩散而不飘走，但挥发性如此快，以至于在气体大量释放时，可以迅速形成大的蒸气云。虽然这起事故是由于多个过程安全制度的长时间失效所导致，但这些结论适用于阿穆伊事故：

- 企业在建设选址初期应充分获得周边居住信息，以防止重大泄漏事故中导致群死群伤。必要的土地面积可以通过“最大可信事故”或类似场景模拟来确定[API RP 752, CCPS 2012b]。
- 工厂所属企业和有潜在危险范围内的居民应考虑择机收购周围的土地，然后将该地区变成无人居住区。
- 应特别注意与液化石油气分子量类似的易燃物质的危害，因为这些物质通常情况下更有可能形成大范围易燃蒸气云团，而这些云团可以移动很远的距离。

案例8-11：在工厂布局时考虑潜在的社区侵占

2013年，美国得克萨斯州西化肥公司爆炸事故

参考文献：CSB 2016，Dunklin 2014，Pearce 2015，NFPA 400，Wikipedia 2015b

事故简介：

2013年4月17日，得克萨斯州西部的西化肥公司硝酸铵(AN)储存工厂起火爆炸，摧毁了工厂的绝大部分。爆炸留下了一个直径近100ft(30m)深10ft(3m)深的大坑，美国地质调查局记录的震级为2.1级。在爆炸半径为1500ft(460m)的范围内，包括住宅、学校和养老院在内的几乎所有建筑都遭到破坏，如图8.11和图8.12所示。

事故造成15人死亡，其中包括该镇志愿消防部门的10名成员，约200人受伤。估算损失接近2.5亿美元。

硝酸铵是常用的肥料。纯硝酸铵在适当储存时相对稳定，不会构成重大安全隐患。然而，当在某些条件下暴露于火中时，硝酸铵会呈现重大的爆炸威胁。志愿消防队员没意识到硝酸铵爆炸的危险性。

多年来，本地西化肥公司增加了硝酸铵库存，以供应该地区的农民。得克萨斯州西部社区不断扩大，逐渐接近到发生事故的企业。事故发生后，该公司的所有者召开媒体发布会，称他不知道这些危险，尽管自1916年(近100年的信息)以来，发生了许多重大的硝酸铵库

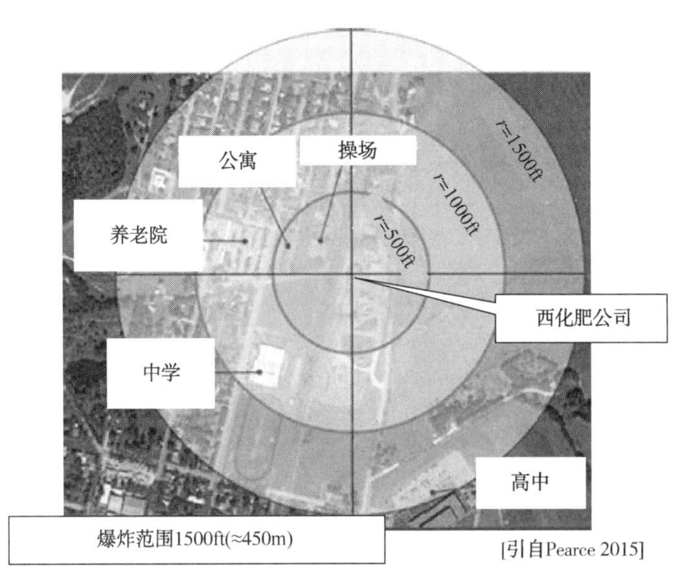

图 8.11　西化肥公司爆炸半径范围

[引自Dunklin 2014]

图 8.12　西化肥公司爆炸造成的损害图片

存燃烧爆炸事件(Wikipedia 2015b)。1916 年，英国法弗沙姆 Uplees 装卸公司发生炸药爆炸，火灾蔓延至其存有 25 美吨(≈23t)的 TNT 和 700 美吨硝酸铵(≈640t)的储存设施。1916 年的爆炸造成 115 人死亡，泰晤士河河口对面的滨海绍德森的窗户被震碎，诺威奇城市也有震感。

事故教训：

虽然西得克萨斯事故的发生是由多个过程安全系统随时间的作用失效所导致的，但社区侵占以及西部化肥公司硝酸铵较大库存的结合，加剧了事故的后果。因此，管理危险化学品设施的企业和操作人员必须了解危险品是什么，以及如何减少对其运营设施和周围社区的风险，包括告知应急响应人员存在的危害及其风险。文献[NFPA 400，WADMP 2013]提供了关于对硝酸铵管理其他方面的指导。

案例 8-12：考虑高活性化学物质的潜在可能

一个化学综合体的说明

参考文献：提供案例研究的公司要求匿名

事故简介：

装置 1 是位于某化学综合体一端的一个相对较小的工艺单元。其原料来自位于综合体中心的大型工艺单元。所有的工艺单元都留有足够的间距以降低火灾危害风险。大部分驻人建筑物包括行政、工程、发货/收货和仓储基本都沿着工厂的主入口布置，与装置 1 相对，位于建筑群的另一端。这些建筑都与工艺单元进行了有很好的分隔。然而，维修车间和承包商楼(一栋小的建筑物，承包商用其作为车间)距离装置 1 大约 250ft(75m)。罐区位于维修车间另一侧，最近的罐距离装置 1 大约 410ft(125m)。最近的罐组储存物料为有毒、不燃物质，储存在各式各样的常压储罐和加压储罐内。

装置 1 发生失控反应，导致反应器发生灾难性失效。反应器碎片的抛射距离超过 2/3mile(1000m)。结构钢、管道和邻近容器的大块碎片向上抛射高度大量 980ft(300m)。承建商建筑物的金属墙板侧线被撕裂了，但建筑结构保持原样。维修车间和承包商建筑物都被浓烟笼罩。

主入口处建筑物的损坏包括墙壁开裂、金属板弯曲、窗户破损、门弯曲以及天花板脱落。然而，所有的建筑都没有倒塌，除了一幢之外，所有的建筑物在事故应急结束后都立即投入了使用。该综合体位于郊区，附近只有两个建筑物；距离最近的综合体边界都超过了 980ft(300m)。

事故教训：

尽管这起事故的发生是由多个过程安全制度由于时间原因失效而引起的，工厂也设置了足够的间距来应对火灾场景风险。然而，失控反应的可能性和由此产生的超压在选址时并没有得到充分考虑。当前选址和布局最小化了事故对大多数建筑物的影响，并使得紧急响应活动能够顺利实施，但维修车间和承包商建筑物仍遭到破坏，造成人员伤亡。

预先危险性分析(PHA)方法能辨识失控反应发生的可能性及其潜在后果。然后考虑反应器相对于有毒物质储罐区的位置，以及建筑物相对于反应器的位置。不同的布局可能会降低反应器事故造成人员伤亡的风险。在布局时考虑火灾、爆炸和有毒物质释放等所有潜在事故的后果是至关重要的。

案例 8-13：考虑高活性化学物质的潜能

1999 年，美国宾夕法尼亚州汉诺威镇概念科学公司爆炸事故

参考文献：CSB 2002

事故简介：

1999年2月19日晚上8时14分，一件装有几百磅(超过100kg)羟胺(HA)的工艺容器在宾夕法尼亚州艾伦顿附近的概念科学公司(CSI)生产工厂发生爆炸。员工们正在蒸馏一种含羟胺和硫酸钾的水溶液，这是概念科学公司新工厂生产的第一批商用产品。当蒸馏工艺过程结束后，工艺罐和相关附属管线中的羟胺很可能由于高浓度、高温的原因发生分解爆炸。

四名概念科学公司雇员和一名相邻企业的经理在事故中伤亡。受伤人员包括CSI的工作人员、附近建筑物的居民、消防员和保安人员。如图8.13所示，大量生产设施遭到破坏。爆炸还对里海谷(Lehigh Valley)工业园区的其他建筑造成了重大破坏，附近几户人家的窗户也被震碎。1999年2月时估计的财产损失为(350~400)万美元。

[引自CSB 2002年]

图8.13 CSI公司工厂损害情况

概念科学公司位于郊区工业园区内的一栋多租户建筑中。幸运的是，爆炸发生的时间是周五晚上8时14分，降低了伤亡人数。

事故教训：

针对高浓度羟胺(HA)，CSI的设计和安全评估不够充分。对工艺物料、操作条件、设备和开发经验的临界评估表明，羟胺(HA)发生灾难性爆炸是可信的事故场景之一。

确保新的选址处于正确的危险工艺和物质的规划区域。工厂选址评估通常包括过程安全分析以及地方政府法规、行业指南和当地应急计划需求等的符合性审查。然而，由于缺乏适当的区域划分要求，1998年9月16日汉诺威镇向概念科学公司颁发了入驻规划许可证，概念科学公司开始在该地区开展业务。正因为《区域划分条例》没有禁止里海谷工业园区内设置化学品制造工厂(因此未实施工厂选址评估)，而如果进行了工厂选址评估，就有可能确定其对邻近地区的风险，进而可能再进行重新选址。

工厂选址应考虑对人、财产和环境的所有潜在危害(如火灾、爆炸、有毒物质释放)。选址评估应该是过程设计中不可分割的一部分。如果概念科学公司对羟胺制造装置在建设初期进行了充分的过程风险分析，它就会意识到对公众的危险。管理层本可以选择另外的地方，让工厂附近的所有人避免一场浩劫。

案例 8-14：考虑高活性化学物质的潜能

2007 年，美国佛罗里达州杰克逊维尔市 T2 实验室公司爆炸事故
参考文献：CSB 2009b

事故简介：

2007 年 12 月 19 日下午 1 时 33 分，佛罗里达州杰克逊维尔市 T2 实验室公司发生强烈爆炸和火灾。该公司生产甲基环戊二烯基锰三羰基(MCMT 或 MMT)，其通常用作汽油添加剂。T2 实验室通过三步法制备 MMT。第一步是放热反应。大约在 180°C(356°F)，这个过程需要对反应器进行冷却，但事件发生当天，混合物的温度持续增加。反应器的排气系统包括一个直径 4in(10cm)的排气口和一个爆破压力为 400 psig(27.6 bar)的爆破片，但其无法控制失控反应的温升以及伴随的压力增加。

目击者称，就在反应器及反应器内物料爆炸前，他们听到了类似喷气式发动机的巨大声响。3in(7.6cm)厚的反应器碎片在 1mile(1.6km)外被发现，0.25mile(0.4km)内的建筑被破坏。该工厂被摧毁，4 名员工死亡，4 名员工受伤，周围社区的 28 人受伤。爆炸后的图片如图 8.14 和图 8.15 所示。

[引自 CSB 2009b]

图 8.14　爆炸后的 T2 实验室公司

[引自 CSB 2009b]

图 8.15　T2 实验室 3in(7.6cm)厚的反应器碎片

事故教训：

T2实验室公司的所有者/经营者没有意识到其MCMT生产过程中反应失控的危险，即使有证据表明之前的几个批次已经出现出乎意料的温度上升(即放热反应)，生产过程需要额外的冷却。多个过程安全系统存在薄弱环节，包括以下设备设计问题：

- 泄压系统的设计仅考虑了正常生产情况下产生的气体，而没有考虑失控反应的情况，因此不能缓和潜在失控反应产生的压力。
- 没有设计冗余冷却系统(没有可用的紧急冷却系统)。

由于未能识别出反应失控的风险，T2实验室公司没有进行定量风险评估或工厂选址评估，因此也未能了解爆炸对现场工作人员和周边社区的影响。

案例8-15：考虑可燃粉尘爆炸的潜在可能性

2008年，美国乔治亚州温特沃斯港帝国糖业公司糖粉尘火灾爆炸事故

参考文献：CSB 2009c

事故简介：

2008年2月7日晚7时15分前，位于美国乔治亚州温特沃斯港的帝国糖厂发生了一系列爆炸和火球喷出。事故导致14人受了致命伤，包括6名严重烧伤患者，其中一名烧伤患者6个月后死亡。36名工人受伤中，其中包括一些被严重烧伤人员，庆幸的是他们最终都幸存了下来。

南包装大楼3in厚的混凝土地板在糖粉爆炸产生的巨力作用下塌陷下去，堆垛室的木质屋顶被击碎并抛落入散装糖铁路装卸区。包装楼内的工人被灼热的空气烧伤，由于烟雾的不断涌入，工作区域一片漆黑，过道上散落了大量的爆炸残骸，工人们挣扎着奋力逃离。一些出口被倒塌的砖墙和其他碎片堵住了。由于爆炸使水管破裂，消防喷淋系统也失灵了。

从天花板表面摇晃下来的糖尘，点燃并产生了强烈的火球，堆积在设备上方的糖尘倾盆而下，加剧了下面燃烧火势。火球穿过封闭的螺旋输送机，导致距离包装楼(最初事故地点)数百英尺外的提炼厂和散装糖大楼发生了火灾。由于漏出的糖和堆积的糖尘持续加剧火灾，该工厂爆发了超过15min的猛烈火球。多个消防部门对火灾作出应急响应，第二天主要建筑火灾被扑灭；然而，筒仓持续阴燃了七天。爆炸和火灾后的工厂如图8.16所示。

事故教训：

对工厂和设备布置的主要调查结果包括：

- 设计变更，为筒仓1和筒仓2下的钢制传送机传送带安装了护罩，造成受限、不通风的空间，糖尘很容易积累并形成超过爆炸下限浓度。
- 新封闭的钢制输送机未装配泄爆口，以至于无法将可燃粉尘的爆炸引到外空间。
- 高处表面和高架平台上聚集粉尘的震落为火灾添加了额外的燃料供给，导致二次爆炸和全工厂的火灾蔓延，形成“多米诺效应”。

［引自 CSB 2009c］

图 8.16　火灾爆炸后的帝国糖业公司工厂

参考文献

注：这些参考资料以及相关互联网网店(如果适用)在本指南编制期间(2013~2016年)被访问时是最新的。

AIChE 1994 American Institute of Chemical Engineers (AIChE), *Dow's Fire & Explosion Index Hazard Classification Guide, 7th Edition*, John Wiley & Sons, New York, NY, 1994.

AIChE 1998 American Institute of Chemical Engineers (AIChE), *Dow's Chemical Exposure Index Guide, 1st Edition*, John Wiley & Sons, New York, NY, 1998.

AIHA 2016 American Industrial Hygienist Association (AIHA), *Emergency Response Planning Guidelines*™ www.aiha.org/get-involved/AIHAGuidelineFoundation/EmergencyResponsePlanningGuidelines/Pages/default.aspx.

AINSWORTH 1991 Ainsworth, S., American Chemical Society, *Chem. Eng. News*, 69 (11), p.6, 1991.

AISC 2013 American Institute of Steel Construction (AISC), *Design Guide 26: Design of Blast Resistant Structures*. www.aisc.org/store/p-2300-design-guide-26-design-of-blast-resistant-structures.aspx.

Alderman 2012 Alderman, J., R. Pitblado and J. K. Thomas, "Facilitating Consistent Siting Hazard Distance Predictions Using the TNO Multi-Energy Model," 2012 Mary Kay O'Connor Process Safety Center International Symposium, October 27, 2012, College Station, TX.

ALOHA 2016 EPA CAMEO, *Areal Locations of Hazardous Atmospheres (ALOHA)*. www2.epa.gov/cameo/what-cameo-software-suite.

Amyotte 2013 Amyotte, P., *An Introduction to Dust Explosions, 1st Edition, Understanding the Myths and Realities of Dust Explosions for a Safer Workplace*, Butterworth-Heinemann, Elsevier, Waltham, MA, 2013.

Anderson 2016 Anderson, T., and P. Hodge, "A Method to Utilize Facility Siting Techniques in the Early Phases of Capital Projects to Reduce Risks and Safety Spending," The 19th Mary Kay O'Connor Process Safety Center International Symposium, College Station, Texas, October 2016.

ANSI/UL 142 ANSI/UL Standard 142, *Standard for Steel Aboveground Tanks for Flammable and Combustible Liquids, Edition 9, Revision 4*, August 2014.

ANSI/UL 58 ANSI/UL Standard 58, *Standard for Steel Underground Tanks for Flammable and Combustible Liquids, Edition 9, Revision 3*, 1998.

API RP 500 The American Petroleum Institute (API), API Recommended Practice 500, *Classification of Locations for Electrical Installations at Petroleum Facilities Classified as Class I, Division 1 and Division 2, Third Edition*, December 2012.

API RP 505 The American Petroleum Institute (API), API Recommended Practice 505 (R2013), *Recommended Practice for Classification of Locations for Electrical Installations at Petroleum Facilities Classified as Class I, Zone 0, and Zone 2, First Edition*, November 1997.

API RP 553 The American Petroleum Institute (API), API Recommended Practice 553, *Recommended Practice for Refinery Valves and Accessories for Control and Safety Instrumented Systems, Second Edition*, October, 2012.

API RP 752 The American Petroleum Institute (API), API Recommended Practice 752, *Management of Hazards*

Associated with Location of Process Plant Permanent Buildings, *Downstream Segment*, *Third Edition*, December 2009.

API RP 753 The American Petroleum Institute (API), API Recommended Practice 753, *Management of Hazards Associated with Location of Process Plant Portable Buildings*, *First Edition*, June 2007.

API RP 756 The American Petroleum Institute (API), API Recommended Practice 756, *Management of Hazards Associated with Location of Process Plant Tents*, *First Edition*, September 2014.

API TR 756-1 Process Plant Tent Responses to Vapor Cloud Explosions-Results of the American Petroleum Institute Tent Testing Program, September 2014.

API RP 2218 The American Petroleum Institute (API), API Recommended Practice 2218, *Fireproofing Practices in Petroleum & Petrochemical Processing Plants*, *Third Edition*, 07/01/2013.

API RP 2510A The American Petroleum Institute (API), API RP 2510A(R2010), *Fire-Protection Considerations for the Design and Operation of Liquefied Petroleum Gas (LPG) Storage Facilities*, *Second Edition*, December 1996.

API STD 2000 The American Petroleum Institute (API), API Standard 2000, *Venting Atmospheric and Low-Pressure Storage Tanks*, *Seventh Edition*, March 2013.

API STD 2510 The American Petroleum Institute (API), API Standard 2510 (R2011), *Design and Construction of Liquefied Petroleum Gas Installations (LPG)*, *Eighth Edition*, May 2001.

API STD 520 Part Ⅱ The American Petroleum Institute (API), *Sizing*, *Selection*, *and Installation of Pressure-relieving Devices*, API STD 520 Part Ⅱ-Installation, Sixth Edition, March 2015.

API STD 521 The American Petroleum Institute (API), API Standard 521, *Pressure-relieving and Depressuring Systems*, *Sixth Edition*, January 2014 [reference to ISO 23251: 2006(E)].

API STD 537 The American Petroleum Institute (API), API Standard 537, *Flare Details for General Refinery and Petrochemical Service*, *Second Edition*, December 2008 (Identical to ISO 25457: 2008).

API STD 650 The American Petroleum Institute (API), API Standard 650, *Welded Steel Tanks for Oil Storage*, *Twelfth Edition*, *Includes Errata* 1 (2013), *Errata* 2 (2014), *and Addendum* 1 (2014), March 2013.

Applebome 1998 Applebome, P., "Chemicals in Salt Caverns Hold Pain for Texas Town," Special to the New York Times, Published: November 28, 1988. www.nytimes.com/1988/11/28/us/chemicals-insalt-caverns-hold-pain-for-texas-town.html.

ASCE 2010 Bounds, W. L., Editor, *Design of Blast-Resistant Buildings in Petrochemical Facilities*, *Second Edition*, American Society of Civil Engineers (ASCE), Reston, VA, 2010.

ASME B31.3-2014 The American Society of Mechanical Engineers International (ASME), ASME B31.3-2014, *Process Piping*, Standard issued by ASME International, 02/27/2015.

ASME 2002 The American Society of Mechanical Engineers International (ASME), Delaware Section, *Brandywine River Powder Mills*, October, 2002.

Atherton 2008 Atherton, J., and F. Gil, *Incidents that Define Process Safety*, CCPS and John Wiley & Sons, Hoboken, NJ (2008).

Baker 1983 Baker, W. E. et. al., *Explosion Hazards and Evaluations*, Elsevier Scientific B. V., Amsterdam, The Netherlands, 1983. Reissued by Elsevier, 2012. store.elsevier.com/product.jsp? isbn=9780444599889.

Baker 1999 Baker, Q. A., and J. F. Murphy, "Inherently Safer Design in Plant Layout and Facility Siting," Mary Kay O'Connor Process Safety Center 1999 Annual Symposium, College Station, Texas.

Baker 2007 The Report of the BP U. S. Refineries Independent Safety Review Panel (The "Baker Report"), January 2007.

Barton 2002 Barton, J., *Dust Explosion Prevention and Protection*: *A Practical Guide*, Institution of Chemical

Engineers (IChemE), Rugby, Warwickshire, UK, 2002.

Baybutt 2014 Baybutt, P., "The ALARP principle in process safety," *Process Safety progress*, 33: 36-40, 2014.

Bounds 2010 Bounds, W. L., Editor, *Design Of Blast-Resistant Buildings In Petrochemical Facilities, Second Edition, American Society of Civil Engineers (ASCE)*. www.asce.org/.

Broadribb 2006 Broadribb, M. P., *Lessons from Texas City-A Case History*: Proceedings of AIChE 40th Annual Loss Prevention Symposium, Orlando, Florida, April 2006.

BS EN 12845 British Standards Institution (BSI), *BS EN* 12845: 2004+A2: 2009: *Fixed firefighting systems. Automatic sprinkler systems. Design, installation and maintenance*, 2004.

BS EN 60079 British Standards Institution (BSI), *BS EN* 60079-10-2: 2009, *Explosive atmospheres. Classification of areas. Combustible dust atmospheres*, 2009.

CCOHS 2015 Canadian Centre for Occupational Health and Safety (CCOHS), "Dangerously Reactive Liquids and Solids-How Do I Work Safely with" Fact Sheet. www.ccohs.ca/oshanswers/prevention/reactive.html

CCPS 1995a The Center for Chemical Process Safety (CCPS), *Guidelines for Consequence Analysis of Chemical Releases*, AIChE and John Wiley & Sons, Inc., Hoboken, New Jersey, 1995.

CCPS 1995b The Center for Chemical Process Safety (CCPS), *Understanding Atmospheric Dispersion of Accidental Releases*, AIChE and John Wiley & Sons, Inc., Hoboken, New Jersey, 1995.

CCPS 1995c The Center for Chemical Process Safety (CCPS), *Guidelines for Safe Storage and Handling of Reactive Materials*, John Wiley & Sons, New York, NY, 1995.

CCPS 1996 The Center for Chemical Process Safety (CCPS), *Guidelines for Use of Vapor Cloud Dispersion Models, 2nd Edition*, AIChE and John Wiley & Sons, Inc., Hoboken, New Jersey, 1996.

CCPS 1999a The Center for Chemical Process Safety (CCPS), *Estimating the Flammable Mass of a Vapor Cloud*, AIChE and John Wiley & Sons, Inc., Hoboken, New Jersey, 1999.

CCPS 1999b The Center for Chemical Process Safety, *Guidelines for Chemical Process Quantitative Risk Analysis, 2nd Edition*, John Wiley & Sons, Hoboken, New Jersey, 1999.

CCPS 2001 The Center for Chemical Process Safety (CCPS), *Layer of Protection Analysis: Simplified Process Risk Assessment*, John Wiley & Sons, New York, NY (2001).

CCPS 2002 The Center for Chemical Process Safety (CCPS), *Wind Flow and Vapor Cloud Dispersion at Industrial and Urban Sites*, AIChE and John Wiley & Sons, Inc., Hoboken, New Jersey, 2002.

CCPS 2003a The Center for Chemical Process Safety (CCPS), *Guidelines for Analyzing and Managing the Security Vulnerabilities of Fixed Chemical Sites*, AIChE and John Wiley & Sons, Inc., Hoboken, New Jersey, 2003.

CCPS 2003b The Center for Chemical Process Safety (CCPS), *Guidelines for Fire Protection in Chemical, Petrochemical, and Hydrocarbon Processing Facilities*, John Wiley & Sons, New York, NY, 2003.

CCPS 2003c The Center for Chemical Process Safety (CCPS), *Essential Practices for Managing Chemical Reactivity Hazards*, John Wiley & Sons, New York, NY, 2003.

CCPS 2003d The Center for Chemical Process Safety (CCPS), *Guidelines for Investigating Chemical Process Incidents, 2nd Edition*, ohn Wiley & Sons, Hoboken, NJ (2003).

CCPS 2007a The Center for Chemical Process Safety (CCPS)/American Institute of Chemical Engineers, *Guidelines for Risk Based Process Safety (RBPS)*, John Wiley & Sons, Inc., Hoboken, New Jersey, 2007.

CCPS 2007b The Center for Chemical Process Safety (CCPS)/American Institute of Chemical Engineers, *Guidelines for Performing Effective Pre-Startup Safety Reviews*, John Wiley & Sons, Inc., Hoboken, New Jersey, 2007.

CCPS 2008a The Center for Chemical Process Safety (CCPS), *Inherently Safer Chemical Processes: A Life Cycle Approach, 2nd Edition*, AIChE and John Wiley & Sons, Inc., Hoboken, New Jersey, 2008.

CCPS 2008b The Center for Chemical Process Safety, *Guidelines for Chemical Transportation Safety, Security, and*

Risk Management, *2nd Edition*, John Wiley & Sons, Inc., Hoboken, New Jersey (2008).

CCPS 2008c The Center for Chemical Process Safety (CCPS), *Guidelines for the Management of Change for Process Safety*, Center for Chemical Process Safety/American Institute of Chemical Engineers, John Wiley & Sons, Inc., Hoboken, New Jersey, 2008.

CCPS 2009a The Center for Chemical Process Safety (CCPS), *Guidelines for Developing Quantitative Safety Risk Criteria*, AIChE and John Wiley & Sons, Inc., Hoboken, New Jersey, 2009.

CCPS 2009b The Center for Chemical Process Safety (CCPS), *Guidelines for Hazard Evaluation Procedures*, *Third Edition*, AIChE and John Wiley & Sons, Inc., Hoboken, New Jersey, 2009.

CCPS 2010 The Center for Chemical Process Safety (CCPS), *Guidelines for Vapor Cloud Explosion*, *Pressure Vessel Burst*, *BLEVE and Flash Fire Hazards*, *2nd Edition*, AIChE and John Wiley & Sons, Inc., Hoboken, New Jersey, 2010.

CCPS 2011a The Center for Chemical Process Safety (CCPS), *Guidelines for Auditing Process Safety Management Systems*, John Wiley & Sons, Inc., Hoboken, New Jersey, 2011 [CCPS 2011a].

CCPS 2011b The Center for Chemical Process Safety (CCPS), *Conduct of Operations and Operational Discipline*, John Wiley & Sons, Hoboken, NJ, 2011.

CCPS 2012a The Center for Chemical Process Safety (CCPS), *Guidelines for Engineering Design for Process Safety*, *2nd Edition*, John Wiley & Sons, New York, NY, 2012.

CCPS 2012b The Center for Chemical Process Safety (CCPS), *Guidelines for Evaluating Process Plant Buildings for External Explosions*, *Fires*, *and Toxic Releases*, *2nd Edition*, John Wiley & Sons, New York, NY, 2012.

CCPS 2014a The Center for Chemical Process Safety (CCPS), *Guidelines for Initiating Events and Independent Protection Layers in Layer of Protection Analysis*, John Wiley & Sons, 2014.

CCPS 2014b The Center for Chemical Process Safety (CCPS), *Guidelines for Determining the Probability of Ignition of a Released Flammable Mass*, AIChE and John Wiley & Sons, Inc., Hoboken, New Jersey, 2014.

CCPS 2014c The Center for Chemical Process Safety (CCPS), *CCPS Pamphlet Series*: *Recovery from Natural Disasters*, *Second Edition*. www.aiche.org/ccps

CCPS Glossary The Center for Chemical Process Safety (CCPS). www.aiche.org/ccps/resources/glossary.

Crowl 2003 Crowl, D. A., Understanding Explosions, John Wiley & Sons, Inc., Hoboken, New Jersey, 2003.

CSB 2002 United States Chemical Safety and Hazard Investigation Board, Case Study, "*The Explosion at Concept Sciences*: *Hazards of Hydroxylamine*," No. 1999-13-C-PA, March 2002.

CSB 2005 United States Chemical Safety and Hazard Investigation Board, Safety Bulletin, "*Emergency Shutdown Systems for Chlorine Transfer*," No. 2005-06-I-LA, June 2005.

CSB 2006 United States Chemical Safety and Hazard Investigation Board, Safety Bulletin, "*Fire At Praxair St. Louis Dangers of Propylene Cylinders in High Temperatures*," No. 2005-05-B, June 2006.

CSB 2007 United States Chemical Safety and Hazard Investigation Board, Investigation Report, "*Refinery Explosion and Fire*, *BP Texas City*, *Texas*, *March* 23, 2005," Report No. 2005-04-I-TX, issued March 2007.

CSB 2008a United States Chemical Safety and Hazard Investigation Board, Investigation Report, "*Confined Vapor Cloud Explosion*, *CAI*, *Inc. and Arnel Company*, *Inc.*, *Danvers*, *Massachusetts*, *November* 22, 2006," Report No. 2007-03-I-MA, issued May 2008.

CSB 2008b United States Chemical Safety and Hazard Investigation Board, Investigation Report, "*Little General Store-Propane Explosion*, *Ghent*, *West Virginia*, *January* 30, 2007," Report No. 2007-04-I-WV, issued September, 2008.

CSB 2008c United States Chemical Safety and Hazard Investigation Board, Investigation Report, "*LPG Fire at Valero-McKee Refinery*, *Valero Energy Corporation*, *Sunray*, *Texas*, *February* 16, 2007," Report No. 2007-05-

I-TX, issued July 2008.

CSB 2009a United States Chemical Safety and Hazard Investigation Board, Safety Bulletin, "*Dangers of Purging Gas Piping into Buildings*," No. 2009-12-I-NC, 2009.

CSB 2009b United States Chemical Safety and Hazard Investigation Board, Investigation Report, "*T2 Laboratories, Inc. Runaway Reaction, Jacksonville, Florida December* 19, 2007," Report No. 2008-3-I-FL, 2009.

CSB 2009c United States Chemical Safety and Hazard Investigation Board, Investigation Report, "*Sugar Dust Explosion and Fire, Imperial Sugar, Port Wentworth, Georgia, February* 7, 2008," Report No. 2008-05-I-GA, 2009.

CSB 2009d United States Chemical Safety and Hazard Investigation Board, Investigation Report, "*Allied Terminals, Inc. -Catastrophic Tank Collapse*," Report No. 2009-03-I-VA, 2009.

CSB 2010 United States Chemical Safety and Hazard Investigation Board, Urgent Recommendations (Includes Kleen Energy Incident). www.csb.gov/assets/1/19/kleenurgentrec.pdf.

CSB 2016 Chemical Safety Board, *Final Investigation Report*, *West Fertilizer Company Fire And Explosion*, Report 2013-02-I-TX, 2016.

Dave 2016 Dave, M, A. Nicotra, V. Raghunathan, R. Pitblado, R. Girada, and G. Mohan, "Layout Optimization for Onshore and Offshore LNG Projects," The 19th Mary Kay O'Connor Process Safety Center International Symposium, College Station, Texas, October 2016.

DHS 2008 United States Department of Homeland Security (DHS), Chemical Security Assessment Tool (CSAT) Security Vulnerability Assessment (SVA). www.dhs.gov/csat-security-vulnerability-assessment.

DHS 2015 United States Homeland Security Act of 2002.

Dickson 2015 Dickson, B.R., "*Making Sense of Reason: A review of the message James Reason put forward for a re-think of Safety Management Principles*," presented at the AIChE Spring Meeting and Global Congress on Process Safety, April 28, 2015. www.aiche.org/academy/videos/conference-presentations/makingsense-reason-review-message-james-reason-put-forward-re-thinksafety-management-principles.

DIERS 2015 Design Institute for Emergency Relief Systems (DIERS), CCPS. www.aiche.org/design-institute-emergency-relief-systemsdiers.

DOD 2009 United States Department of Defense (DOD), *Design of Buildings to Resist Progressive Collapse*, *United Facilities Criteria UFC* 4-023-3, 14 July 2009.

Dunklin 2014 Dunklin, R., Dallas Morning News, Published: January 30, 2014. watchdogblog.dallasnews.com/tag/ammonium-nitrate/.

Dusenberry 2010 Dusenberry, D. O., Editor, *Handbook for Blast-Resistant Design of Buildings*, John Wiley & Sons, Inc., 2010.

EI/IP 15 Energy Institution (EI), Model Code of Safe Practice Part 15: Area Classification Code for Installations Handling Flammable Fluids, 3rd Edition, July 2005, (based on IP 15, 4th Edition expected July 2015).

Ellis 2003 Ellis, G., "The Oneoing Challenge Of Demonstrating ALARP In COMAH Safety Reports," IChemE Symposium Series No. 149, Institution of Chemical Engineers (IChemE), 2003.

EPA 2015a Flares exit velocity. www.ecfr.gov/cgi-bin/textidx? SID=4b5149fec3bcbd2c684794e8a3421242&mc=true&node=se40.7.60_118&rgn=div8.

EPA 2015b Regulations Pertaining To Underground Storage Tanks. www.epa.gov/oust/fedlaws/cfr.htm.

Ferguson 2005 Ferguson, L. and J. C., *Fundamentals of Fire Protection for the Safety Professional*, Government Institutes, an imprint of Scarecrow Press, Inc., the Rowan & Littlefield Publishing Group, Inc., Lanham, Maryland, USA, 2005.

FM Global 1-44 FM Global Property Loss Prevention Data Sheets 1-44, *Damage-Limiting Construction*, 2012.

FM Global 2－0 FM Global Property Loss Prevention Data Sheets 2－0, *Installation Guidelines for Automatic Sprinklers*, 2014.

FM Global 4－0 FM Global Property Loss Prevention Data Sheets 4－0, *Special Protection Systems*, 2012.

FM Global 5－1 FM Global Property Loss Prevention Data Sheets 5－1, *Electrical Equipment in Hazardous (Classified) Locations*, 2012.

FM Global 5－4 FM Global Property Loss Prevention Data Sheet, 5－4, Transformers, April 2014.

FM Global 5－48 FM Global Property Loss Prevention Data Sheets 5－48, *Automatic Fire Detection*, 2011.

FM Global 5－49 FM Global Property Loss Prevention Data Sheets 5－49, *Gas and Vapor Detection and Analysis Systems*, 1987, Revised January 2000.

FM Global 7－14 FM Global Property Loss Prevention Data Sheets 7－14, *Fire Protection for Chemical Plants*, July 2015.

FM Global 7－43 FM Global Property Loss Prevention Data Sheets 7－43, *Loss Prevention In Chemical Plants*, July 2015.

FM Global 12－2 FM Global Property Loss Prevention Data Sheets 12－2, *Vessels and Piping*, April 2015.

FM Global12－43 FM Global Property Loss Prevention Data Sheets 5－49, *Pressure Relief Devices*, October 2013.

GAP 2.5.2 Global Asset Protection Services, LLC, (XL－Catlin), GAP Guidelines 2.5.2, *Oil and Chemical Plant Layout and Spacing*, September 1, 2007.

GAP 2.5.2.A Global Asset Protection Services, LLC, (XL－Catlin), GAP Guidelines 2.5.2.A, *Hazard Classification of Process Operations for Spacing Requirements*, September 1, 2007.

GAP 5.9.2 Global Asset Protection Services, LLC, (XL－Catlin), GAP Guideline 5.9.2, *Transformers－Arrangement and Fixed Fire Protection*, December 1, 2011.

Garland 2012 Garland, R. W., "An Engineer's Guide to Management of Change," *Chemical Engineering Progress*, March 2012, pp.49－53.

Goodrich 2006 Goodrich, M. L., J. N. Dyer, D. E. Ketchum, and J. K. Thomas, "Techniques for Siting New Buildings in Petrochemical Facilities," American Institute of Chemical Engineers, 2006 Spring National Meeting, 8th Process Plant Safety Symposium, 2006.

Grossel 2002 Grossel, S. S., *Deflagration and Detonation Flame Arrestors*, Center for Chemical Process Safety (CCPS), John Wiley & Sons, 2002. www.wiley.com/WileyCDA/WileyTitle/productCd－0816907919.html

GSA 2003 United States General Services Administration (GSA), *Progressive Collapse Analysis and Design Guidelines for New Federal Office Buildings and Major Modernization Projects*, June 2003.

Hermann 2009 Herrmann, D, D., "A Versatile Approach to Explosion Vent Design," American Institute of Chemical Engineers(AIChE), Spring National Meeting, 5th Global Congress on Process Safety, 43rd Annual Loss Prevention Symposium, 2009.

Hinman 2011 Hinman, E., *Blast Safety of the Building Envelope*, updated 2011, Whole Building Design Guide (WBDG). www.wbdg.org/resources/env_blast.php.

IEC 60079－10 International Electrotechnical Commission (IEC), IEC 60079 Series Explosive Atmosphere Standards. webstore.ansi.org/explosive－atmosphere/default.aspx.

Includes British Standards Institution, BS EN60079－10－1: 2009, Explosive Atmospheres－Part 10－1: Classification of Areas－Explosive Gas Atmospheres, April 2009, and British Standards Institution, BS EN60079－10－2: 2015, Explosive Atmospheres－Part 10－2: Classification of Areas－Explosive Dust Atmospheres, March 2015.

Ⅲ 2015 International Isocyanate Institute (Ⅲ). www.diisocyanates.org/.

ISC 2010 United States Interagency Security Committee (ISC), *Physical Security Criteria for Federal Facilities*,

FOUO, April 12, 2010.

Kirby 2005 Kirby, D. C., "Back to the Basics In Dust Explosions," American Institution of Chemical Engineers (AIChE), 39th Annual Loss Prevention Symposium, 2005.

Klein 2011a Klein, J. A., and B. K. Vaughen, "Implementing an Operational Discipline Program to Improve Plant Process Safety," *Chemical Engineering Progress*, June 2011, pp. 48-52.

Klein 2011b Klein, J. A. and R. A. Davis. 2011, "Conservation of Life as a Unifying Theme for Process Safety in Chemical Engineering Education," *Chemical Engineering Education*, 45: 126-130.

Klein 2017 Klein, J. A., and B. K. Vaughen, *Process Safety: Key Concepts and Practical Applications*, Boca Raton: Taylor & Francis, 2017.

Kletz 1978 Kletz, T. A., "What you don't have can't leak," *Chem. Ind.*, 6, 287-292, 1978.

Kletz 2009 Kletz, T., *What Went Wrong? Fifth Edition*, Gulf Professional Publishing, Elsevier, Burlington, MA, 2009.

Kletz 2010 Kletz, T. A., and P. Amyotte, *Process Plants: A Handbook for Inherently Safer Design, Second Edition*, CRCPress, Taylor and Francis, Boca Raton, FL, 2010.

Lees 2012 Mannan, S., Editor, *Lees' Loss Prevention in the Process Industries*, 4*th Edition*, *Hazard Identification, Assessment and Control*, Butterworth-Heinemann (2012).

Leveson 2011 N. G. Leveson, *Engineering a Safer World; Systems Thinking Applied to Safety*, MIT Press, Cambridge, MA, 2011.

Leveson 2014 Leveson, N. G., and G. Stephanopoulos, "A System-Theoretic, Control-Inspired View and Approach to Process Safety," *AIChE Journal*, 60: 2-14, 2014.

Lunn 1992 Lunn, G., *Guide to Dust Explosion Prevention and Protection Part* 1: *Venting*, 2*nd Edition*, Institution of Chemical Engineers (IChemE), Rugby, Warwickshire, UK, 1992.

Mannan 2004 Mannan, S., Editor, *Lees' Loss Prevention in the Process Industries: Hazard Identification, Assessment and Control*, *Third Edition*, Butterworth Heinemann (2004).

Marsh 2014 Marsh, *The* 100 *Largest Losses*, 1974-2013, *Large Property Damage Losses in the Hydrocarbon Industry*, 23*rd Edition*, 2014. uk. marsh. com/Portals/18/Documents/100% 20Largest% 20Losses% 2023rd% 20Edition%202014.pdf.

MIACC 1995 Major Industrial Accidents Council of Canada, *Risk-Based Land Use Planning Guidelines*, 1995.

MIIB 2008a Buncefield Major Incident Investigation Board (MIIB), *The Buncefield Incident* 11 *December* 2005: *The final report of the Major Incident Investigation Board*, *Volume* 1, UK HSE Books, 2008.

MIIB 2008b Buncefield Major Incident Investigation Board (MIIB), *The Buncefield Incident* 11 *December* 2005: *The final report of the Major Incident Investigation Board*, *Volume* 2, UK HSE Books, 2008.

Morris 2011 Morris, M., and T. Fowler, "Natural gas plant burns in Mont Belvieu," February 8, 2011, www.chron.com/news/houston-texas/article/Natural-gas-plant-burns-in-Mont-Belvieu-1692771.php.

Mudan 1984 Mudan, K. S., "Thermal Radiation Hazards from Hydrocarbon Pool Fires, Progress in Energy and Combustion Science," 10(1): 59-80.

Murphy 2012 Murphy, J. F., et. al., "Beware of the Black Swan: The limitations of risk analysis for predicting the extreme impact of rare process safety events," *Process Safety Progress*, 31: 330-333 (2012).

Murphy 2014 Murphy, J. F., and J. Conner, "Black swans, white swans, and 50 shades of grey: Remembering the lessons learned from catastrophic process safety incidents," *Process Safety Progress*, 33: 110-114, 2014.

NFPA 15 National Fire Protection Agency (NFPA), *NFPA* 15: *Standard for Water Spray Fixed Systems for Fire Protection*, 2012.

NFPA 30 National Fire Protection Agency (NFPA), *NFPA* 30: *Flammable and Combustible Liquids Code*, 2015.

NFPA 55 National Fire Protection Agency (NFPA), *NFPA 55, Compressed Gases and Cryogenic Fluids Code*, 2013.

NFPA 56 National Fire Protection Agency (NFPA), *NFPA 56: Standard for Fire and Explosion Prevention During Cleaning and Purging of Flammable Gas Piping Systems*, 2014.

NFPA 58 National Fire Protection Agency (NFPA), *NFPA 58, Liquefied Petroleum Gas Code*, 2014.

NFPA 61 National Fire Protection Agency (NFPA), *NFPA 61, Standard for the Prevention of Fires And Dust Explosions in Agricultural and Food Processing Facilities*, 2013.

NFPA 67 National Fire Protection Agency (NFPA), *NFPA 67: Guide On Explosion Protection For Gaseous Mixtures In Pipe Systems*, 2014.

NFPA 68 National Fire Protection Agency (NFPA), *NFPA 68: Standard on Explosion Protection by Deflagration Venting*, 2013.

NFPA 69 National Fire Protection Agency (NFPA), *NFPA 69: Standard On Explosion Prevention Systems*, 2014.

NFPA 70 National Fire Protection Agency (NFPA), *NFPA 70: National Electrical Code*, 2014.

NFPA 400 National Fire Protection Agency (NFPA), *NFPA 400: Hazardous Material Code*, (expected publication) 2016.

NFPA 496 National Fire Protection Agency (NFPA), *NFPA 496: Standard for Purged and Pressurized Enclosures for Electrical Equipment*, 2013.

NFPA 497 National Fire Protection Agency (NFPA), *NFPA 497: Recommended Practice for the Classification of Flammable Liquids, Gases, or Vapors and of Hazardous (Classified) Locations for Electrical Installations in Chemical Process Areas*, 2012.

NFPA 499 National Fire Protection Agency (NFPA), *NFPA 499: Recommended Practice for the Classification of Combustible Dusts and of Hazardous (Classified) Locations for Electrical Installations in Chemical Process Areas*, 2013.

NFPA 652 National Fire Protection Agency (NFPA), *NFPA 652: Standard on Combustible Dusts*, 2016.

NFPA 654 National Fire Protection Agency (NFPA), *NFPA 654: Standard for the Prevention of Fire and Dust Explosions from the Manufacturing, Processing, and Handling of Combustible Particulate Solids*, 2013.

NFPA 750 National Fire Protection Agency (NFPA), *NFPA 750: Standard on Water Mist Fire Protection Systems*, 2015.

NFPA 850 National Fire Protection Agency (NFPA), *NFPA 850: Recommended Practice for Fire Protection for Electric Generating Plants and High Voltage Direct Current Converter Stations*, 2015.

NFPA 2016 National Fire Protection Agency (NFPA), "*All About Fire*," from "*A Reporter's Guide to Fire and the NFPA*," www.nfpa.org/pressroom/reporters-guide-to-fire-and-nfpa/all-about-fire.

NMC 2016 National Maritime Center United States Coast Guard, www.uscg.mil/nmc/regulations/default.asp? tab=1.

NYTimes 2007 New York Times, "4 Killed in Gas Explosion Near West Virginia Resort," 1/31/07. www.nytimes.com/2007/01/31/us/31blast.html? _r=1&.

OSHA 1910. 106 US Occupational Safety and Health Administration (OSHA), 29 CFR1910. 106, *Flammable and combustible liquids.*

OSHA SHIB US Occupational Safety and Health Administration (OSHA), Safety and Health Information Bulletin (SHIB), *Combustible Dust in Industry: Preventing and Mitigating the Effects of Fire and Explosions*, OSHA SHIB 07-31-2005; updated 11-12-2014.

PDVSA 2013 Petroleum of Venezuela, Petróleos de Venezuela, S. A. (PDVSA), Evento Clase A, Refinería de Amuay, Septiembre 09, 2013.

PIP STC01018 Process Industry Practices (PIP), PIP STC01018, *Blast Resistant Building Design Criteria*

[*Complete Revision*], October 2014.

Pearce 2015 Pearce, N., "Safer Storage," National Fire Protection Association (NFPA) Journal, May-June, 2015. www.nfpa.org/newsandpublications/nfpa-journal/2015/may-june-2015/features/nfpa-400? order_src = C246, published 1 May 2015.

Pearson 2013 Pearson, T., "Venezuelan Report: Refinery Disaster Caused by Intentional Manipulation of Gas Pump Bolts," published 10 September, 2013, venezuelanalysis.com/news/10013.

Perry 2011 Perry, J., M. R. Myers and M. Murphy, "Addressing Combustible Dust Hazards," *Chemical Engineering Progress*, May 2011, pp. 36-41. www.aiche.org/cep.

Proust 2004 Proust, C., "EFFEX: a tool to model the consequences of dust explosions." Pasman, H. J., Skarka, J., and Babinec, F., 11 International Symposium on Loss Prevention and Safety Promotion in the Process Industry, May 2004, Praha, Czech Republic, *PetroChemEng*, Praha, pp. 3337-3347.

PIP PNE00003 Process Industry Practices (PIP), *Process Unit and Offsites Layout Guide*, PIP PNE00003, Construction Industry Institute, The University of Texas at Austin, Austin, Texas, June 2013.

PPGA 2009 Pennsylvania Propane Gas Association Newsletter, 18(1), Spring 2009.

Reed 1988 Reed, J. W., "Analysis of the Accidental Explosion at Pepcon, Henderson, Nevada, May 4, 1988," SAND88-2902, 110-70, Unlimited Release, Printed November 1988.

Sjold 2007 Skjold, T., "FLACS DustEX-Review of the DESC Project," *Journal of Loss Prevention in the Process Industries*, 20: 291-302, 2007.

Sepeda 2010 Sepeda, A. L., "Understanding Process Safety Management," *Chemical Engineering Progress*, pp. 26-33, August 2010.

Squire 2014 Squire R., and H. Song, "Cyber-physical systems opportunities in the chemical industry: A security and emergency management example," *Process Safety Progress*, 33(4): 329-332, 2014.

Taleb 2010 Taleb, N. N., *The Black Swan: The Impact of the Highly Improbable*, *2nd. Ed.*, Random House & Penguin, 2010. www.penguinrandomhouse.com/books/176226/the-black-swansecond-edition-by-nassim-nicholas-taleb/.

TNO 2005 TNO, "The Yellow Book," *Methods for the calculation of Physical Effects Due to releases of hazardous materials (liquids and gases)*, *Third edition*, *Second revised print* 2005. www.tno.nl/en/focus-area/urbanisation/environmentsustainability/public-safety/the-coloured-books-yellow-green-purplered/.

UFC 3-340-02 Unified Facilities Criteria (UFC), UFC Unified Facilities Criteria (UFC), UFC 3-340-02: Structures to Resist the Effects of Accidental Explosions, United States Army Corps Of Engineers, Naval Facilities Engineering Command, and Air Force Civil Engineer Support Agency, 2008.

UFC 4-023-03 Unified Facilities Criteria (UFC), UFC 4-023-03: Design of Buildings to Resist Progressive Collapse, United States Army Corps Of Engineers, Naval Facilities Engineering Command, and Air Force Civil Engineer Support Agency, 2009 (Including Change 2, 2013).

UFC 4-024-01 Unified Facilities Criteria (UFC), UFC 4-024-01: *Security Engineering: Procedures for Designing Airborne Chemical, Biological, and Radiological Protection for Buildings*, United States Army Corps Of Engineers, Naval Facilities Engineering Command, and Air Force Civil Engineer Support Agency, 2005.

UFC 4-860-01fa Unified Facilities Criteria (UFC), *UFC* 4-860-01*fa*: *Railroad Design And Rehabilitation*, United States Army Corps Of Engineers, Naval Facilities Engineering Command, and Air Force Civil Engineer Support Agency, 2004.

UK HSE 176 The UK Health and Safety Executive, (UK HSE), *HS(G)* 176 *The storage of flammable liquids in tanks*, 1998.

UK HSE 444 The UK Health and Safety Executive (UK HSE), *HSG444*, *Remotely operated shutoff valves*

(*ROSOVs*) *for emergency isolation of hazardous substances*, *First edition*, 2004.

UK HSE 2001 The UK Health and Safety Executive (UK HSE), *Reducing risks*, *protecting people*, *HSE's decision-making process*, UK HSE Books, 2001.

UK HSE 2004 The UK Health and Safety Executive (UK HSE), *Hazardous Area Classification and Control of Ignition Sources*, Technical Measure, www.hse.gov.uk/comah/sragtech/techmeasareaclas.htm. Page last updated: 22nd September 2004.

UK HSE 2008 The UK Health and Safety Executive (UK HSE), *An appraisal of underground gas storage technologies and incidents*, *for the development of risk assessment methodology*, Research Report R605 (2008).

UK HSE 2015 The UK Health and Safety Executive (UK HSE), Plant Layout reference. www.hse.gov.uk/comah/sragtech/techmeasplantlay.htm.

UK HSE 2016a The UK Health and Safety Executive (UK HSE), *ALARP "at a glance,"* www.hse.gov.uk/risk/theory/alarpglance.htm.

UK HSE 2016b The UK Health and Safety Executive (UK HSE), *ALARP "suite of guidance,"* www.hse.gov.uk/risk/expert.html.

Vaughen 2011a Vaughen, B. K., and T. Muschara, "A Case Study: Combining Incident Investigation Approaches to Identify System-Related Root Causes," *Process Safety Progress*, 30(4): 372-376, 2011.

Vaughen 2011b Vaughen, B. K. and J. A. Klein, "Improving Operational Discipline to Prevent Loss of Containment Incidents," *Process Safety Progress*, 30(3): 216-220, 2011.

Vaughen 2012a Vaughen, Bruce K, and James A. Klein, "What you don't manage will leak: A tribute to Trevor Kletz," *Process Safety and Environmental Protection*, 90(5): 411-418, 2012.

Vaughen 2012b Vaughen, B. K. and T. A. Kletz, "Continuing Our Process Safety Management (PSM) Journey," *Process Safety Progress*, 31(4): 337-342, 2012.

Vaughen 2013 Vaughen, B. K. and J. A. Klein, "Teaching Process Safety Systems," Education Division Session: Undergraduate Process Safety, AIChE Annual Meeting, San Francisco, CA, November 4, 2013.

Vaughen 2015 Vaughen, B. K., "Three Decades after Bhopal: What We Have Learned about Effectively Managing Process Safety Risks," *Process Safety Progress*, 34(4): 345-354, 2015.

Vaughen 2016 Vaughen, B. K. and K. Bloch, "Rethinking Bow Tie Diagrams When Managing Process Hazards and Risks," *Chemical Engineering Progress*, December 2016, in press. www.aiche.org/cep.

WADMP 2013 Department of Mines and Petroleum, 2013, Safe storage of solid ammonium nitrate-code of practice (3rd edition): Resources Safety, Department of Mines and Petroleum, Western Australia. www.dmp.wa.gov.au/Documents/Dangerous-Goods/DGS_COP_StorageSolidAmmoniumNitrate.pdf.

Warren 1992 Warren, S., "Safety Questions Pepper Salt Domes," May 10, 1992, articles.chicagotribune.com/1992-05-10/news/9202110568_1_mont-belvieu-salt-dome-leak.

Watson 2013 Watson, F., 2013, hendersonhistoricalsociety.org/pepcon-explosion-25-years-later.

Wikipedia 2015a PEPCON information, en.wikipedia.org/wiki/PEPCON_disaster.

Wikipedia 2015b Ammonium Nitrate (AN) information, en.wikipedia.org / wiki/Ammonium_nitrate_disasters.

Woodward 2000 Woodward, J. L., and J. K. Thomas, "Modeling Indoor Dispersion of Aerosols or Vapors and Subsequent Vented Fire or Explosion," Mary Kay O'Connor 2000 Annual Symosium, October 24-25, 2000. College Station, TX.

Zalosh 2008 Zalosh, R., "Explosion Venting Data and Modeling Literature Review," The Fire Protection Research Foundation, Quincy, Massachusetts, 2008. www.nfpa.org/Foundation.

附　　录

本指南提供的每个附录内容和目的如下：

附录 A：提供选址清单以及来自监管机构、保险商以及行业的布局参考文献。

附录 B：基于汇总的行业数据，主要针对火灾事故场景，提供工艺区块之间、工艺单元之间、工艺单元设备之间以及相邻工厂之间的分隔距离指导。

附录 C：提供检查表，用于帮助团队对新建及扩建装置进行过程危害和风险识别。

附录 D：提供检查表，用于确定选址团队成员，然后帮助选址团队评估和比较备选位置的利弊。

附录 E：提供检查表，帮助工艺单元布局团队评估工艺单元和支持性设施区块的潜在布局问题。

附录 F：提供检查表，用于帮助设备布局团队评估工艺单元内的潜在设备布局问题。

附表 1 所显示的框架结构为选址及布局团队展示了附录 C~附录 F 中检查表问题之间的关系。该框架结构分别对应第 3 章中的识别过程危害和风险、第 4 章中的工厂位置选择、第 5 章中的工厂内工艺单元布局选择、第 6 章中的工艺单元内设备布局选择。请从 CCPS 网站（www.aiche.org/ccps/publications/TBD-tools）获取这些附录的最新版本，以及相应的工具、模板及文档。

附表 1　附录 C~附录 F 中检查表问题框架

附录 C~附录 F 中检查表问题框架							
附录 C 识别过程危害风险的检查表		附录 D 选择工厂位置的检查表		附录 E 工厂内工艺单元位置选择的检查表		附录 F 工艺单元内设备布局选择的检查表	
第 3 章	章节	第 4 章	章节	第 5 章	章节	第 6 章	章节
3.2	工厂范围描述	4.2	工厂附加信息				
3.3	初步危害筛查						
3.3.1	火灾场景						
3.3.2	爆炸场景						
3.3.3	毒物释放场景						
3.3.4	可信释放场景						
		4.3	工厂选址团队创建				
		4.5	确定位置尺寸				
		4.6	潜在的位置——建筑施工及检修问题	5.6	建设和停车检修相关的布局问题		

续表

附录C~附录F中检查表问题框架							
附录C 识别过程危害风险的检查表		附录D 选择工厂位置的检查表		附录E 工厂内工艺单元位置选择的检查表		附录F 工艺单元内设备布局选择的检查表	
第3章	章节	第4章	章节	第5章	章节	第6章	章节
		4.7	位置——地图和信息				
		4.8	潜在的位置——特定的地质问题				
		4.9	潜在的位置——特定的气候问题				
		4.10	潜在的位置——特定的地震问题				
		4.11	潜在的位置——特定的厂外问题				
		4.12	潜在的位置——特定的安保问题				
		4.13	潜在的位置——特定的环境问题				
		4.14	潜在的位置——特定的基础设施问题				
		4.15	潜在的位置——特定的建构问题	5.13	关键和驻人结构的布局问题	6.6	关键及驻人结构设计问题
		4.16	潜在的位置——特定的物料运输问题	5.14	物料处理建筑的布局问题		
				5.15	工艺单元的布局问题	6.7	设备布局问题
				5.16	罐区的布局问题		
				5.17	工艺单元界区外区域的布局问题		
		4.17	其他潜在的位置——特定问题				
		4.18	潜在的位置——特定的公用工程问题	5.18	公用工程布局问题		
		4.19	潜在的位置——特定的沟通问题				
		4.20	潜在的位置——特定的工程设计问题				

附录A　其他选址与布局参考文件

附录A为监管机构、保险公司及行业的选址与布局参考文件清单。清单中包括全球法规和行业指南，例如，房地产保险公司指南以及公认的规范和标准。具体而言，这些规范和标准包括全球国际标准化组织(ISO)标准及适用的美国标准，例如，美国石油学会(API)标准和推荐做法(API RP)、美国机械工程师协会(AMSE)规范、美国消防协会(NFPA)规范、美国职业安全与健康管理局法规(US OSHA)或美国运输部法规(US DOT)；适用的英国健康与安全执行局标准(UK HSE)，例如，相关技术委员会办公室(AOTC)和英国标准协会(BSI)标准；适用的欧洲和欧盟指令与标准，包括《防爆指令》《压力设备指令》、欧洲标准、德国标准化学会标准；或各种中国国标。

注意：每个工厂的选址应符合针对设备设计、制造、安装、操作和维护的特定选址规范，包括压力容器、储罐、锅炉、管道、仪表(例如，电气设备的危险场所/区域分级)和消防设施。

以下表格中列出了上述参考文件：

表A-1《选址与布局参考文献摘要》

表A-2《美国规章》

表A-3《国际规章》

表A-4《组织指南》

表A-5《权威组织及保险商指南》

表A-6《致力于过程安全的组织》

表A-7《美国地下储油罐法规与标准》

表A-8《其他资源》

本指南反映了美国化工过程安全中心截至本指南发布时所掌握的最新信息。在本指南编写过程中(2013~2016年)，一些相关互联网站(如适用)在访问时为最新版本。由于本指南预计日后会有更新和更改，读者可以通过CCPS网站，获取本指南的最新版本。您可以通过CCPS网站(www.aiche.org/ccps/publications/Siting-tools)访问更新的信息。

表A-1　选址与布局参考文献摘要

(注：此表并不涵盖所有选址与布局相关的专业文献，其只总结了本指南中引用的专业文献。)

来自美国石油学会(API)	
API RP 752	工厂永久性建筑选址相关的危害管理，API RP 752，第三版，2009年12月 Management of Hazards Associated with Location Process Plant Permanent Buildings, API Recommended Practice 752, Third Edition, December 2009
API RP 753	工厂活动厂房选址相关的危害管理，API RP 753，第一版，2007年6月 Management of Hazards Associated with Locations of Process Plant Portable Buildings, API Recommended Practice 753, First Edition, June 2007
API RP 756	工厂营帐选址相关的危害管理，API RP 756，第一版，2014年9月 Management of Hazards Associated with Location of Process Plant Tents, API Recommended Practice 756, First Edition, September 2014

续表

来自美国石油学会(API)	
API TR 756-1	蒸气云爆炸对工厂营帐的作用——美国石油学会测试项目的结果，2014年9月 Process Plant Tent Responses to Vapor Cloud Explosions-Results of the American Petroleum Institute Tent Testing Program, September 2014
来自美国化工过程安全中心(CCPS)	
CCPS 1995a	化工过程安全中心，《化学品泄漏的后果分析指南》，美国化学工程师协会和约翰威立国际出版公司，霍博肯，新泽西，1995 The Center for Chemical Process Safety (CCPS), *Guidelines for Consequence Analysis of Chemical Releases*, AIChE and John Wiley & Sons, Inc., Hoboken, New Jersey, 1995
CCPS 1996	化工过程安全中心，《蒸气云扩散模型的使用指南(第二版)》，美国化学工程师协会和约翰威立国际出版公司，霍博肯，新泽西，1996 The Center for Chemical Process Safety (CCPS), *Guidelines for Use of Vapor Cloud Dispersion Models, 2nd Edition*, AIChE and John Wiley & Sons, Inc., Hoboken, New Jersey, 1996
CCPS 1999b	化工过程安全中心，《化学过程定量风险分析指南(第二版)》，约翰威立国际出版公司，霍博肯，新泽西，1999 The Center for Chemical Process Safety, *Guidelines for Chemical Process Quantitative Risk Analysis, 2nd Edition*, John Wiley & Sons, Hoboken, New Jersey, 1999
CCPS 2001	化工过程安全中心，《保护层分析：简化的过程风险评估》，约翰威立国际出版公司，纽约，2001 The Center for Chemical Process Safety (CCPS), *Layer of Protection Analysis: Simplified Process Risk Assessment*, John Wiley & Sons, New York, NY (2001)
CCPS 2002	化工过程安全中心，《工业和城市区域的风流和蒸气云扩散》，美国化学工程师协会和约翰威立国际出版公司，霍博肯，新泽西，2002 The Center for Chemical Process Safety (CCPS), *Wind Flow and Vapor Cloud Dispersion at Industrial and Urban Sites*, AIChE and John Wiley & Sons, Inc., Hoboken, New Jersey, 2002
CCPS 2003a	化工过程安全中心，《化工装置安保脆弱性分析和管理指南》，美国化学工程师协会和约翰威立国际出版公司，霍博肯，新泽西，2003 The Center for Chemical Process Safety (CCPS), *Guidelines for Analyzing and Managing the Security Vulnerabilities of Fixed Chemical Sites*, AIChE and John Wiley & Sons, Inc., Hoboken, New Jersey, 2003. Hard Copy unavailable from Wiley
CCPS 2003b	化工过程安全中心，《化工、石化及烃类加工厂中的消防指南》，约翰威立国际出版公司，纽约，纽约，2003 The Center for Chemical Process Safety (CCPS), *Guidelines for Fire Protection in Chemical, Petrochemical, and Hydrocarbon Processing Facilities*, John Wiley & Sons, New York, NY, 2003
CCPS 2008b	化工过程安全中心，《化学品运输安全、安保和风险管理指南(第二版)》，约翰威立国际出版公司，霍博肯，新泽西，2008 The Center for Chemical Process Safety, *Guidelines for Chemical Transportation Safety, Security, and Risk Management, 2nd Edition*, John Wiley & Sons, Inc., Hoboken, New Jersey (2008)
CCPS 2009a	化工过程安全中心，《定量安全风险标准确定指南》，美国化学工程师协会和约翰威立国际出版公司，霍博肯，新泽西，2009 The Center for Chemical Process Safety (CCPS), *Guidelines for Developing Quantitative Safety Risk Criteria*, AIChE and John Wiley & Sons, Inc., Hoboken, New Jersey, 2009

续表

来自美国化工过程安全中心(CCPS)	
CCPS 2009b	化工过程安全中心,《危害评估程序指南(第三版)》,美国化学工程师协会和约翰威立国际出版公司,霍博肯,新泽西,2009 The Center for Chemical Process Safety (CCPS), *Guidelines for Hazard Evaluation Procedures, Third Edition*, AIChE and John Wiley & Sons, Inc., Hoboken, New Jersey, 2009
CCPS 2008a	化工过程安全中心,《化工过程全生命周期本质安全应用指南(第二版)》,美国化学工程师协会和约翰威立国际出版公司,霍博肯,新泽西,2008 Center for Chemical Process Safety (CCPS), *Inherently Safer Chemical Processes, A Life Cycle Approach, Second Edition*, John Wiley & Sons, New York, NY, 2008
CCPS 2012a	化工过程安全中心,《过程安全工程设计指南(第二版)》,约翰威立国际出版公司,纽约,纽约,2012 The Center for Chemical Process Safety (CCPS), *Guidelines for Engineering Design for Process Safety, 2nd Edition*, John Wiley & Sons, New York, NY, 2012
CCPS 2012b	化工过程安全中心,《外部爆炸、火灾和毒气泄漏对工厂建筑作用评估指南(第二版)》,约翰威立国际出版公司,纽约,纽约,2012 The Center for Chemical Process Safety (CCPS), *Guidelines for Evaluating Process Plant Buildings for External Explosions, Fires, and Toxic Releases, 2nd Edition*, John Wiley & Sons, New York, NY, 2012
CCPS 2014a	化工过程安全中心,《保护层分析:初始事件与独立保护层应用指南》,约翰威立国际出版公司,2014 The Center for Chemical Process Safety (CCPS), *Guidelines for Initiating Events and Independent Protection Layers in Layer of Protection Analysis*, John Wiley & Sons, 2014
CCPS 2014b	化工过程安全中心,《泄漏可燃物点火概率计算指南》,美国化学工程师协会和约翰威立国际出版公司,霍博肯,新泽西,2014 The Center for Chemical Process Safety (CCPS), *Guidelines for Determining the Probability of Ignition of a Released Flammable Mass*, AIChE and John Wiley & Sons, Inc., Hoboken, New Jersey, 2014
CCPS 2014c	化工过程安全中心,《CCPS 手册系列:从自然灾害中恢复(第二版)》,www.aiche.org/ccps The Center for Chemical Process Safety (CCPS), *CCPS Pamphlet Series: Recovery from Natural Disasters, Second Edition.* www.aiche.org/ccps

表 A-2 美国规章

(注:本列表信息截至本书发布前。)

过程安全	PSM-U. S. OSHA 过程安全管理标准 PSM - U. S. OSHA Process Safety Management Standard	高危险化学品的过程安全管理(29 CFR 1910.119),美国职业安全和健康管理部,1992年5月,www.osha.gov Process Safety Management of Highly Hazardous Chemicals (29 CFR 1910.119), U. S. Occupational Safety and Health Administration, May 1992. www.osha.gov
	RMP-U. S. EPA 风险管理计划法规 RMP-U.S.EPA Risk Manage-ment Program Regulation	事故性释放预防规定:清洁空气法令 112(r)(7)下的风险管理项目,美国环保局,1996年6月20日。Fed. Reg. Vol. 61[31667-31730]. www.epa.gov Accidental Release Prevention Requirements: Risk Management Programs Under Clean Air Act Section 112(r)(7), 40 CFR Part 68, U. S. Environmental Protection Agency, June 20, 1996 Fed. Reg. Vol. 61[31667-31730]. www.epa.gov

续表

过程安全	NEP-U. S. OSHA PSM 覆盖化工厂国家重点计划 NEP-U. S. OSHA PSM Covered Chemical Facilities National Emphasis Program	PSM 覆盖化工厂国家重点计划，OSHA 公告，09-06，美国职业安全和健康管理部，2009 年 7 月，www.osha.gov PSM Covered Chemical Facilities National Emphasis Program，OSHA Notice，09-06（CPL 02），U. S. Occupational Safety and Health Administration，July 2009. www.osha.gov
	NEP-U. S. OSHA 炼油厂过程安全管理国家重点计划 NEP - U. S. OSHA Petroleum Refinery Process Safety Management National Emphasis Program	炼油厂过程安全管理国家重点计划，OSHA 公告，CPL 03-00-010，美国职业安全和健康管理部，2009 年 8 月。www.osha.gov Petroleum Refinery Process Safety Management National Emphasis Program，OSHA Notice，CPL 03 - 00 - 010，U. S. Occupational Safety and Health Administration，August 2009. www.osha.gov
	U. S. OSHA 易燃物及可燃液体法规 U. S. OSHA Flammable and Combustible Liquids Standard	易燃物和可燃液体法规，职业安全和健康标准(29 CFR 1910. 106)，美国职业安全和健康管理部。www.osha.gov Flammable and Combustible Liquids，Occupational Safety and Health Standards（29 CFR 1910. 106），U. S. Occupational Safety and Health Administration. www.osha.gov
	U. S. DOT PHMSA(管道和危险性物品安全管理局) U. S. DOT PHMSA (Pipeline and Hazardous Materials Safety Administration)	交通部-管道和危险性物品安全管理局(PHMSA)。www.phmsa.dot.gov/ Department of Transportation（DOT）- Pipeline and Hazardous Materials Safety Administration（PHMSA）. www.phmsa.dot.gov/
	SEMS-BSEE 海上设施安全环保管理体系 SEMS - BSEE Safety and Environmental Management Systems for Offshore facilities	美国安全环保执法局(BSEE)。www.bsee.gov/Regulations-and-uidance/Safety-and-Environmental-Management-Systems---SEMS/Safety-and-Environmental-Management-Systems---SEMS. aspx The U. S. Bureau of Safety and Environmental Enforcement（BSEE）. www. bsee. gov/Regulationsand-Guidance/Safety-and-Environmental-Management-Systems---SEMS/Safety-and-Environmental-Management-Systems---SEMS. aspx
	加利福尼亚事故性释放预防计划 California Accidental Release Prevention Program	加利福尼亚事故性释放预防计划，CCR 19，第二章，应急服务办公室，4. 5 章，2004 年 6 月 28 日。www.oes.ca.gov California Accidental Release Prevention（CalARP）Program，CCR Title 19，Division 2，Office of Emergency Services，Chapter 4. 5，June 28，2004. www.oes.ca.gov
	康曲柯士达县工业安全条例 Contra Costa County Industrial Safety Ordinance	康曲柯士达县工业安全条例。www.co.contra-costa.ca.us Contra Costa County Industrial Safety Ordinance. www.co.contra-costa.ca.us
	塔拉华州极度危险物质风险管理法 Delaware Extremely Hazardous Substances Risk Management Act	极度危险物质风险管理法，1201 规章，事故性释放预防规章，特拉华州自然资源和环境控制部门，3 月 11 日，2006 年，www.dnrec.delaware.gov Extremely Hazardous Substances Risk Management Act，Regulation 1201，Accidental Release Prevention Regulation，Delaware Department of Natural Resources and Environmental Control，March 11，2006. www.dnrec.delaware.gov
	内华达州化学事故阻止计划 Nevada Chemical Accident Prevention Program	化学事故阻止计划，内华达环保部，2005 年 2 月 15 日。ndep.nv.gov/bapc/capp/capp.html Chemical Accident Prevention Program（CAPP），Nevada Division of Environmental Protection，NRS 459. 380，February 15，2005. ndep.nv.gov/bapc/capp/capp.html
	新泽西州毒物灾难预防法 New Jersey Toxic Catastrophe Prevention Act	毒物灾难预防法，新泽西化学释放信息和阻止环保局，N. J. A. C. 7：31 统一监管文件，2006 年 4 月 17，www.nj.gov/dep Toxic Catastrophe Prevention Act（TCPA），New Jersey Department of Environmental ProtectionBureau of Chemical Release Information and Prevention，N. J. A. C. 7：31 Consolidated Rule Document，April 17，2006. www.nj.gov/dep

续表

环境	环境 EPA SARA Title III-U. S. EPA 超等基金 EPA SARA Title Ⅲ-U. S. EPA Superfund	U. S. 环保署(EPA)，超等基金修正案和授权法。www.epa.gov/superfund/policy/sara.htm U. S. Environmental Protection Agency (EPA), Superfund Amendments and Reauthorization Act (SARA). www.epa.gov/superfund/policy/sara.htm
	NPFC-U. S. 美国海岸警卫队国家污染资金中心 NPFC - U. S. Coast Guard National Pollution Funds Center	美国海岸警卫队国家污染资金中心(NPFC)。www.uscg.mil/npfc/laws_and_regulations.asp U. S. Coast Guard National Pollution Funds Center (NPFC). www.uscg.mil/npfc/laws_and_regulations.asp
安保	安保 DHS-国土安全部-工厂脆弱性评估(层) DHS - Department of Homeland Security-Facility Vulnerability Assessments (Tiers)	国土安全部(DHS)化学品安保。www.dhs.gov/topic/chemical-security and www.dhs.gov/critical-infrastructure-vulnerability-assessments DHS Chemical Security. www.dhs.gov/topic/chemical-security and www.dhs.gov/critical-infrastructure-vulnerabilityassessments
	DHS-U. S. 海岸警卫 DHS-U. S. Coast Guard	美国海岸警卫队，国土安全部。www.uscg.mil U. S. Coast Guard, Department of Homeland Security. www.uscg.mil

表 A-3　国际规章

(参见 www. aiche. org/ccps/resources/government-regulations-resources)

(注：本列表信息截至本书发布前。)

澳大利亚 重大危险设施控制国家标准 Australia Australian National Standard for Control of Major Hazard Facilities	澳大利亚关于重大危险设施控制的国家标准，NOHSC：1014，2002. www.docep.wa.gov.au Australian National Standard for the Control of Major Hazard Facilities, NOHSC：1014，2002. www.docep.wa.gov.au
加拿大 环境保护局《环境应急计划》 Canada Canadian Environmental Protection Agency, Environmental Emergency Planning	环境应急预案(SOR/2003-307)，第 200 章，加拿大环境。www.ec.gc.ca/CEPARegistry/regulations Environmental Emergency Regulations (SOR / 2003 - 307), Section 200, Environment Canada. www.ec.gc.ca/CEPARegistry/regulations
中国 国家安全监督管理总局《危险化学品安全管理条例》 China China Safety Administration Rules on Dangerous Chemicals	危险化学品安全管理条例，2011 年 12 月 1 日生效 Safety Administration Rules on Dangerous Chemicals; Effective 01-Dec-2011.
中国 《过程安全管理实施导则》 China Guidelines for Process Safety Management	过程安全管理实施导则，AQ/T 3034—2010，2011 年 5 月 1 日生效 Guidelines for Process Safety Management, AQ/T3034-2010; Effective 01-May-2011.
欧洲 欧盟《Seveso Ⅲ指令》 Europe European Commission Seveso Ⅲ Directive	涉及危险物质的重大事故危险源控制，欧洲塞维索指令-Ⅲ(2012/18/EU)ec.europa.eu/environment/seveso/legislation.htm Control of Major-Accident Hazards Involving Dangerous Substances, European Directive Seveso - Ⅲ (Directive 2012/18/EU). ec. europa. eu/environment/seveso/legislation.htm

续表

欧洲 欧盟《REACH》 Europe European Commission REACH	化学品的注册、评估、授权及限制。ec. europa. eu/enterprise/sectors/chemicals/reach/index_en.htm.Effective June 1,2007. Registration, Evaluation, Authorisation and Restriction of Chemicals. ec. europa.eu/enterprise/sectors/chemicals/reach/index_en.htm.Effective June 1,2007.
欧洲 欧盟议会《ATEX 指南》 Europe European Parliament ATEX Guidelines	爆炸环境设备(ATEX)1999/92/EC 指令：（又称“ATEX 137”或“ATEX 工作场所指令”） 2014/34/EU 指令，第一版，2016 年 4 月。 ec. europa. eu/growth/single - market/european - standards/harmonised - standards/equipment-explosive-atmosphere/index_en.htm Equipment for explosive atmospheres (ATEX) Directive 1999/92/EC: (also known as ‘ATEX 137’ or the ‘ATEX Workplace Directive’) Directive 2014/34/EU, 1st Edition, April 2016. ec.europa.eu/growth/single-market/europeanstandards/harmonised-standards/equipment-explosiveatmosphere/index_en.htm
法国 内政部《市政保护响应组织》 France Ministry of Interior Orsec	市政保护响应组织。 www.interieur.gouv.fr/Actualites/Dossiers/Le-plan-Orsec-a-60-ans Orsec (Organisation de la réponse de sécurité civile). Translated: Organization of the civil protection response. www.interieur.gouv.fr/Actualites/Dossiers/Le-plan-Orsec-a-60-ans.
日本 Japan	高压气体安全法案，参见日本高压气体安全协会讨论：www.khk.or.jp/english/faq.html High Pressure Gas Safety Act See discussion from the High Pressure Gas Safety Institute of Japan: www.khk.or.jp/english/faq.html
韩国职业安全卫生局 《过程安全管理》 Korea Korean Occupational Safety and Health Agency, Process Safety Management	韩国职业安全和健康局，工业安全和健康法令，第 20 章，安全和健康管理规章准备，韩国环保部，危化品管理框架计划。2001-2005. english.kosha.or.kr/main Korean Occupational Safety and Health Agency, Industrial Safety and Health Act, Article 20, Preparation of Safety and Health Management Regulations. Korean Ministry of Environment, Framework Plan on Hazards Chemicals Management, 2001-2005. english.kosha.or.kr/main
马来西亚 人力资源部《职业安全与健康局》 Malaysia Department of Occupation Safety and Health Ministry of Human Resources Malaysia	马来西亚，职业安全和健康局，人力资源部，514 法案第 16 部分。www.dosh.gov.my/doshV2 Malaysia, Department of Occupational Safety and Health (DOSH) Ministry of Human Resources Malaysia, Section 16 of Act 514. www.dosh.gov.my/doshV2
墨西哥 劳工和社会福利部 Mexico Secretary of Labor and Social Welfare	劳工及社会福利部，墨西哥标准 NOM-028-STPS-2012，危险化学物质处理关键流程和装备的职业安全管理 Secretary of Labor and Social Welfare=Secretaría del Trabajoy Previsión Social (STPS), Mexican Standard NOM - 028 - STPS - 2012, System For The Occupational Administration-“Safety In The Critical Processes And Equipment That Handle Hazardous Chemical Substances.”

续表

挪威 《海上》 Norway Off Shore	参见[Khorsandi 2011] See[Khorsandi 2011]
新加坡 人力资源部规章 Singapore Ministry of Manpower	新加坡，人力资源部规章，重大危险源辨识评估。www.mom.gov.sg/workplace-safety-and-health/major-hazard-installations Singapore, Ministry of Manpower (MOM) Regulations, "Assessment to determine potential Major Hazard Installation" www.mom.gov.sg/workplace-safety-and-health/major-hazardinstallations
新加坡 新加坡标准委员会《SS 506：Part 3：2013》 Singapore Singapore Standards Council SS 506：Part 3：2013	职业安全和健康管理体系-第三部分：化学工业要求。www.mom.gov.sg/workplace-safety-health/safety-health-management-systems/Pages/default.aspx Occupational safety and health (OSH) management systems - Part 3：Requirements for the chemical industry www.mom.gov.sg/workplace-safety-health/safety-healthmanagement-systems/Pages/default.aspx
英国 《离岸》 UK Off Shore	参见[Khorsandi 2011] See [Khorsandi 2011]
英国 卫生和安全委员会《COMAH 条例》 United Kingdom Health and Safety Executive COMAH Regulations	重大事故危险源控制制度(COMAH)，英国健康和安全会员会(HSE)，1999 和 2005 Control of Major Accident Hazards Regulations (COMAH), United Kingdom Health & Safety Executive (HSE), 1999 and 2005. www.hse.gov.uk/comah

表 A-4　组织指南

（注：本列表信息截至本书发布前。）

ACC——美国化工协会责任关怀® -管理体系 ACC - American Chemistry Council Responsible Care® -Management System	美国化工协会，1300Wilson Blvd., Arlington, VA 22209. responsiblecare.americanchemistry.com/Responsible - Care - Program - Elements/Management - System-and-Certification American Chemistry Council, 1300 Wilson Blvd., Arlington, VA 22209. responsiblecare.americanchemistry.com/Responsible-Care-Program-Elements/Management-System-and-Certification
ACC——美国化工协会责任关怀® -安保规范 ACC - American Chemistry Council Responsible Care® -Security Code	美国化工协会，1300Wilson Blvd., Arlington, VA 22209. responsiblecare.americanchemistry.com/ResponsibleCare/Responsible-Care-Program-Elements.aspx American Chemistry Council, 1300 Wilson Blvd., Arlington, VA 22209. responsiblecare.americanchemistry.com/ResponsibleCare/Responsible - Care - Program-Elements.aspx

续表

ACC——美国化工协会责任关怀® -过程安全规范 ACC - American Chemistry Council Responsible Care ® -Process Safety Code	美国化工协会，1300Wilson Blvd.，Arlington，VA 22209 responsiblecare. americanchemistry. com/ResponsibleCare/Responsible-Care-Program-Elements. aspx American Chemistry Council，1300 Wilson Blvd.，Arlington，VA 22209. responsiblecare. americanchemistry. com/ResponsibleCare/Responsible - Care - Program-Elements. aspx
ACC——美国化工协会责任关怀® -性能指标 ACC - American Chemistry Council Responsible Care ® -Performance Metrics	美国化工协会，1300Wilson Blvd.，Arlington，VA 22209. responsiblecare. americanchemistry. com/ResponsibleCare/Responsible-Care-Program-Elements. aspx American Chemistry Council，1300 Wilson Blvd.，Arlington，VA 22209. responsiblecare. americanchemistry. com/ResponsibleCare/Responsible - Care - Program-Elements. aspx
API——美国石油学会推荐实践 API-American Petroleum Institute Recommended Practices	美国石油学会，1220L 街，纽约，华盛顿特区，2005，www.api.org American Petroleum Institute，1220 L Street，NW，Washington，D. C.，20005. www.api.org
CIAC 责任关怀® -加拿大化学品工业协会 CIAC Responsible Care ® Chemical Industry Association of Canada	www.canadianchemistry.ca/index.php/en/index 责任关怀® www.canadianchemistry.ca/responsible_care/index.php/en/responsible-care-history www.canadianchemistry.ca/index.php/en/index Responsible Care ® www.canadianchemistry.ca/responsible_care/index.php/en/responsible-care-history
CCPS 化工过程安全中心 CCPS Center for Chemical Process Safety	美国化学工程师协会，化工过程安全中心。www.aiche.org/ccps American Institute of Chemical Engineers（AIChE），Center for Chemical Process Safety（CCPS）. www.aiche.org/ccps
ISO 9000——国际标准化组织质量管理系列标准 ISO 9000 - International Organization for Standardization Quality management series	ISO 质量管理系列。 www.iso.org/iso/home/standards/management-standards/iso_9000.htm 包括如下： ISO 9001：2015——质量管理体系要求，ISO 9000：2015——基本概念和语言，ISO 9004：2009——提升质量管理体系效率和有效性，ISO 19011：2011——内审和外审质量管理体系评审指南 ISO Quality Management Series. www.iso.org/iso/home/standards/managementstandards/iso_9000.htm Includes the following： ISO 9001：2015-Quality management system requirements ISO 9000：2015-Basic concepts and language ISO 9004：2009 - Improving quality management system efficiency and effectiveness ISO 19011：2011 - Internal and external quality management systems audit guidance

续表

ISO 14000——国际标准化组织环境管理系列标准 ISO 14000-International Organization for Standardization Environmental management series	ISO 质量管理系列。 www.iso.org/iso/home/standards/management-standards/iso14000.htm 包括如下： ISO 14001：2015——环境管理体系要求，ISO 14004：2016——环境管理体系指南(原则、体系和支持技术))，ISO 14006：2011——环境管理体系合作设计指南，ISO 14064：2006——温室气体-第一部分：组织级别分级指南 ISO Quality Management Series www.iso.org/iso/home/standards/managementstandards/iso14000.htm Includes the following： ISO 14000：2015-Environmental management system requirements ISO 14004：2016-Environmental management system guidelines on principles, systems and support techniques ISO 14006：2011 - Environmental management systems guidelines for incorporating ecodesign ISO 14064-3：2006-Greenhouse gases--art 1：Specification with guidance at the organization level
ISO 26000——国际标准化组织 社会责任 ISO 26000-International Organization for Standardization Social Responsibility	www.iso.org/iso/home/standards/iso26000.htm ISO 26000：2010——社会责任，包括参与者和利益相关者(第 5 条) www.iso.org/iso/home/standards/iso26000.htm ISO 26000：2010 - Social Responsibility. Includes reference to stakeholder involvement and engagement (Clause 5)
OHSAS 18000/18001/18002 职业安全与健康评价系列标准 OHSAS 18000/18001/18002 Occupational Safety and Health Assessment Series	OHSAS 系列标准，www.ohsas-18001-cooupational-health-and-safety.com/index.htm 主要借鉴了如下标准： BS8800：1996 职业健康与安全管理体系指南 DNV 职业健康与安全管理体系(OHSAS)认证标准(1997) 技术报告 NPR 5001：1997 职业健康与安全管理体系指南 LRQA SMS 8800：健康 & 安全管理体系评估标准(草案) SGS & ISMOL ISA 2000 安全与健康管理体系的条要求(1997) BVQI 安全认证：职业安全与健康管理标准 AS/NZ4801 职业健康与安全管理体系规范草案及使用指南 BSI PAS 088 职业健康与安全管理体系草案 UNE 81900 职业风险预防系列前置标准 NSAI SR 320 职业健康与安全(OH 和 S)管理体系建议草案 OHSAS series. www. ohsas-18001-occupational-health-and-safety. com/index. htm Incorporates these standards： BS8800：1996 Guide to occupational health and safety management systems DNV Standard for Certification of Occupational Health and Safety Management Systems(OHSMS)：1997 Technical Report NPR 5001：1997 Guide to an occupational health and safety management system Draft LRQA SMS 8800 Health & safety management systems assessment criteria SGS & ISMOL ISA 2000：1997 Requirements for Safety and Health Management Systems

续表

	BVQI SafetyCert：Occupational Safety and Health Management Standard Draft AS/NZ 4801 Occupational health and safety management systems Specification with guidance for use Draft BSI PAS 088 Occupational health and safety management systems UNE 81900 series of pre-standards on the Prevention of occupational risks Draft NSAI SR 320 Recommendation for an Occupational Health and Safety (OH and S) Management System

表 A-5　权威组织及保险商指南

（注：本列表信息截至本书发布前。）

权威组织	
ANSI——美国国家标准协会 ANSI-American National Standards Institute	美国国家标准协会，纽约，西 43 街 25 号，10036 www.ansi.org The American National Standards Institute，25 West 43rd Street，New York，New York，10036. www.ansi.org
API——美国石油学会 API-American Petroleum Institute	美国石油学会，1220 L 街，华盛顿，哥伦比亚特区.，20005 www.api.org The American Petroleum Institute，1220 L Street，NW，Washington，D. C.，20005. www.api.org
ASME——美国机械工程师学会 ASME - American Society of Mechanical Engineers	美国机械工程师学会，第三公园大道西北方向，纽约，10016 www.asme.org The American Society of Mechanical Engineers，Three Park Avenue，New York，New York，10016. www.asme.org
CI——氯研究所 CI-The Chlorine Institute	氯研究所。www.chlorineinstitute.org The Chlorine Institute. www.chlorineinstitute.org
ISA——国际自动化学会 ISA - The International Society of Automation	国际自动化学会，亚历山大大道 67 号，三角研究园，北卡罗莱纳，27709. www.isa.org International Society of Automation，67 Alexander Drive，Research Triangle Park，NC 27709. www.isa.org
NFPA——国家防火协会 NFPA - National Fire Protection Association	国家防火协会，Batterymarch 园区 1，马萨诸塞州，023169. www.nfpa.org The National Fire Protection Association，1 Batterymarch Park，Quincy，Massachusetts，023169. www.nfpa.org
保险商指南	
FM Global 2-0	FM Global 财产损失预防数据表 2-0，自动喷水灭火装置安装指南，2014 FM Global Property Loss Prevention Data Sheets 2 - 0，*Installation Guidelines for Automatic Sprinklers*，2014.
FM Global 4-0	FM Global 财产损失预防数据表 4-0，特殊保护系统，2014 FM Global Property Loss Prevention Data Sheets 4 - 0，*Special Protection Systems*，2012.
FM Global 5-1	FM Global 财产损失预防数据表 5-1，危险(分类)场所内的电气设备，2012 FM Global Property Loss Prevention Data Sheets 5 - 1，*Electrical Equipment in Hazardous (Classified) Locations*，2012.

续表

保险商指南	
FM Global 5-4	FM Global 财产损失预防数据表 5-4，变压器，2014.4 FM Global Property Loss Prevention Data Sheet，5-4，Transformers，April 2014.
FM Global 5-48	FM Global 财产损失预防数据表 5-48，火灾自动探测，2011 FM Global Property Loss Prevention Data Sheets 5-48，*Automatic Fire Detection*，2011.
FM Global 5-49	FM Global 财产损失预防数据表 5-49，气体和蒸气探测及分析系统，2000. 1 FM Global Property Loss Prevention Data Sheets 5-49，*Gas and Vapor Detection and Analysis Systems*，1987，Revised January 2000.
FM Global 7-14	FM Global 财产损失预防数据表 7-14，化工厂火灾保护，2015.7 FM Global Property Loss Prevention Data Sheets 7-14，*Fire Protection for Chemical Plants*，July 2015.
FM Global 7-43	财产损失预防数据表 7-43，化工设备损失防护，2015.7 FM Global Property Loss Prevention Data Sheets 7-43，*Loss Prevention In Chemical Plants*，July 2015.
FM Global 12-2	财产损失预防数据表 12-2，容器与管道，2015.4 FM Global Property Loss Prevention Data Sheets 12-2，*Vessels and Piping*，April 2015.
FM Global 12-43	财产损失预防数据表 5-49，减压设备，2013.10 FM Global Property Loss Prevention Data Sheets 5-49，*Pressure Relief Devices*，October 2013.
GAP 2.5.2	全球资产保护服务，LLC GAP 指南 2.5.2，石油和化工设备区域和空间，2007.9.1 Global Asset Protection Services，LLC，(XL-Catlin)，GAP Guidelines 2.5.2，*Oil and Chemical Plant Layout and Spacing*，September 1，2007.
GAP 2.5.2A	全球资产保护服务，LLC GAP 指南 2.5.2A，生产操作空间要求的危险因素分类 Global Asset Protection Services，LLC，(XL-Catlin)，GAP Guidelines 2.5.2A，*Hazard Classification of Process Operations for Spacing Requirements*，September 1，2007.
GAP 5.9.2	全球资产保护服务，LLC GAP 指南 5.9.2，变压器布置、维修和火灾防护，2011.12.1 Global Asset Protection Services，LLC，(XL-Catlin)，GAP Guideline 5.9.2，*Transformers-Arrangement and Fixed Fire Protection*，December 1，2011.

表 A-6 致力于过程安全的组织
(注：本列表信息截至本书发布前。)

AFPM——美国燃料及石油制造商协会 AFPM-American Fuel & Petroleum Manufacturers	www.afpm.org 推进过程安全计划。 www.afpm.org/Safety-Programs www.afpm.org/Advancing-Process-Safety-Programs www.afpm.org Advancing process safety programs www.afpm.org/Safety-Programs www.afpm.org/Advancing-Process-Safety-Programs

续表

API——美国石油学会 API-American Petroleum Institute	美国石油学会，1220L 街，华盛顿特区，20005. www.api.org American Petroleum Institute, 1220 L Street, NW, Washington, D. C., 20005. www.api.org
CCPS——化工过程安全中心 CCPS-Center for Chemical Process Safety	包括：基于风险的过程安全，AIChE and John Wiley & Sons，2007. www.aiche.org/ccps 包括 AIChE 培训学院。 www.aiche.org/academy Includes: Guidelines for Risk Based Process Safety, AIChE and John Wiley & Sons, 2007. www.aiche.org/ccps Includes: AIChE Academy for training www.aiche.org/academy
Cefic——欧洲化学工业协会责任关怀® Cefic-European Chemical Industry Council Responsible Care®	欧洲化学工业协会(Cefic)，E·范纽文胡伊塞大道，4 box 1，B-1160，布鲁塞尔。www.cefic.org The European Chemical Industry Council (Cefic), Avenue E. van Nieuwenhuyse, 4 box 1, B-1160 Brussels. www.cefic.org
EMAS——欧盟(EU)Eco-管理和审核计划 EMAS-European Union (EU) Eco-Management and Audit Scheme	欧盟生态管理和审核计划是一个由欧盟发展的管理工具，主要为公司和其他组织评估、报告和提升他们的环境绩效。ec.europa.eu/environment/emas The EU Eco-Management and Audit Scheme (EMAS) is a management instrument developed by the European Commission for companies and other organisations to evaluate, report, and improve their environmental performance. ec. europa. eu/environment/emas
ILO 国际劳工组织 ILO International Labor Organisation	重大工业事故预防 www. ilo. org/global/publications/ilo - bookstore/order - online/books/WCMS _ PUBL _ 9221071014_EN/lang--en/index.htm Prevention of major industrial accidents www. ilo. org/global/publications/ilo - bookstore/orderonline/books/WCMS _ PUBL _ 9221071014_EN/lang--en/index.htm
OECD 经济合作和发展组织 OECD The Organisation for Economic Cooperation and Development(OECD)	www.oecd.org 生产装置和化学品的风险管理 www.oecd.org/chemicalsafety/risk-management www.oecd.org Risk management of installations and chemicals www.oecd.org/chemicalsafety/risk-management
PSAP MIT 系统安全方法开发合作计划 PSAP MIT Partnership for a Systems Approach to Safety (PSAP)	http://psas.scripts.mit.edu/home 跨学科合作识别风险管理中的复杂性。旨在降低过程安全风险，促进提升过程安全绩效 psas.scripts.mit.edu/home A cross-disciplinary effort that recognizes complexity when managing risks. Applies to process safety risk reduction and can facilitate improvements in process safety performance.

表 A-7　美国地下储罐法规与标准

（注：本列表信息截至本书发布前。）

	生命周期阶段
1	设计
	储罐和管线
	STI-R922，《储油罐规范》 STI-R922，"Specification for Permatank"
	STI-P3，《STI-P3 地下钢制储罐外腐蚀防护规范和手册》 STI-P3，"STI-P3 Specification and Manual for External Corrosion Protection of Underground Steel Storage Tanks"
	腐蚀防护
	API RP1632，《地下石油储罐和管线系统的阴极保护》 API Recommended Practice 1632，"Cathodic Protection of Underground Petroleum Storage Tanks and Piping Systems"
	NACE RP0169，《标准推荐实践：地下和水下金属的外腐蚀防护控制》 NACE RP 0169，"Standard Recommended Practice：Control of External Corrosion on Underground or Submerged Metallic"
2	安装
	API RP 1615，《地下石油储罐系统的安装》 API Recommended Practice 1615，"Installation of Underground Petroleum Storage Systems"
	NFPA 30，《易燃及可燃液体法规》 NFPA 30，"Flammable and Combustible Liquids Code"
	PEI RP100，《地下液体储罐系统安装推荐实践》 PEI RP100，"Recommended Practices for Installation of Underground Liquid Storage Systems"
3	操作（"灌装实践"）
	API PR 1007，《MC306/DOT 406 车载油罐的装卸》 API Recommended Practice 1007，"Loading and Unloading of MC306/DOT 406 Cargo Tank Motor Vehicles"
	NFPA 385，《易燃及可燃液体罐车标准》 NFPA 385，"Standard for Tank Vehicles for Flammable and Combustible Liquids"
	常规地下储罐主题
	API RP1637，《使用 API 颜色——符号系统标识服务站及分配终端内不同产品的设备和机动车辆》 API Recommended Practice 1637，"Using the API Color-Symbol System to Mark Equipment and Vehicles for Product Identification at Service Stations and Distribution Terminals"
4	维护
	评估储罐完整性、修复储罐以及储罐内衬
	API RP1631，《地下储罐内衬》 API Recommended Practice 1631，"Interior Lining of Underground Storage Tanks"
	ASTM G 158，《三种埋地钢罐评估方法标准指南》 ASTM G 158，"Standard Guide for Three Methods of Assessing Buried Steel Tanks"
	泄漏检测
	ASTM E 1430，《地下储罐泄漏检测设备使用标准指南》 ASTM E 1430，"Standard Guide for Using Release Detection Devices with Underground Storage Tanks"

续表

<table>
<tr><th colspan="2">生命周期阶段</th></tr>
<tr><td rowspan="4">4</td><td>ASTM E 1526,《地下储罐泄漏检测系统性能评估标准实践》
ASTM E 1526, "Standard Practice for Evaluating the Performance of Release Detection Systems for Underground Storage Tank Systems"</td></tr>
<tr><td>修复行动</td></tr>
<tr><td>API P 1628,《地下石油泄漏评估及修复指南》
API Publication 1628, "A Guide to the Assessment and Remediation of Underground Petroleum Releases"</td></tr>
<tr><td>API P 1629,《土壤石油烃类评估和修复指南》
API Publication 1629, "Guide for Assessing and Remediating Petroleum Hydrocarbons in Soils"</td></tr>
<tr><td rowspan="2">5</td><td>拆除("关闭")</td></tr>
<tr><td>API RP 1604,《地下石油储罐拆除》
API Recommended Practice 1604, "Closure of Underground Petroleum Storage Tanks"</td></tr>
</table>

[引自 EPA 2015b]

表 A-8　其他资源

(注：本列表信息截至本书发布前。)

<table>
<tr><th>气象资源(见第 4.9 部分，天气问题)</th></tr>
<tr><td>慕尼黑再保险公司世界自然灾害地图数据库-恶劣天气条件(极端温度、强降雨和强风)。
The Munich Re World Map of Natural Hazards database-Severe weather conditions(e. g., temperature extremes, significant rain, high winds, etc.).</td></tr>
<tr><td>自然灾害的世界地图，NATHAN. 2014. 慕尼黑再保险公司，2011. DVD。
World Map of Natural Hazards, NATHAN. 2014. Munich Re, 2011. DVD</td></tr>
<tr><td>在美国，依据的数据包括：
• 美国商务部、国家海洋和大气管理局(NOAA)或当地气象站提供的温度数据。
• 美国土木工程协会提供的风力数据。
• 联邦应急管理机构(FEMA)提供的洪水地图。
• 地震，美国地质调查局的地震危害计划网站(earthquake.usgs.gov/)为美国本土的选址设计提供实时地震风险信息和图纸设计，为全球范围内的选址设计提供测试版的抗震设计
In the United States, reference data for:
• Temperatures from the U. S. Department of Commerce, National Oceanic and Atmospheric Administration ((NOAA). www.noaa.gov or local weather stations.
• Winds through the ASCE (ASCE 2013)
• Flood maps are provided by FEMA (the Federal Emergency Management Agency).
• Earthquakes, the United States Geological Survey's(USGS) Earthquake Hazards Program web site (earthquake.usgs.gov/) provides current earthquake risk information and access to design maps(earthquake.usgs.gov/hazards/designmaps/) for U. S. locations and a Beta version for seismic design values for worldwide locations.</td></tr>
<tr><td>在加拿大，依据的数据包括：
• 区域性天气条件，加拿大国家建筑编码(均值，最小值，最大值等等)。
• 地震区域，加拿大国家建筑编码(建筑设计要求)
In Canada, reference data for:
• Regional weather conditions, the National Building Code of Canada (averages, minimums, maximums, etc.)
• Earthquake Zone, the National Building Code of Canada (building design requirements)</td></tr>
</table>

续表

气象资源(见第 4.9 部分，天气问题)
CCPS 专门的气象参考资料：化工过程安全中心，《CCPS 手册系列：从自然灾难中恢复(第二版)》。www.aiche.org/ccps And a specific CCPS meteorological reference: The Center for Chemical Process Safety, *CCPS Pamphlet Series: Recovery from Natural Disasters, Second Edition.* www.aiche.org/ccps
土壤条件资源(见第 4.8.2 部分，土壤特性)
在美国，美国农业部(USDA)自然资源保护服务中心运营的国家联合土壤普查计划网站提供土壤数据和信息。该信息能够帮助深入了解与地基基础、地下管线和结构相关的潜在建设困难。 In the United States, a Web Soil Survey (WSS) provides soil data and information produced by the National Cooperative Soil Survey. It is operated by the USDA Natural Resources Conservation Service (NRCS). This information can provide insight into potential construction difficulties associated with foundations, underground piping and structures.
ASCE 2013，建筑和其他结构的最小设计荷载，ASCE/SEI 7-10. www.asce.org/ ASCE 2013, Minimum Design Loads for Buildings and Other Structures, ASCE/SEI 7-10. www.asce.org/

附录 B　CCPS 工厂选址与布局推荐分隔距离表

附录 B 中表格提供的分隔距离汇编了历史指南数据和行业数据，并包含了该书 2003 版中相关表格的更新版。这些分隔距离主要适用于工艺单元区块、工艺单元、工艺单元设备和工厂相邻设备之间的潜在火灾后果场景。附录 B 中的分隔距离的确定还在一定程度上考虑了工厂消防和后果缓和措施的作用，如防火、火灾和气体探测与响应、紧急停车装置和系统以及水喷淋系统。需要特别强调的是，由于依赖其对防火的贡献，工厂的消防设备应该通过机械完整程序进行周期性的检查、测试以及功能证实。

虽然附录 B 中提供的表格可能无法进行精准的解释，但可以结合工业经验，利用它们进行初步的工艺单元布局设计以及初步的设备布局设计。在适用和可行的情况下，应基于特定工厂的热辐射、毒物扩散和爆炸超压分析来确定最佳的分隔距离。这些模拟得到的距离可能与附录 B 中所列的数值不同。此外，烷基过氧化物等高活性化学物质的相关工厂，可能需要额外的防护层并指定不同于附录 B 所列的分隔距离。需要注意的是，相关法规、标准或地方性规章所列的距离要求可能与附录 B 所列数据不同，应优先考虑。

本指南内容是基于出版前 CCPS 所能获取的信息的。考虑到将来的信息更新及变更，读者可以从 CCPS 网站获取最新版本的相关附录。你可以从如下网站获得更新信息：

www.aiche.org/ccps/publications/Siting-tools

英制单位表格

附录 B　表 B.1-E～表 B.7-E

表	标　题
	典型的工厂布局间距
B.1-E	工艺单元设备之间(火灾后果)
B.2-E	储罐和工艺单元设备之间(火灾后果)
B.3-E	危险物质储罐之间(火灾后果)

续表

表	标　题
	典型的工厂布局间距
B. 4-E	现场建筑之间(火灾后果)
B. 5-E	其他设备与操作场所之间(火灾后果)
B. 6-E	应急响应和操作通道
B. 7-E	火炬系统

公制单位表格

附录 B　表 B. 1-M～表 B. 7-M

表	标　题
	典型的工厂布局间距
B. 1-M	工艺单元设备之间(火灾后果)
B. 2-M	储罐和工艺单元设备之间(火灾后果)
B. 3-M	危险物质储罐之间(火灾后果)
B. 4-M	现场建筑之间(火灾后果)
B. 5-M	其他设备与操作场所之间(火灾后果)
B. 6-M	应急响应和操作通道
B. 7-M	火炬系统

附录 C　确定过程危害和风险检查清单

附录 C 提供了一份清单，以帮助各团队确定与新建的或扩建的工厂有关的过程危害和风险的类型。

如果新建或扩建工厂包含处理具有潜在毒物释放、火灾爆炸危险的物质和能量的工艺单元，那么必须确保其初步危害分析工作的质量。本附录中的危害识别清单旨在协助分析团队为新建或扩建工艺选址，以及协助分析团队在选定的区域内为工艺单元和设备安排位置。工厂选址以及为工艺单元、设备确定位置，都是基于危险物料的种类、数量以及其相关风险的。

每一家公司都应了解，新建或扩建工厂对厂内以及对周围社区可能产生的与过程安全相关的影响。每一家公司应确定其可接受风险水平，并选择适当的地点以帮助降低风险。初步危害分析应考虑潜在火灾、爆炸、毒物释放的风险，并应根据对周围社区的危害后果处理与安全有关的潜在风险。

本指南中的危险物料清单框架见表 C-1。该框架对应于第 3 章(识别过程危害和风险)中的各节。

附录 C～附录 F 为选址和布局团队提供了相关问题清单，附表 1 解释了这些问题清单之间的关系。该框架对应于以下章节：第 3 章(识别过程危害和风险)、第 4 章(工厂选址)、第 5 章(工厂内工艺单元布局)、第 6 章(工艺单元内设备布局)。

表 C-1　附录 C 检查清单框架

第 3 章适用章节	
3.2	工厂范围描述
3.3	初步危害筛选
3.3.1	火灾场景
3.3.2	爆炸场景
3.3.3	毒物释放场景
3.3.4	可信释放场景

一般来说，通过两个“危害评估”问题可以帮助确定新的或扩大的工厂潜在过程安全风险。

第一个问题是专门针对运营管理和控制危险物料和能量的过程单元：

危害评估问题 1：工艺单元是否包含任何物质或能量，包括但不限于以下所列的物质或能量？

危险物质

有毒、易燃、易爆、反应性、腐蚀性或不稳定物质[参考文献包括：陶氏化学暴露指数(CEI)和道氏火灾爆炸指数(F&EI)]。

工艺设计

温度或压力极限值、大量库存等。

其他潜在问题

气味、噪声、光污染、布局阻塞等。

如果没有辨识出过程危害，则不需要考虑现场或场外过程安全风险。然而，如果提议将工厂设在人口密集的社区内或附近，或敏感的环境区域(例如野生动物或公园)，可能会产生其他潜在问题，例如噪声、光污染等。

如果已查明存在过程危害(问题 1 的答案“是”)，则应提出第二个问题：

危害评估问题 2：危害能造成任何如下后果吗？

过程安全

对工厂内的人员造成伤害，对周边社区的人员造成伤害(即死亡、不可逆伤害和可逆伤害)。

职业安全与健康

对工厂现场人员的伤害(即伤亡事故；不可逆伤害和可逆伤害)。

对工厂现场人员的上伤害(即急性、慢性、不健康等)。

环境

对环境的危害(即空气、土壤和水；污染)。

其他与选址相关的特定危害

周边社区对气味、噪声或光污染的容忍水平。

布局拥挤情况(由于不动产受限)。

本指南内容是基于出版前 CCPS 所能获取的信息的。考虑到将来的信息更新及变更。读者可以从 CCPS 网站获取最新版本的相关附录。你可以从如下网站获得更新信息：

www.aiche.org/ccps/publications/Siting-tools

附录 D　工厂选址检查清单

本检查清单旨在协助工厂选址团队为新建的或扩建的工艺过程选址，其以危险工艺过程、物料及其相关风险为基础。附录 D 包括确定选址分析团队成员的章节(在第 4 章第 4. 3 节中讨论)，以及评估和比较各备选位置之间利弊的章节(见第 4 章第 4. 10 节，案例 4-13 描述新建的石化工厂)。调查备选位置的目标是获取足够的信息，以便在选址过程的早期发现潜在的特定位置问题。

通过附录 C 提供的清单可以识别出与新建工厂有关的危害和风险，其结果将影响到最终选址，无论选址是在绿地还是棕地，无论所建工厂是全新工厂、收购工厂还是扩建工厂。如果一家公司获得一个既存工厂，那么可能需要考虑该工厂原先存在的关于选址和布局方面的特点。

因此，有关已有设计的信息，包括结构设计和分隔距离，应该使用当前的设计指南加以理解和重新评估。一旦信息被收集，甄选团队就可以评估和比较备选地点及其周边环境的利弊。

工厂选址团队将需要选择附录 D 中适用于其具体项目的主题，因为每一节都包含相关但非必然相关的主题。通过确定工厂与周围社区(其选址)之间最合适的屏障，选址调查工作目的之一是获得足够的特定地点信息。这些信息将帮助协调工厂选址团队与工艺单元和设备布局团队之间的任务传递。

本附录中的问题有助于选址团队统筹考虑具体位置、基础设施信息、运输信息、通信系统、公用工程、内部和外部应急能力以及环境问题。公司和其邻居的土地所有权是通过“边界线”分隔开来的，在“边界线”范围内存在三种平衡：

- 物料的输入与输出：
  例如原料、设备、物料、产品等。
- 能量的输入与输出：
  例如电力、蒸汽、燃料等。
- 人员的进出：
  例如雇员(安保)、应急响应人员[Klein 2011b]。

这些基本平衡在图 D-1 中进行了展示，它们形成了如下领域所需信息的基础：

- 工厂的选址，包括：
  地形、天气、特征、当地法规、当地资源。
- 工厂的基础设施(包括无障碍)：
  运输，包括交付、分配和运输物料；通信系统；公用工程(包括供水和电力线基础设施)；以及应急响应组织(内部、外部)。
- 当地环境问题(包括许可证)。
  在可能的情况下，收集的气象数据应以涵盖十年的记录。还可以收集某些特定气候条件的具体记录，以便更清楚地了解该地区极端气候的情况。例如，绘制一年内的日最高气温和最低气温图。对于空气温湿度，所谓的“平均极端值”应该与绝对极端值一起评估。

本清单所列问题的框架见表 D-1。该框架对应于第 4 章“工厂选址”。

附录 C、D、E 和 F 为选址和布局团队提供了相关问题清单，附表 1 解释了这些问题清单之间的关系。该框架对应于以下章节：第 3 章(识别过程危害和风险)、第 4 章(工厂选址)、第 5 章(工厂内工艺单元布局选择)、第 6 章(工艺单元内设备布局选择)。

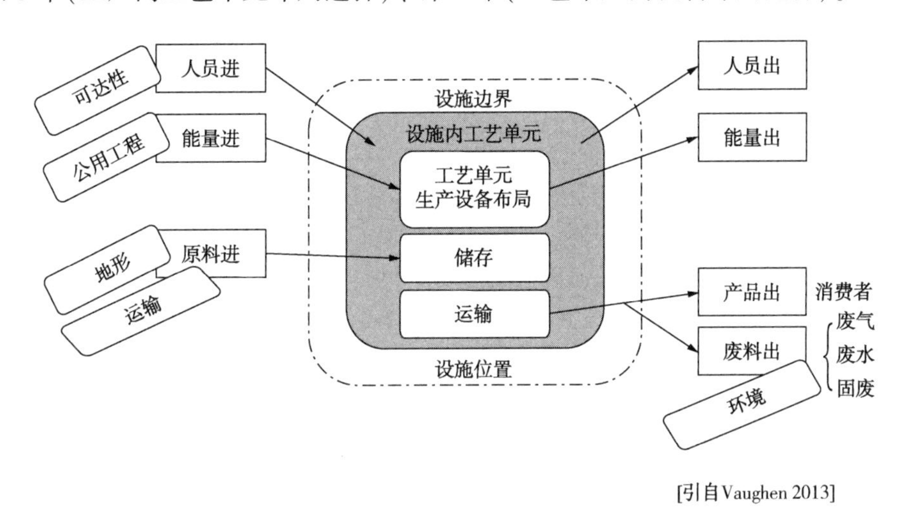

图 D-1　工厂边界线的平衡

表 D-1　附录 D 检查清单表框架

第 4 章适用章节		工作表
4.2	工厂附加信息	表 D.1　初始评估和选址清单
4.3	工厂选址团队创建	
4.5	确定地址的地块面积	
4.6	建设与施工与检修问题	
4.7	地图和信息	
4.8	地质问题	表 D.2　位置特征清单
4.9	天气问题	
4.10	地震问题	
4.11	厂外问题	表 D.3　场外接口清单
4.12	安保问题	
4.13	环境问题	表 D.4　环境相关清单
4.14	基础设施问题	表 D.5　基础设施和建筑相关清单
4.15	楼宇及建构问题	
4.16	物料运输问题	表 D.6　物料处理相关清单
4.17	通信问题	表 D.7　通信和设计相关清单
4.18	工程设计方面的问题	
4.19	公共工程问题	表 D.8　公共工程相关清单
4.20	其他特性	表 D.9　其他相关清单

本指南内容是基于出版前 CCPS 所能获取的信息的。考虑到将来的信息更新及变更。读者可以从 CCPS 网站获取最新版本的相关附录。你可以从如下网站获得更新信息：

www.aiche.org/ccps/publications/Siting-tools

附录 E　工厂内工艺单元布局选择清单

附录 E 提供了一个清单，以帮助工艺单元布局团队评估新工厂中工艺单元和支持性区块的布局中的潜在问题。请参阅附录 D 中的相应章节，以确定潜在的工艺单元布局团队成员(另见第 4 章第 4.3 节)。工厂选址团队获取地形、风向等大量信息并进行分析，以优化确定加工、公用工程和辅助作业区块的位置，从而最有效地降低运营风险。在选址和布局过程中，工厂位置以及可用地块的大小已经确定。

本清单所列问题的框架见表 E-1。该框架对应于第 5 章中的相关章节：工厂内工艺单元布局选择。

附录 C、D、E 和 F 为选址和布局团队提供了相关问题清单，附表 1 解释了这些问题清单之间的关系。该框架对应于以下章节：第 3 章(识别过程危害和风险)、第 4 章(工厂选址)、第 5 章(工厂内工艺单元布局选择)、第 6 章(工艺单元内设备布局选择)。

本指南内容是基于出版前 CCPS 所能获取的信息。考虑到将来的信息更新及变更。读者可以从 CCPS 网站获取最新版本的相关附录。你可以从如下网站获得更新信息：

www.aiche.org/ccps/publications/Siting-tools

表 E-1　附录 E 的清单框架

第 5 章适用章节	
5. 6	建设和大修
5. 13	重要结构和驻人结构
5. 14	物料输送
5. 15	工艺单元
5. 16	罐区
5. 17	其他区域
5. 18	公用工程

附录 F　工艺单元内设备布局选择检查表

附录 F 提供的检查表用于帮助设备布局团队评估工艺单元内潜在的设备布局问题。请参考 附录 D 中相关章节来确定潜在的设备布局团队成员(第 4 章第 4. 3 节中进行了讨论)。附录 B 表中标注的推荐距离考虑了类别、处理条件以及危险物质的数量。因此，当对工艺过程进行选址时，工艺单元以及相关的运行区块(如公用工程、维修车间、管理大楼等)按照其所属种类被布置到不同的地方。

检查表中问题的框架在表 F-1 中进行了说明。该框架与第 6 章“工艺单元内设备布局选择”相对应。

注意：对如下术语的了解有助于工艺单元内设备布局的选择(参见 CCPS 术语表)。

设备：可以被定义为由机械、电气或仪表部件组成的具有明确边界的硬件。

设备边界：内部部件与外部管线、电气及仪表系统之间的分隔界面。

设备组：具有相似设计或操作的一组设备。如实施相似的检查、测试及预防性维护活动(ITPM)，这包含为提高经费利用效率实施的 RBI 和 RCM 项目所覆盖的相关设备。

该框架显示了附录 C、D、E、F 中所列检查表问题之间的关系。该框架对应第 3 章(识别过程危害和风险)、第 4 章(工厂选址)、第 5 章(工厂内工艺单元布局选择)以及第 6 章(工艺单元内设备布局选择)。

本指南内容是基于出版前 CCPS 所能获取的信息的。考虑到将来的信息更新及变更。读者可以从 CCPS 网站获取最新版本的相关附录。你可以从如下网站获得更新信息：

www.aiche.org/ccps/publications/Siting-tools

表 F-1　附录 F 的检查表框架

第 6 章适用章节	
6.6	关键结构和在用结构设计
6.7	设备

索 引